# 시퀀스 & 문제
## (과년도 출제 문제 수록)

윤 대 용 편저

동일출판사

# 머 리 말

　산업 발전과 더불어 각종 설비의 자동화는 가정과 생산공장은 물론 빌딩관리의 전기설비까지 거의 사회 전 분야에 파급되어 있다.
　이러한 자동화의 추세는 전기설비를 매우 복잡하고 대형화하는 관계로 전기설비의 설계 시공 관리 유지 보수가 날로 고도화 된 기술을 요구하고 있다. 따라서 전기(산업)기사, 전기공사(산업)기사는 물론 관련 기사들의 기본소양으로 시퀀스제어에 대한 관심이 한층 강화되어야 할 것이다.
　이 책은 기사들의 자동화 소양과 자격시험을 위하여 이미 출제된 문제를 중심으로 다음과 같이 엮어 보았다.

1. 과년도에 출제된 문제의 해설과 더불어 출제 가능한 기본논리의 문제를 유형별로 단계적으로 배열 수록하였다.
2. 논리 해석과 회로 작성을 상술하여 시퀀스에 대한 개념이 적은 사람도 쉽게 학습할 수 있게 난이도 차례로 폭넓게 소개하였다.
3. 시퀀스 논리를 그대로 해석할 수 있도록 문제를 배열하고 또 릴레이시퀀스, 로직시퀀스, PLC시퀀스간의 관계를 연관성 있게 구성하였다.
4. 기초부터 응용까지 체계적으로 수록하여 초보자들의 독학이나 학생들의 교재와 참고서는 물론 수험생들이 쉽게 접근 활용하도록 하였다.
5. 과년도 문제를 주로 하여 연도별 표기와 분야별 표기를 다음과 같이 하였다.
　　전기기사 - (전 00),　전기공사기사 - (공 00),
　　전기산업기사 - (전산 00),　전기공사산업기사 - (공산 00).

　이 책은 보다 많은 수험생들에게 도움이 되기를 바라며 특히 독자 여러분들의 아낌없는 충고를 바랍니다.
　끝으로 이 책의 출간에 많은 도움을 주신 동일출판사 여러분께 감사를 드립니다.

편저자 씀

# 차 례

## 1장 제어요소

1-1. 제어와 접점 기구 ········································································ 8
1-2. 접점회로와 로직회로 ································································· 12
1-3. 논리변환과 논리연산 ································································· 29
1-4. PLC 회로와 프로그램 ······························································· 46

## 2장 기본 회로

2-1. 유지 회로 ················································································· 64
2-2. 우선 회로 ················································································· 78
2-3. 시한 회로 ················································································· 94

## 3장 응용 회로

3-1. 전동기 운전 회로 ···································································· 108
3-2. 정·역 운전 회로 ···································································· 123
3-3. 전동기 기동과 제어 회로 ························································ 143
3-4. 전동기 응용 회로 ···································································· 183
3-5. 기타 제어 회로 ······································································· 217

## 4장 전기 설비 회로

4-1. 옥내 설비 회로 ······································································· 230
4-2. 옥내 배선 회로 ······································································· 243

# 제1장
## 제어요소

# 1-1. 제어와 접점 기구

### (1) 제어

① 제어(control) : 기기의 현재상태를 사람이 원하는 상태로 조작하는 상태변환을 제어라 하고 되먹임 제어(feedback control)와 시퀀스제어(sequence control) 등으로 나눈다.

② 시퀀스제어 : 기기의 동작 순서나 방법 등을 미리 정해놓고 정해진 순서에 따라 차례로 단계적으로 조작되는 제어이고 접점기구의 직·병렬로 기기가 조작되는 논리판단제어이다.

㉮ 릴레이 시퀀스(relay sequence) : 유접점 릴레이의 접점으로 구성되는 기계적 제어인 유접점 제어이고 부하용량과 과부하 내량이 크고 높은 온도에 견디며 입출력 절연결합이 되며 튼튼하고 값이 싸다.

그러나 소비전력이 크고 외형이 크며, 수명이 짧고 고장 수리 및 보수가 번거롭다. 또 접점의 동작 속도(ms)가 느리고 진동 충격 등에 약하다.

㉯ 로직 시퀀스(logic sequence) : 반도체 스위칭 소자(IC 논리소자) 등을 사용한 무접점 시퀀스 회로로서 동작속도($\mu s$)가 빠르고 정밀하며 수명이 길고 진동 충격에 강하며 소형이다.

그러나 온도에 약하고 신뢰도가 떨어지며 전류용량이 적고 입출력 결합 회로가 필요하다.

㉰ PLC 시퀀스(Programmable Logic Controller) : 컴퓨터(CPU)로 시퀀스를 프로그램화(soft ware)한 것으로 CPU에 시퀀스의 자료를 기억시키고 명령어를 사용하여 시퀀스를 작성한다. 기기의 소형화 고기능화 저렴화 고속화($\mu s$)가 쉽고 신뢰도가 높으며 유지 보수와 수리 및 프로그램 수정이 용이하여 현재 특수 명령어의 개발과 컴퓨터, 통신 등과 연계(link)되어 공장자동화(FA) 설비에 널리 사용되고 있다.

### (2) 사용기구

입력기구, 보조기구, 출력기구의 3단계로 구성된다.
① 입력기구 : 주로 수동 스위치(BS)와 검출 스위치(sensor).
② 출력기구 : 전자 접촉기 MC, sol, Lamp, Bell, Bz, 극소형 전동기 등

③ 보조기구 : 제어계, 즉 제어회로를 구성하는 보조 릴레이, 논리소자, 타이머, 카운터, 입·출력회로, PLC 장치 등이 있다.

입력 기구 → 보조 기구 제어계 → 출력 기구

## (3) 접점

전기회로를 열고 닫는(OFF, ON) 스위치 기능을 가지는 개폐기구이다.
① a접점 : 원래는 열려있고 조작할 때 닫히는 접점(arbeit contact)
② b접점 : 원래는 닫혀있고 조작할 때 열리는 접점(break contact)
③ c접점 :  a접점과 b접점의 전환접점

〈a접점〉　　　　　〈b접점〉　　　　　〈c접점〉

## (4) 수동 스위치

전기를 주고, 전기를 끊는 기능의 작업 명령용 입력신호 접점기구이다.
① 복귀형 : 손으로 누르면 접점상태가 변하고 손을 놓으면 원래의 상태로 복귀하는 수동조작 자동복귀형 푸시버튼 스위치(push button switch)가 사용된다.

〈a접점〉　〈b접점〉　　(a)　(b)　〈2련〉　〈3련〉

(a) 단동 BS　　　　　　　(b) 연동 BS

② 유지형 : 조작한 후 다시 조작할 때까지 상태가 유지되는 스냅 스위치, 셀렉터 스위치, 마이크로 스위치, 나이프 스위치, 잔류접점형 스위치 등이 있다.

스냅 sw　　　잔류형 sw　　　셀렉터 sw

## (5) 검출 스위치

회로 내 외부에서 상태변화를 검출하고 변환하는 센서이고 리밋 스위치 LS, 액면 스위치 FS, 메트 스위치 MaS, 리드 스위치 LdS, 근접 스위치 PxS, 광전 스위치 PhS, 온도 스위치 ThS, 압력 스위치 PS 등이 있다.

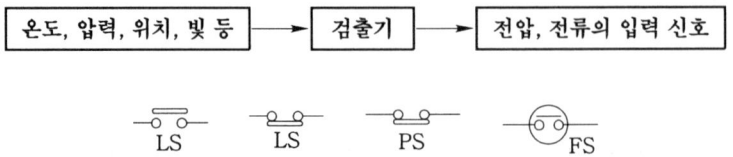

## (6) 전자 계전기(Relay)

전자력에 의하여 접점을 개폐하는 기능을 갖는 접점제어기구를 릴레이라고 한다.
① 제어 및 유지용 보조 릴레이 Ⓧ와
② 용량이 크고 출력용으로 사용하는 전자 접촉기 MC가 있다.
　근래에는 MC 대신 power relay(PR)가, 열동계전기 Thr 대신 EOCR이 사용되고 있다.

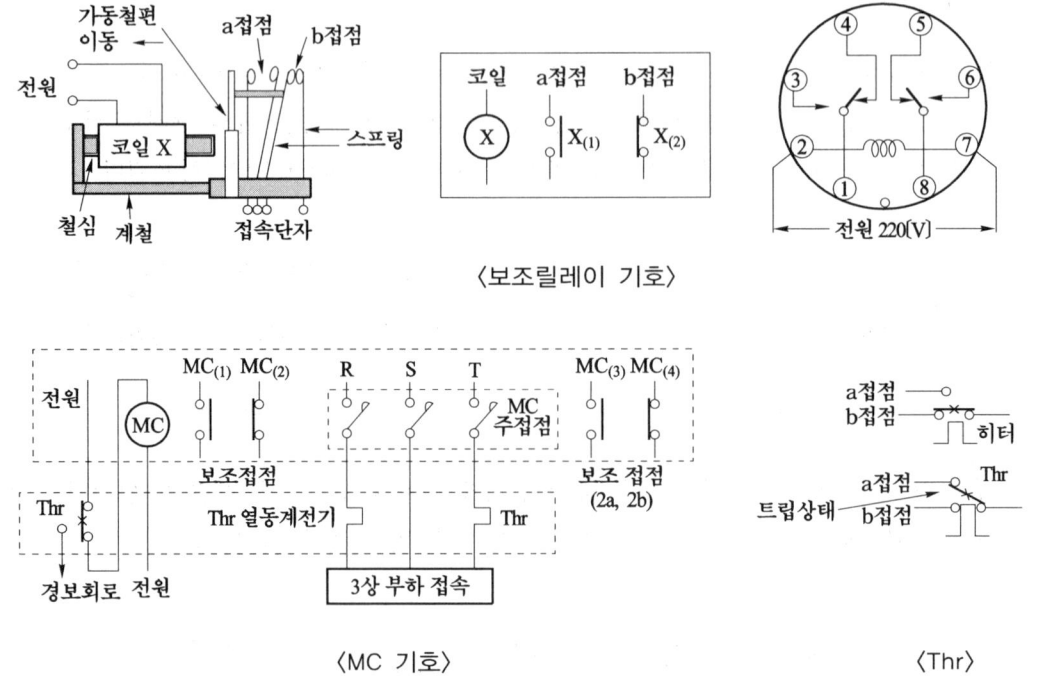

## (7) 릴레이 시퀀스와 타임차트 작성

① 릴레이회로 : 코일 ⓧ와 접점 $X_{(1)}$, $X_{(2)}$ 등은 회로 내에서 분리하여 그린다.

전원은 생략하고 세로도면에서 위선 R을 전원선(전압선, +선, P선), 아래선 T를 접지선(-선, N선)으로, 가로 도면에서 왼쪽 선을 전압선, 오른쪽 선을 접지선으로 하여 신호의 흐름을 위에서 아래로, 또 좌에서 우로 흐르도록 한다.

접점기구는 전원선 쪽에 그리고, 코일 표기와 출력기구는 접지선 쪽에 그려서 기구의 소손과 합선 사고를 방지한다.

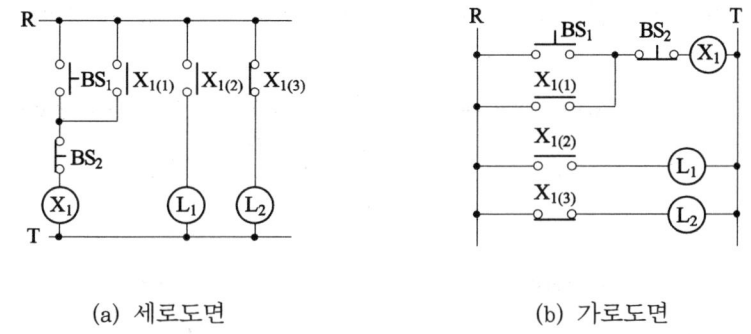

(a) 세로도면          (b) 가로도면

② 타임차트(time chart) : 정보와 신호 즉 시퀀스의 내용을 그림으로 나타내는 것으로 그림과 같이 전기의 유·무 상태로 입·출력의 정보를 나타낸다. 그림은 기동신호 $BS_1$을 주면 램프출력 $L_1$은 점등하고 $L_2$는 소등한다. 또 $BS_2$를 주면 $L_1$은 소등하고 $L_2$는 점등하는 정보이다.

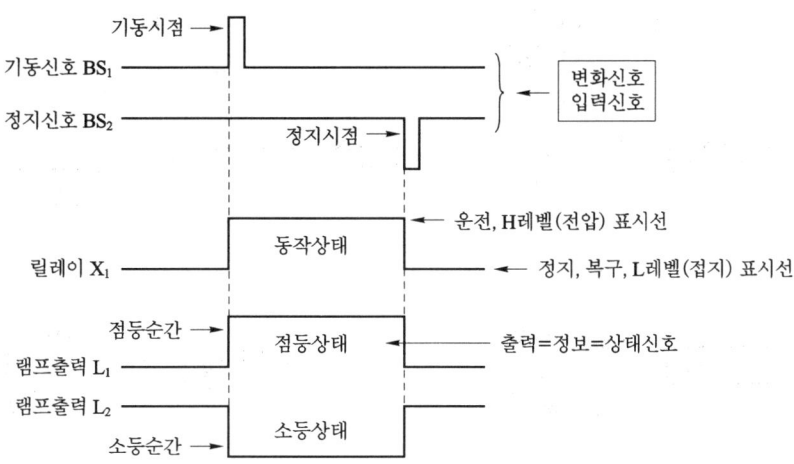

# 1-2. 접점회로와 로직회로

### (1) 입·출력회로

① 릴레이 접점, 스위치 접점, 스위칭 회로와 논리 소자 등을 조합하여 인간의 두뇌와 같은 판단기능을 갖게 한 전기회로를 논리 회로(Logic Circuit)라고 하며 유접점 회로, 무접점 회로(논리회로)가 있고 입력회로, 논리(제어)회로, 출력회로로 로직 시퀀스를 구성한다.

② 다이오드(diode), 트랜지스터(transistor)의 동작 특성을 이용하여 스위치의 기능을 갖게 한 회로를 스위칭 회로(switching circuit)라고 한다.

③ 입·출력신호는 H레벨(5[V]전압) 혹은 L레벨(0[V]-접지)로 주어진다.

④ 5[V] 전원회로 :

⑤ 입력회로 :

⑥ 출력회로

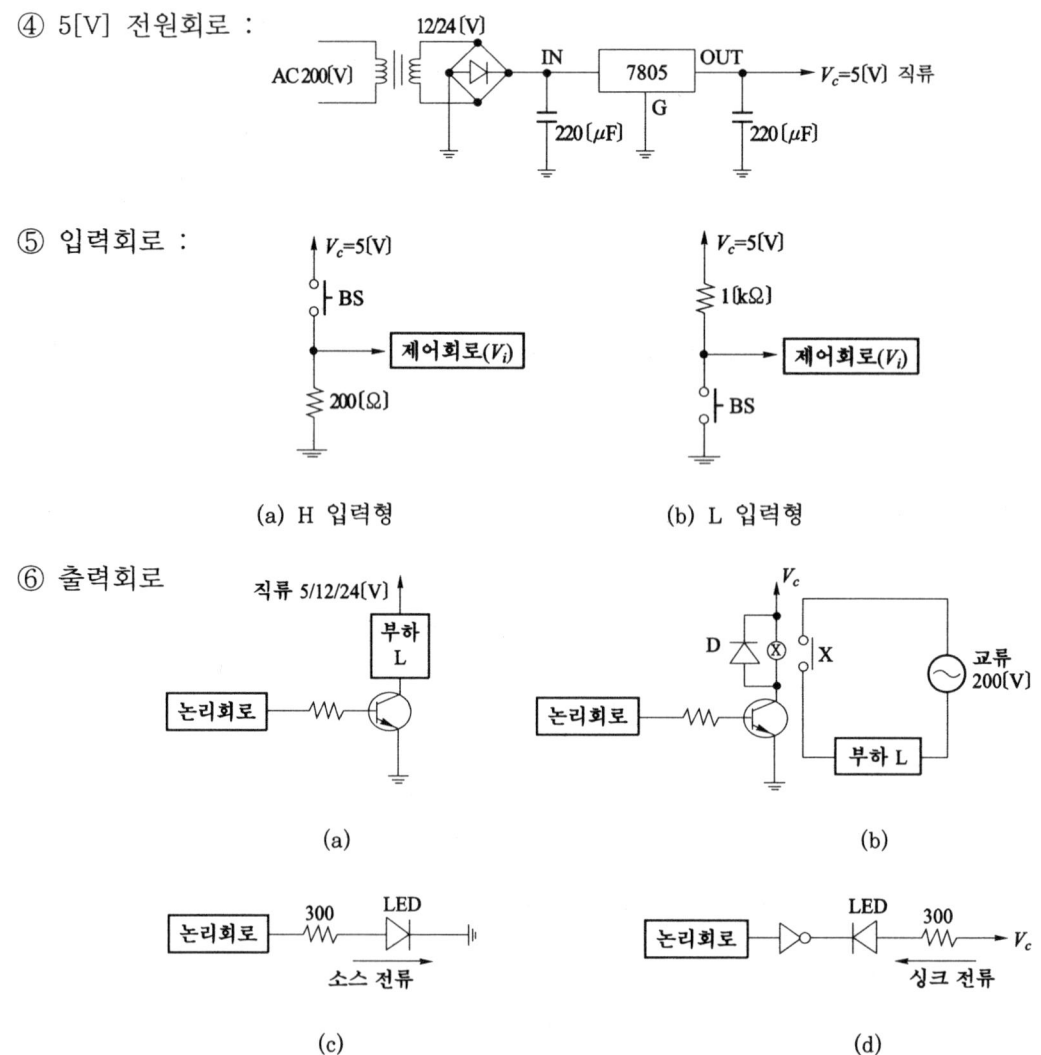

## (2) 직렬·병렬 논리(AND/OR 회로)

① AND : 입력 A, B가 동시에 있을 때 출력 X가 생기는 직렬논리, 논리곱회로

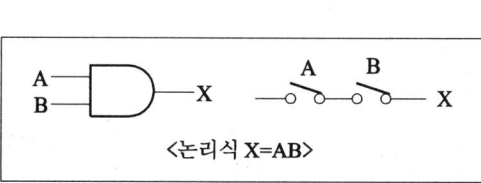
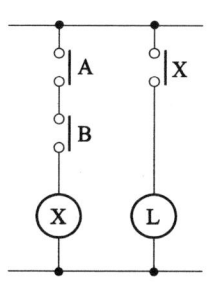

| A | B | X |
|---|---|---|
| 0 | 0 | 0 |
| 1 | 0 | 0 |
| 0 | 1 | 0 |
| 1 | 1 | 1 |

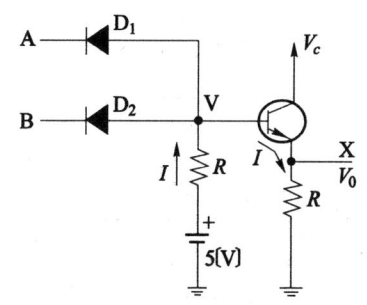
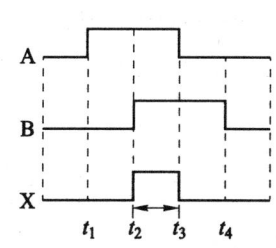
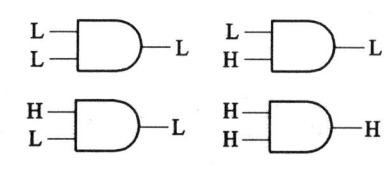

② OR : 입력 A, B 중 한 입력만 있어도 출력 X가 생기는 병렬논리 논리합 회로

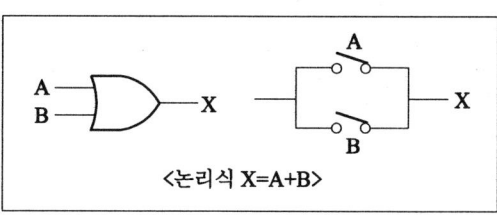
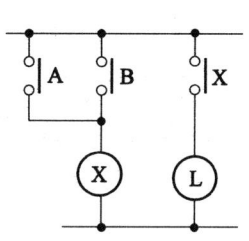

| A | B | X |
|---|---|---|
| 0 | 0 | 0 |
| 1 | 0 | 1 |
| 0 | 1 | 1 |
| 1 | 1 | 1 |

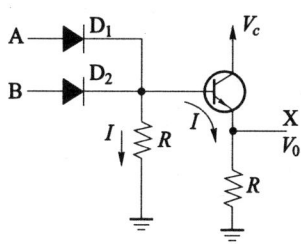
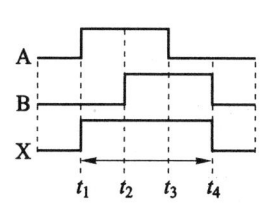
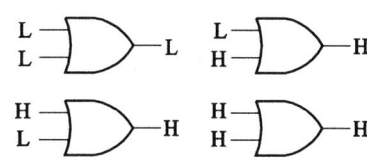

## (3) 부정 논리(NOT/NAND/NOR 회로)

① NOT : 입력과 출력의 상태를 반대로 하는 상태반전회로, 부정의 판단기능을 갖는 회로, NOT 회로, NOT gate, 인버터(inverter), b접점 표시

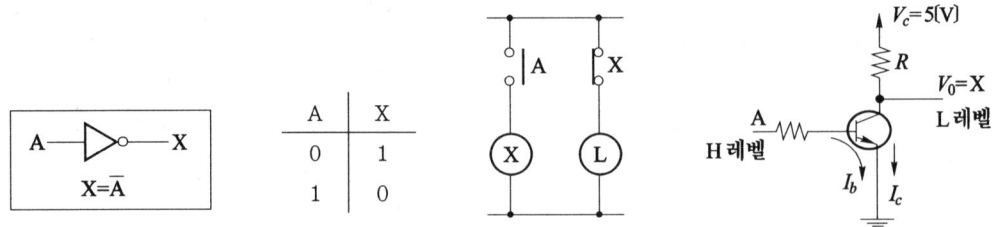

② NAND : AND회로를 부정하는 판단기능을 갖는 회로 - AND+NOT로 구성

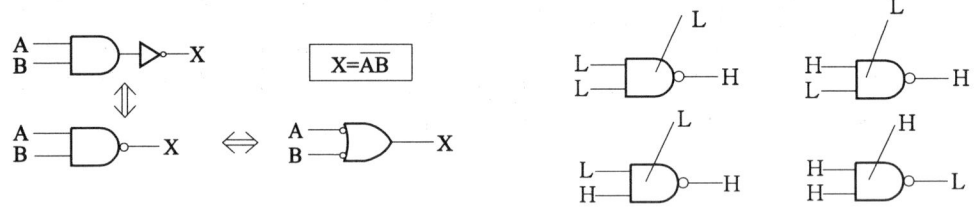

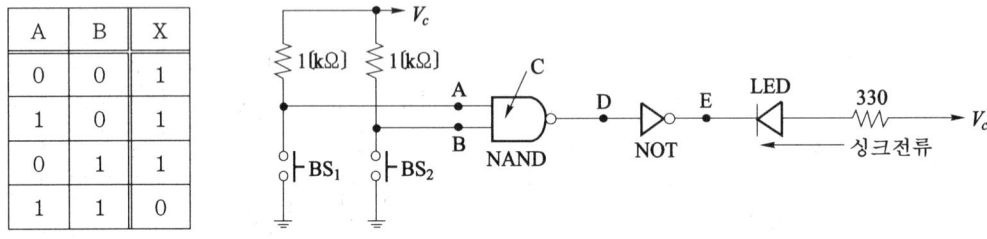

③ NOR : OR회로를 부정하는 판단기능을 갖는 회로 - OR+NOT로 구성

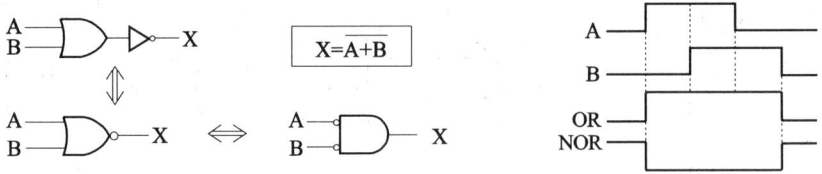

## (4) EOR 회로

두 입력의 상태가 다를 때 출력이 생기는 판단기능을 갖는 회로-배타논리합 회로

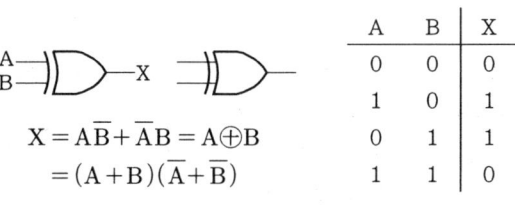
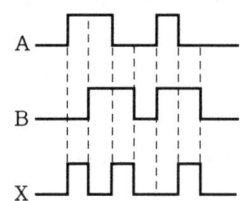

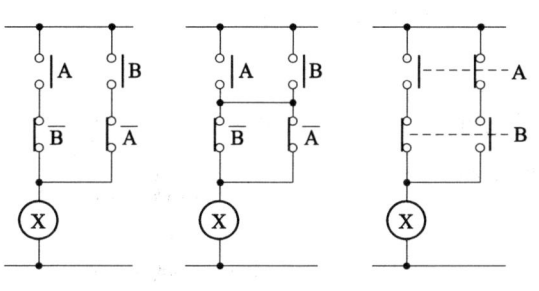
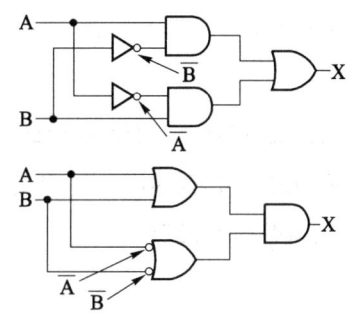

# 1-2. 접점회로와 로직회로 과년도 출제 문제

**1**  릴레이시퀀스와 무접점 시퀀스에 사용되는 전자 릴레이와 무접점 릴레이를 비교할 때 전자 릴레이의 장·단점 5가지씩만 쓰시오. (전95,02)

답 장점 : ① 과부하 내량이 크다.  ② 온도특성이 좋다.  ③ 부하 용량이 크다
  ④ 입출력 절연결합이 된다.  ⑤ 튼튼하고 싸다
단점 : ① 소비전력이 크다.  ② 제어반 외형이 크다.  ③ 진동 충격에 약하다
  ④ 응답속도가 느리다.  ⑤ 수명이 짧고 보수 수리가 번거롭다

  무접점 릴레이는 반도체 스위칭 소자, 논리 IC 소자를 말한다.

**2**  그림과 같은 무접점 회로의 출력식 Z를 구하고 유접점 회로, 논리회로로 바꾸시오. (전산03,07)

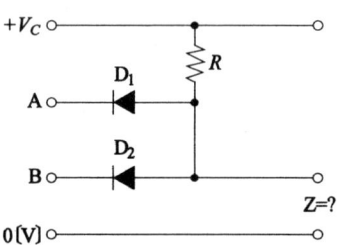

답 Z = A · B

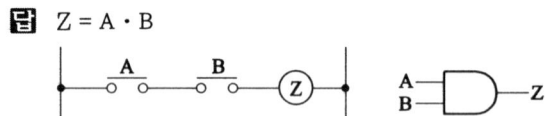

  AND 회로 : A=B=5[V]이면 R에 전류가 흐르지 않고 전압강하가 없으므로 Z에는 전압 $V_C$가 걸리고 Z=5[V]이다. A, B 중 하나라도 입력이 없으면 R에 전류가 흘러 $V_C$는 전압강하로 없어지고 Z=0[V]가 된다.

**3**  그림과 같은 무접점 회로의 출력 식 Z를 구하고 유접점 회로와 논리회로를 그리시오. (전산97,99,00,06)

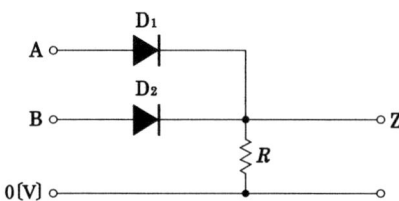

답 Z = A+B

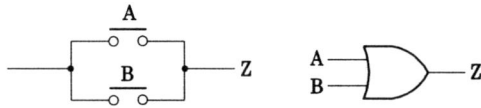

  OR 회로 : 입력이 하나라도 있으면 전류가 흘러 Z에 R의 전압강하만큼 전압이 걸린다.

**4** 그림을 보고 물음에 답하시오.
(공89, 92, 전산99)
(1) 그림의 회로 이름은?
(2) 답지의 타임차트에 출력을 그리시오.
(3) 답지의 진리표에 출력을 써넣으시오.

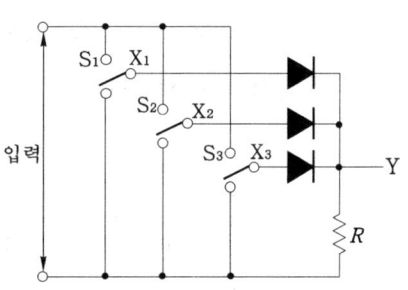

**답** (1) 3입력 OR 회로

(2)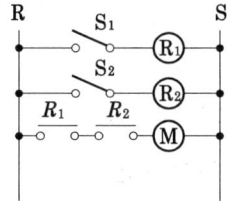

(3) 

| $X_1$ | $X_2$ | $X_3$ | Y |
|---|---|---|---|
| 0 | 0 | 0 | 0 |
| 0 | 0 | 1 | 1 |
| 0 | 1 | 0 | 1 |
| 0 | 1 | 1 | 1 |
| 1 | 0 | 0 | 1 |
| 1 | 0 | 1 | 1 |
| 1 | 1 | 0 | 1 |
| 1 | 1 | 1 | 1 |

➥ OR 회로 : 스위치를 하나라도 on하면 입력이 걸려 전류가 흐르고 Y에 직접 $V_C$가 걸린다. 즉 저항강하만큼 전압이 걸린다.

**5** 다음 접점 논리회로와 같은 기능의 논리회로를 보기에서 찾으시오. (공산96)

[보기] ON, AND, NOT, OR, NOR, NAND

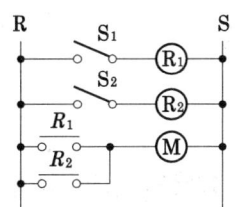 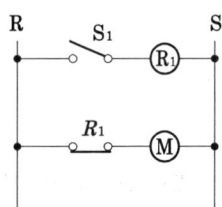

**답** (1) AND, (2) OR, (3) NOT 회로

➥ 입력 $R_1$, $R_2$이고 출력 M에서
(1)은 두 입력이 동시에 있을 때 M이 동작하므로 직렬회로 AND 회로이다.
(2)는 입력이 하나라도 있으면 출력이 생기는 병렬논리 OR 회로,
(3)은 입력 $R_1$이 동작하면 출력 M이 복구하는 부정회로 NOT회로이다.

**6** 그림 (a), (b)와 같은 논리기호의 $PB_1$, $PB_2$의 타임차트가 답지의 (c), (d)와 같은 때 PL램프의 타임차트를 각각 완성하시오. (전96)

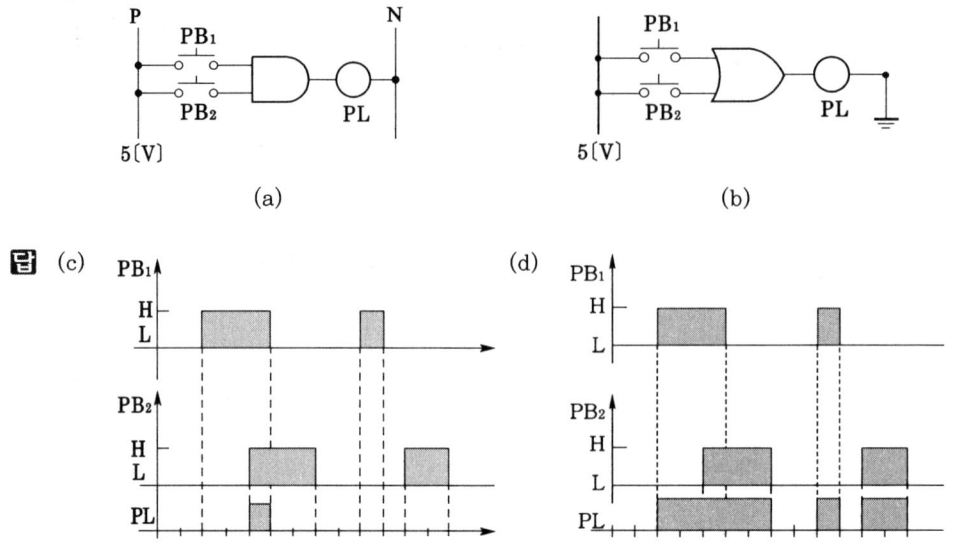

🔥 (a), (c)는 두 입력이 동시에 있을 때 출력이 생기는 AND 논리
(b), (d)는 한 입력만 있어도 출력이 생기는 OR 논리

**7** 반도체 스위칭 이론을 이용하여 표현된 무접점 논리기호는 아래의 예와 같이 접점에 의하여 표시할 수 있다. (전산90, 94, 95, 99, 12)

【예】

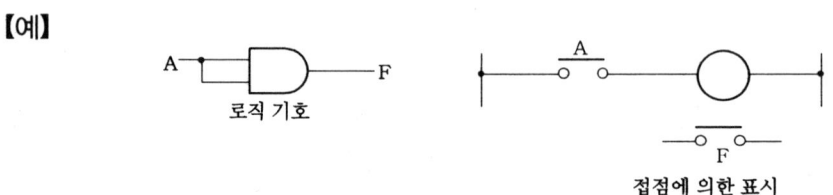

다음의 로직 기호를 앞의 【예】와 같이 유접점으로 표현하시오.

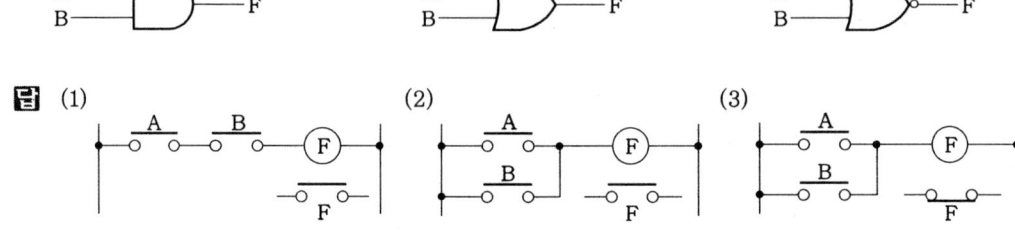

🔥 상태표시(NOT 회로)는 b접점에 해당한다.

**8** 로직시퀀스는 아래의 예와 같이 릴레이 시퀀스로 표현할 수 있다. (전90)

【예】

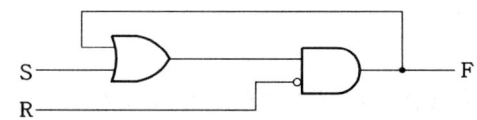

아래 로직시퀀스를 위의 예와 같이 릴레이 시퀀스로 표현하시오.

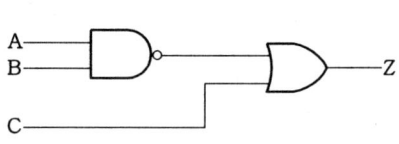

🔥 S와 F의 병렬(OR)에 R의 b접점의 직렬(AND)이고 접점 F는 출력접점이다.

**9** 논리회로를 보고 진리표를 완성하시오. (전88,93, 전산12)

| A | B | C | Z |
|---|---|---|---|
| 0 | 0 | 0 |   |
| 0 | 0 | 1 |   |
| 0 | 1 | 1 |   |
| 0 | 1 | 0 |   |
| 1 | 1 | 1 |   |

답 차례로 11111이다.

| A | B | C | Z |
|---|---|---|---|
| 0 | 0 | 0 | 1 |
| 0 | 0 | 1 | 1 |
| 0 | 1 | 1 | 1 |
| 0 | 1 | 0 | 1 |
| 1 | 1 | 1 | 1 |

🔥 AB 모두 1일 때가 아닌 경우와, C가 1인 경우에 X가 1이 된다.

**10** 다음 논리회로의 논리식을 쓰시오. (전산90)

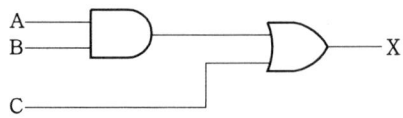

**답** X=AB+C

A, B 직렬에 C 병렬

**11** 다음 유접점 시퀀스를 무접점 시퀀스로 바꾸시오. (전89, 전산95)

(a)　　　　　　　　　　　　(b)

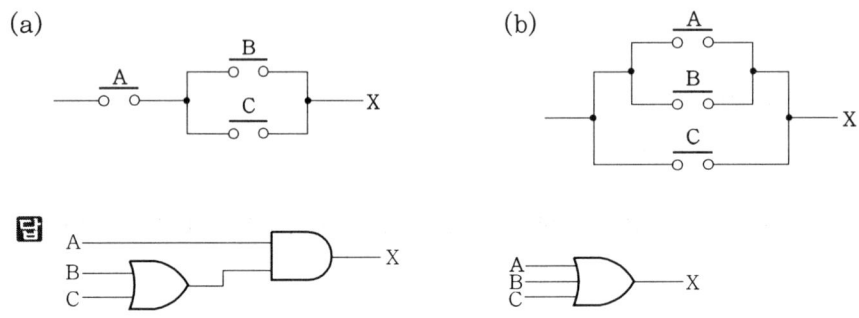

(a) X=A(B+C) BC병렬에 A직렬, (b)는 3입력 OR회로

**12** 다음 유접점 시퀀스의 논리식을 쓰고 무접점 회로로 바꾸시오. (전95,96,10)

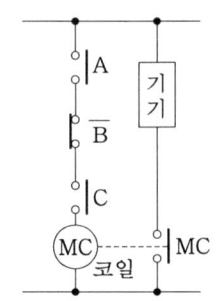

**답** ① 논리식　$MC = A \cdot \overline{B} \cdot C$
　　② 논리 회로

　　　A ─────┐
　　　B ─▷○─┤&─┐
　　　　　　　　　└─&─→ MC
　　　C ──────────┘

B의 b접점과 a접점 A, C의 3입력 직렬

**13** 다음 무접점 논리회로를 유접점 회로로 바꾸고 논리식을 쓰시오.
(전91,93, 전산89,94,95,00)

(a)
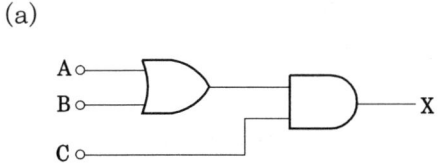

(b)
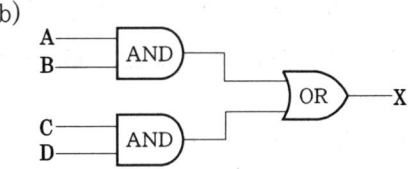

답 (a) X = (A+B) C
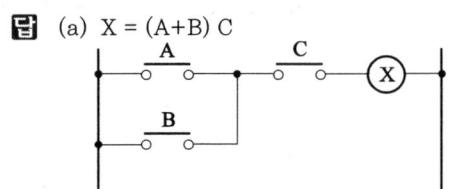

(b) X = AB+CD
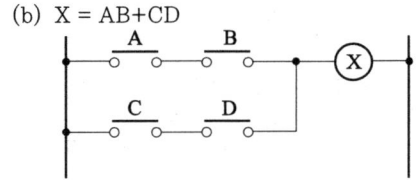

➤ (a) A,B 병렬에 C 직렬, (b) A,B 직렬과 C,D직렬의 2조 병렬

**14** 그림과 같은 유접점 시퀀스를 무접점 시퀀스로 바꾸시오. (전92,97)

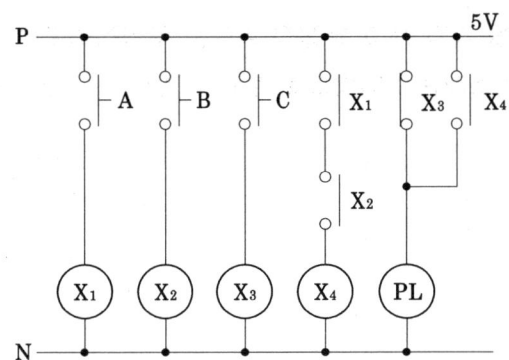

답
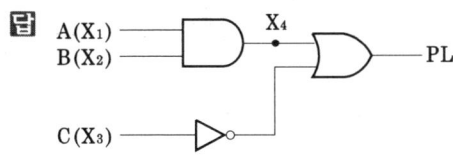

➤ $X_4 = X_1 X_2 \leftarrow AB$
$PL = \overline{X_3} + X_4 \leftarrow AB + \overline{C}$

**15** 보조릴레이 A, B, C로 출력(H레벨)이 생기는 유접점 회로와 무접점회로를 그리시오. 단, 보조릴레이 접점은 모두 a접점만을 사용하도록 한다. (전04,07)

(1) A와 B를 같이 ON하거나 C를 ON할 때 $X_1$ 출력

(2) A를 ON하고 B 또는 C를 ON할 때 $X_2$ 출력

**답** (1) ① 유접점 회로　　　　　　　　② 무접점 회로

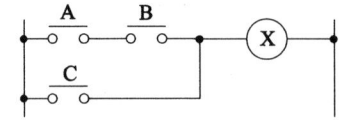　　　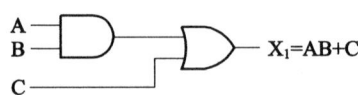 $X_1 = AB + C$

(2) ① 유접점 회로　　　　　　　　② 무접점 회로

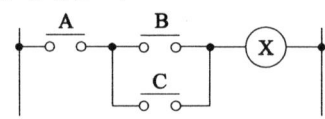　　　 $X_2 = A(B+C)$

(1) A, B 직렬에 C 병렬
(2) B, C 병렬에 A 직렬

**16** 그림의 논리식을 각각 쓰고 유접점 회로는 무접점회로로, 무접점회로는 유접점 회로로 바꾸시오. 논리소자는 2입력으로 한다. (전97,99, 공산90,91,95)

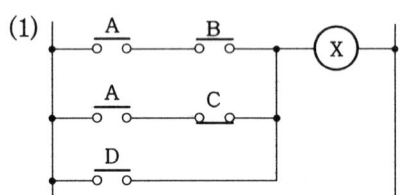

**답** (1) $X = AB + A\overline{C} + D$　　(2) $Y = ABC + D$

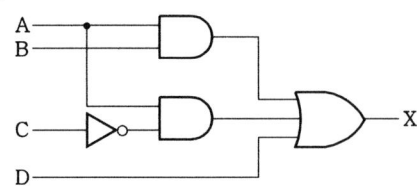　　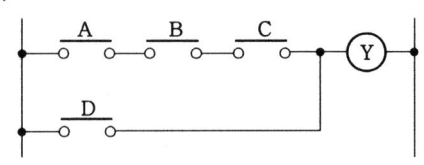

(1) A와 B의 직렬, A와 b접점 C의 직렬, D의 3조 병렬
(2) A, B, C의 직렬에 D의 병렬

**17** 아래 논리식의 유접점 회로를 각각 그리시오. (전95, 전산93)

(1) $X = A\overline{B} + (\overline{A} + B)\overline{C}$      (2) $X = (A+B)(C+D)\overline{B}$

**답** (1) 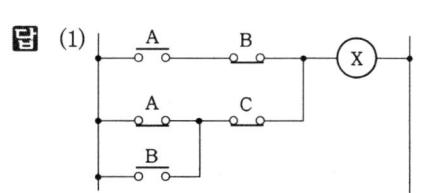 (2)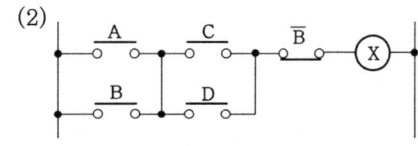

(1) A와 b접점 B의 직렬, b접점 A와 B의 병렬에 b접점 C의 직렬, 이 두 회로의 병렬
(2) A와 B의 병렬, C와 D의 병렬, b접점 B, 이 3조 직렬

**18** 그림과 같은 무접점 논리회로도를 보고 물음에 답하시오. (전05, 전산11)

(1) 출력식을 나타내시오.
(2) 유접점 논리회로로 바꾸어 그리시오.
(3) 타임차트를 완성하시오.

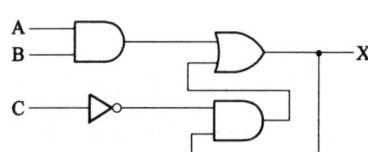

**답** (1) $X = AB + \overline{C}X$

(2)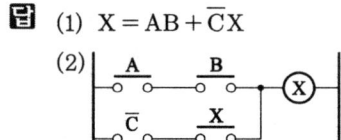

(3)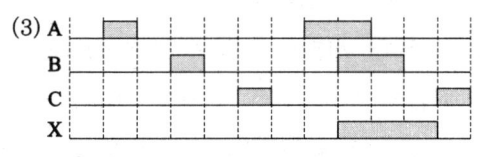

AB(직렬)가 있거나 AB가 있고 C가 없을 때($\overline{C}X$ 직렬) 출력이 생긴다.

**19** 다음 논리회로의 논리식, 진리표, 타임차트를 완성하시오. (공90,10, 전06)

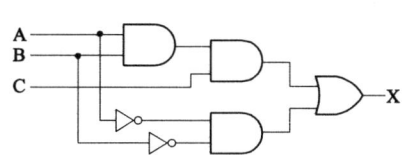

| A | L | L | L | L | H | H | H | H |
|---|---|---|---|---|---|---|---|---|
| B | L | L | H | H | L | L | H | H |
| C | L | H | L | H | L | H | L | H |
| X |   |   |   |   |   |   |   |   |

**답** 식 $X = ABC + \overline{A}\overline{B}$

| A | L | L | L | L | H | H | H | H |
|---|---|---|---|---|---|---|---|---|
| B | L | L | H | H | L | L | H | H |
| C | L | H | L | H | L | H | L | H |
| X | H | H | L | L | L | L | L | H |

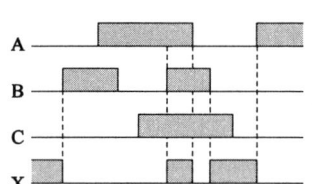

ABC 모두 H이거나 AB 모두 L일 때 H

**20** 그림과 같은 논리회로의 명칭, 논리식, 진리표를 작성하시오. (전98,02)

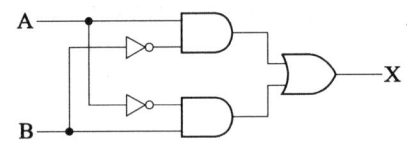

📖 베타 논리합 회로 EOR
$X = A\overline{B} + \overline{A}B = A \oplus B = (A+B)(\overline{A}+\overline{B})$

| 입 력 | | 출 력 |
|---|---|---|
| A | B | X |
| 0 | 0 | 0 |
| 0 | 1 | 1 |
| 1 | 0 | 1 |
| 1 | 1 | 0 |

🔑 두 입력 중 한 입력만 있을 때 출력이 생기는 불일치 회로 EOR.

**21** 타임차트를 보고 물음에 답하시오. (공95,90, 공산95,99, 전98)
단 A, B는 입력, X는 출력이다.
(1) 논리식을 쓰시오.
(2) 릴레이 시퀀스를 답란에 완성하시오.
(3) 2입력 AND, OR, NAND 소자를 각각 1개씩 사용하여 로직회로를 답란에 완성하시오.
(4) 이 회로의 로직기호를 그리고 명칭을 쓰시오.
(5) 진리표의 출력 X를 완성하시오.

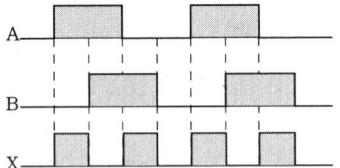

📖 (1) $X = A\overline{B} + \overline{A}B = A \oplus B = (A+B)(\overline{A}+\overline{B})$

(2)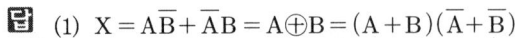

(3)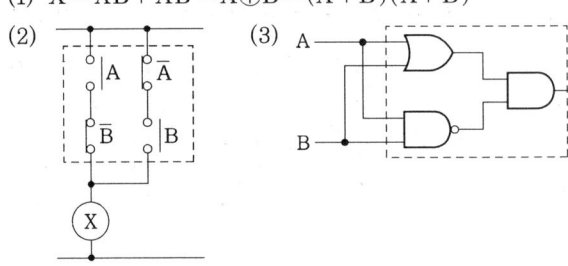

(4) 배타 논리합 회로(EOR)
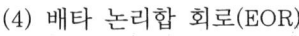

(5)

| A | B | X |
|---|---|---|
| 0 | 0 | 0 |
| 1 | 0 | 1 |
| 0 | 1 | 1 |
| 1 | 1 | 0 |

🔑 (2)의 로직회로와 (3)의 릴레이회로

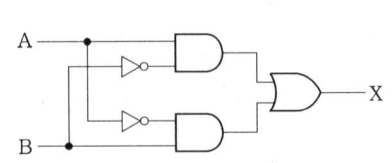
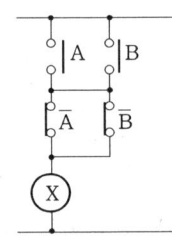

**22** 그림의 릴레이 시퀀스를 보고 물음에 답하시오. (전04,07,08, 공90, 공산91)

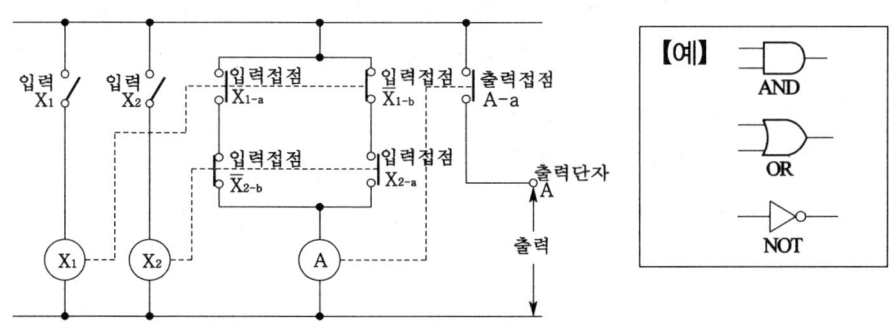

(1) AND, OR, NOT 심벌을 이용하여 논리회로를 그리고 논리식을 쓰시오.
(2) 진리표의 출력 란을 완성하고 주어진 타임차트를 완성하시오.
(3) 진리표를 만족할 수 있는 Logic circuit(기호)를 간소화하여 그리시오.

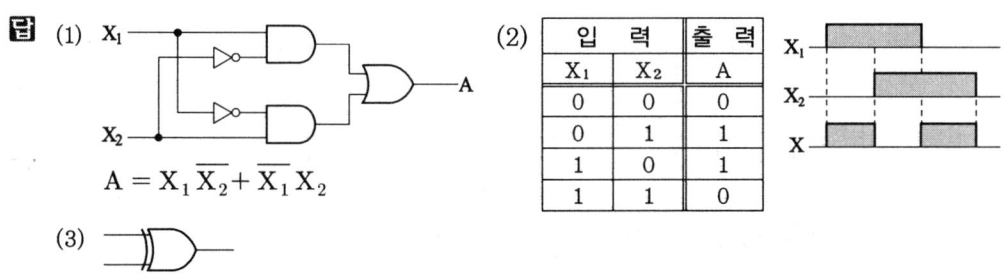

답 (1) $A = X_1 \overline{X_2} + \overline{X_1} X_2$

(2)

| 입력 | | 출력 |
|---|---|---|
| $X_1$ | $X_2$ | A |
| 0 | 0 | 0 |
| 0 | 1 | 1 |
| 1 | 0 | 1 |
| 1 | 1 | 0 |

**23** 그림은 베타 논리합 회로 EOR이다. 물음에 답하시오.
(전02,99, 공산95,96,97,99)
(1) 논리회로를 그리시오.
(2) 논리식을 쓰시오.
(3) 진리표를 작성하시오.
(4) 타임차트를 완성하시오.

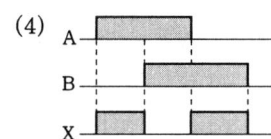

답 (1)

(2) $X = A\overline{B} + \overline{A}B = A \oplus B$
   $= (A+B)(\overline{A}+\overline{B})$

(3)

| A | B | X |
|---|---|---|
| 0 | 0 | 0 |
| 0 | 1 | 1 |
| 1 | 0 | 1 |
| 1 | 1 | 0 |

**24** 버튼스위치 $BS_1$ $BS_2$ $BS_3$에 의하여 직접 제어되는 계전기 $X_1$ $X_2$ $X_3$가 있다. 이 계전기 3개가 모두 복귀되어 있을 때만 출력램프 $L_1$이 점등하고, 그 이외에는 출력램프 $L_2$가 점등되도록 계전기를 사용한 시퀀스 제어회로를 설계하려고 한다. 이 때 다음 각 물음에 답하시오. (전산03,06)

(1) 본문 요구조건과 같은 답란의 진리표의 출력 란을 완성하시오.

| 입력 | | | 출력 | |
|---|---|---|---|---|
| $X_1$ | $X_2$ | $X_3$ | $L_1$ | $L_2$ |
| 0 | 0 | 0 | | |
| 0 | 0 | 1 | | |
| 0 | 1 | 0 | | |
| 0 | 1 | 1 | | |
| 1 | 0 | 0 | | |
| 1 | 0 | 1 | | |
| 1 | 1 | 0 | | |
| 1 | 1 | 1 | | |

(2) 최소 접점수를 갖는 논리식을 쓰시오.
(3) 논리식에 대응하는 릴레이 회로를 그리시오.

**답** (1)

| 입력 | | | 출력 | |
|---|---|---|---|---|
| $X_1$ | $X_2$ | $X_3$ | $L_1$ | $L_2$ |
| 0 | 0 | 0 | 1 | 0 |
| 0 | 0 | 1 | 0 | 1 |
| 0 | 1 | 0 | 0 | 1 |
| 0 | 1 | 1 | 0 | 1 |
| 1 | 0 | 0 | 0 | 1 |
| 1 | 0 | 1 | 0 | 1 |
| 1 | 1 | 0 | 0 | 1 |
| 1 | 1 | 1 | 0 | 1 |

(2) $L_1 = \overline{X_1} \cdot \overline{X_2} \cdot \overline{X_3}$ , $L_2 = X_1 + X_2 + X_3$

(3)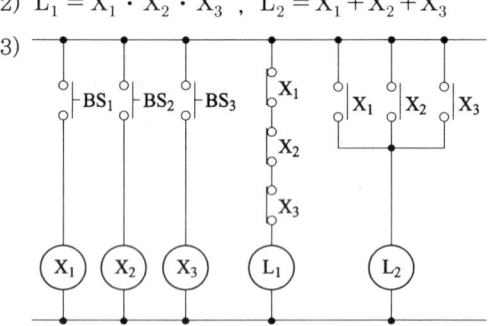

➔ $L_2$는 3입력 OR회로(어느 하나만 동작해도 출력이 생긴다.)이다.

**25** 그림의 논리회로의 명칭을 쓰고 ( )안의 소자로 회로를 그리시오. (공94)

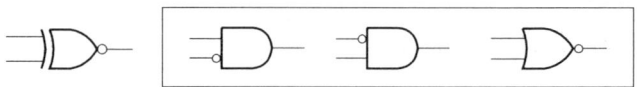

**답** NEOR(배타 논리합 부정회로)

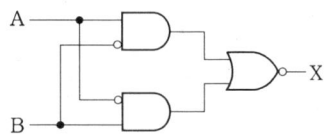

➔ $X = \overline{AB} + \overline{\overline{A}B}$

A, B 입력이 모두 있거나 모두 없을 때 출력이 생기는 일치회로이다.

**26** 그림에서 X, A, B, C는 릴레이, L은 램프이다. A, B, C, L의 논리식을 쓰시오. (공90)

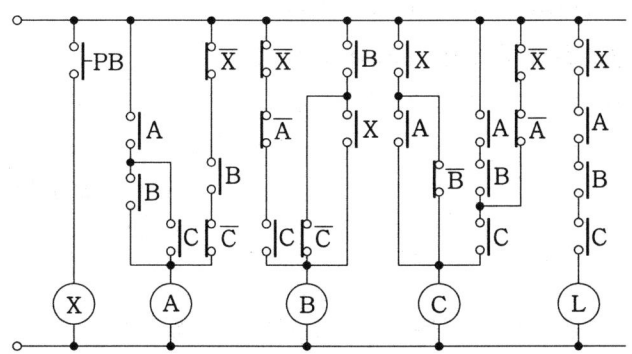

**답** $A = A(B+C) + \overline{X}B\overline{C}$    $B = \overline{X}\overline{A}C + B(X+\overline{C})$
$C = X(A+\overline{B}) + C(AB + \overline{X}A)$    $L = XABC$

**27** 다음 논리식과 같은 유접점 회로(sequence diagram)를 아래에 완성하시오.
(공산95, 06)

(1) $X_1 = A \cdot \overline{B} + (\overline{A}+B) \cdot \overline{C}$    (2) $X_2 = \overline{A} \cdot B + (A \cdot \overline{B}) + C$
(3) $X_3 = A \cdot B \cdot C$    (4) $X_4 = (A+B) \cdot (C+D)\overline{B}$
(5) $X_5 = \overline{A} + \overline{B} + \overline{C}$

**답**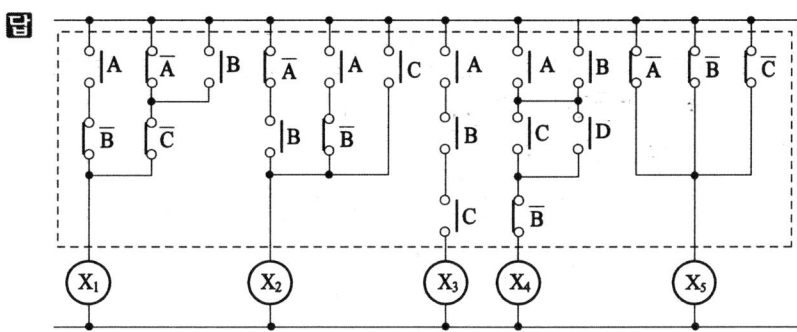

(1) $A\overline{B}$ 직렬, $\overline{A}+B$ 병렬에 $\overline{C}$ 직렬, 두 회로의 병렬
(2) $\overline{A}B$ 직렬, $A\overline{B}$ 직렬, C의 3병렬    (3) A B C의 3직렬
(4) A B 병렬, C D 병렬, $\overline{B}$의 3회로 직렬    (5) $\overline{A}$ $\overline{B}$ $\overline{C}$의 3병렬

**28** 그림과 같이 계전기 $M_1 \sim M_4$의 a접점 $m_1 \sim m_4$를 입력으로 하고 출력을 램프 L로 한 접점회로에서 L의 논리식을 쓰시오. (공산92, 10)

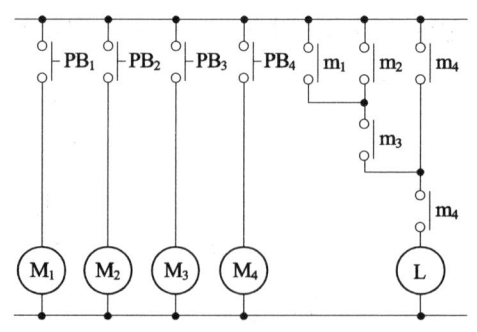

답 $L = m_4 \cdot [m_4 + m_3(m_1 + m_2)]$

➡ $m_1$, $m_2$ 병렬에 $m_3$ 직렬이고, 여기에 $m_4$ 병렬, 또 여기에 $m_4$ 직렬이다.

**29** 다음 회로에서 릴레이 X, Y, Z의 논리식을 쓰시오. (전산89, 94, 00)

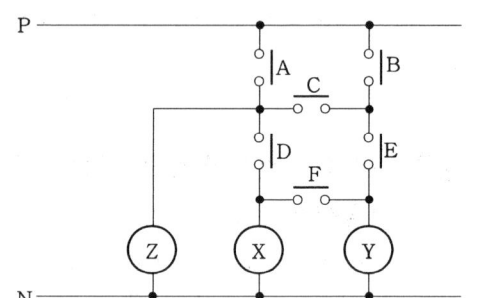

답 X = AD + BCD + BEF + ACEF
Y = BE + ACE + ADF + BCDF
Z = A + BC + BEFD

➡ 전류가 흐르는 길을 찾으면 된다.

**30** 그림의 입력을 회로에 가할 때 각 회로의 출력이 H레벨이 되는 구간을 적으시오. (예 : abc 등)

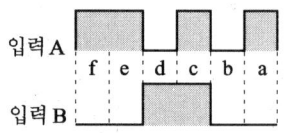

(1) A B ⟶ $X_1$  (2) A B ⟶ $X_2$  (3) A B ⟶ $X_3$  (4) A B ⟶ $X_4$

답 (1) acdef  (2) abdef  (3) bcd  (4) adef

➡ (2)는 AND 구간(c)의 부정 구간(abdef)
(3)은 A-H레벨, B-L레벨 구간(aef)이 아닌 구간(bcd)

# 1-3. 논리변환과 논리연산

### (1) 논리 변환

① 쌍대회로 : AND ↔ OR 변환과 입력부정 ↔ 출력부정을 동시에 행한다.

   ㉠ H 입력 NAND 회로는 L입력 OR 회로와 같다.

$$\overline{AB} = \overline{A} + \overline{B}$$

   ㉡ H입력 NOR 회로는 L입력 AND 회로와 같다.

$$\overline{A+B} = \overline{A}\ \overline{B}$$

② de Morgan 정리

$$\overline{AB} = \overline{A} + \overline{B} \qquad AB = \overline{\overline{A} + \overline{B}}$$

$$\overline{A+B} = \overline{A}\ \overline{B} \qquad A+B = \overline{\overline{A}\ \overline{B}}$$

③ 부정의 부정은 긍정이 되고 1입력 NAND, NOR는 NOT 기능이 된다.

④ [예] 식 $X = \overline{A}B + C$의 로직회로는 그림(a)와 같고 논리변환을 이용하면 (b)의 NAND 회로만으로, 또 (c)의 NOR 회로만으로 변환하여 IC 소자를 줄일 수 있다.

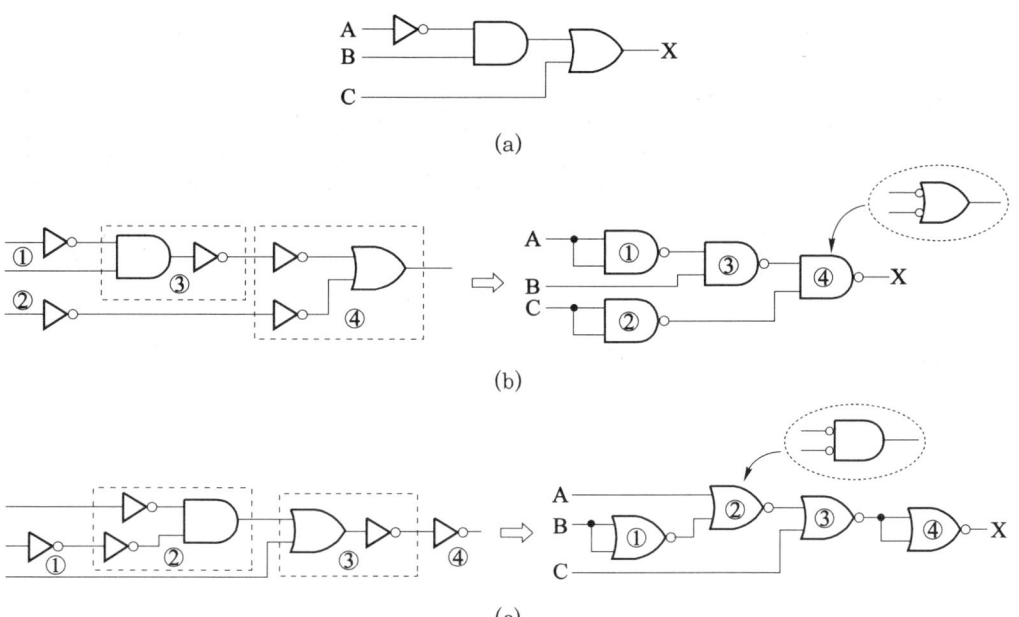

(a)

(b)

(c)

## (2) 논리연산

① 분배법칙 : $A(B+C) = AB + AC$
$\quad\quad\quad\quad\quad A + BC = (A+B)(A+C)$

㉠ $A(A+B) = AA + AB = A + AB = A(1+B)$
$\quad\quad\quad\quad = A \cdot 1 = A \leftarrow (AA = A, 1+B = 1, A \cdot 1 = A)$

㉡ $A(\overline{A}+B) = A\overline{A} + AB = 0 + AB = AB \leftarrow (\overline{A}A = 0)$

㉢ $A + AB = (A+A)(A+B) = A(A+B) = AA + AB$
$\quad\quad\quad = A + AB = A(1+B) = A \leftarrow (A+A = A)$

㉣ $A + \overline{A}B = (A+\overline{A})(A+B) = 1 \cdot (A+B) = A + B \leftarrow (\overline{A}+A = 1)$

② 2진수 정리

㉠ $A + 0 = A$, $A + 1 = 1$, $A + A = A$, $A + \overline{A} = 1$, $0 + 0 = 0$, $0 + 1 = 1$, $\overline{0} = 1$

㉡ $A \cdot 0 = 0$, $A \cdot 1 = A$, $A \cdot A = A$, $A \cdot \overline{A} = 0$, $0 \cdot 1 = 0$, $1 \cdot 1 = 1$, $\overline{1} = 0$

③ 카르노 도표(karnaugh map) : 논리식을 간단히 한다.

㉠ 논리식(AND)을 그림과 같이 도표에 적어 넣는다.

㉡ 서로 이웃된 식을 2, 4, 8개… 등으로 가능한 한 크게 묶는다. (묶음원 subcube)

㉢ 묶음원 중에서 변하지 않는 변수만을 골라 더한다.

㉣ [예] $X = \overline{A}BC + \overline{A}B\overline{C} + AB\overline{C} + AB\overline{C}$ 을 간단히 하면, 가로원 $\overline{A}B$ 세로원 $B\overline{C}$ 독립원 $A\overline{B}C$ 이고 더하면 $X = \overline{A}B + B\overline{C} + A\overline{B}C$

| A \ B,C | 0 0 | 0 1 | 1 1 | 1 0 |
|---|---|---|---|---|
| 0 |  |  | 1 | 1 |
| 1 |  | 1 |  | 1 |

| A \ B,C | $\overline{B}\overline{C}$ | $\overline{B}C$ | $BC$ | $B\overline{C}$ |
|---|---|---|---|---|
| $\overline{A}$ |  |  | $\overline{A}BC$ | $\overline{A}B\overline{C}$ |
| $A$ |  | $A\overline{B}C$ |  | $AB\overline{C}$ |

# 1-3. 논리변환과 논리연산 과년도 출제 문제

**1** 아래 그림과 같은 기능의 논리회로를 그리시오. (공94, 09)

(1) 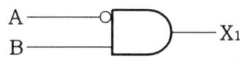 (2)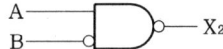

답 (1) AND게이트    (2) OR게이트

 $\overline{\overline{A}+\overline{B}} = AB$    $\overline{\overline{A}\,\overline{B}} = A+B$

**2** 그림의 출력 $X_1 \sim X_6$을 각각 타임차트에 그려 넣고 논리식을 쓰시오. (공산93)

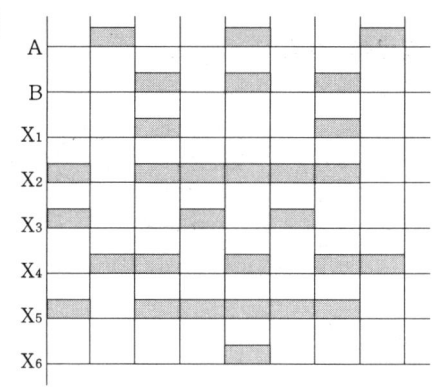

답

$X_1 = \overline{A} \cdot B$

$X_2 = \overline{A} \cdot \overline{\overline{B}} = \overline{A} + B$

$X_3 = \overline{\overline{A} \cdot \overline{B}} = \overline{A+B}$

$X_4 = \overline{\overline{A} \cdot \overline{\overline{B}}} = A+B$

$X_5 = \overline{A}+B$

$X_6 = \overline{\overline{A}+\overline{B}} = A \cdot B$

$X_1$은 A가 없고 B가 있을 때, $X_2$와 $X_5$는 A가 없거나 B가 있을 때 출력이 생긴다. $X_3$은 NOR회로, $X_4$는 OR회로, $X_6$는 AND회로와 같다(식 참조).

**3** 다음 논리회로에 대한 물음에 답하시오. (전11)
  (1) NAND만의 회로를 그리시오.
  (2) NOR만의 회로를 그리시오.

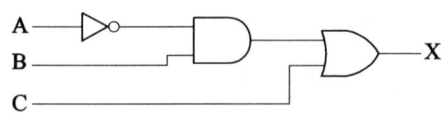

답 (1) 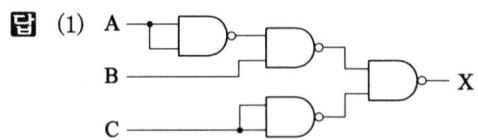   (2)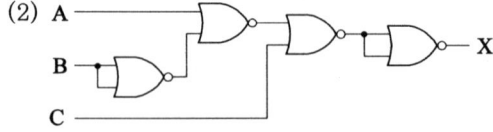

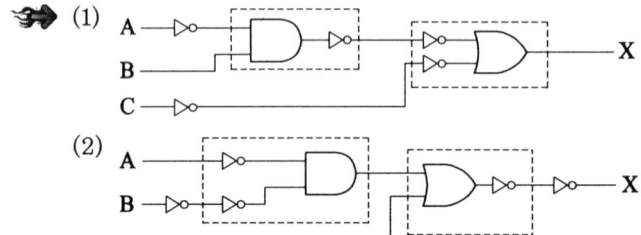

**4** 다음 논리식에 대한 물음에 답하시오. (전03,10)

[논리식] $X = A + B\overline{C}$   (단, A, B, C는 입력, X는 출력이다.)

(1) 로직 시퀀스로 나타내시오.
(2) NAND만의 회로와 (3) NOR만의 회로를 각각 그리시오.

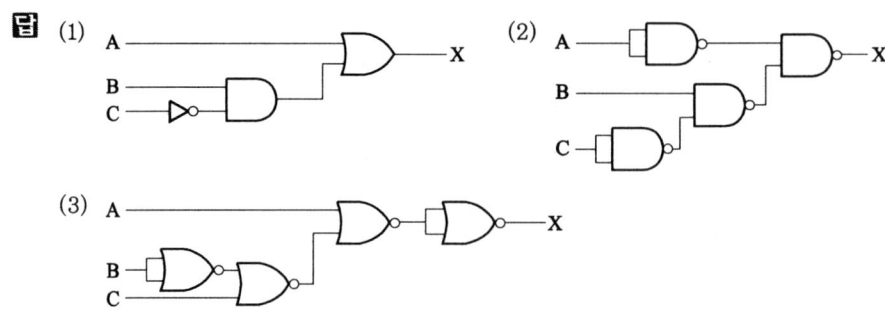

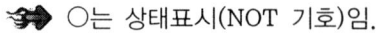

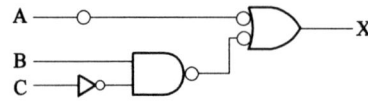   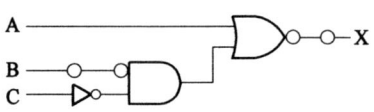

**5** 그림의 릴레이 회로를 보고 물음에 답하시오. (공산99, 01, 07, 전산99)
  (1) 논리식을 쓰시오.
  (2) AND, OR 소자를 사용하여 논리회로를 그리시오.
  (3) NAND 소자만으로 회로를 바꾸시오.

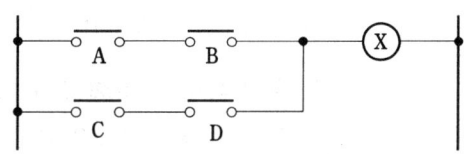

**답** (1) X = AB+CD

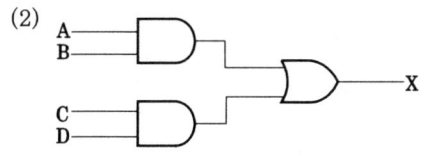

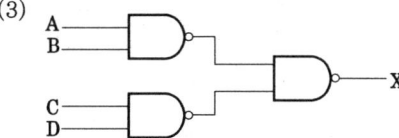

➤ AB직렬과 CD직렬의 병렬

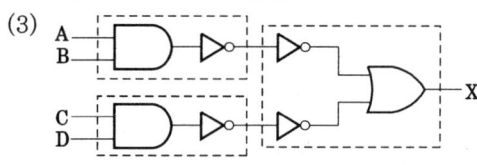

**6** 논리식 X = (A+B)(C+$\overline{B}\overline{C}$)에 대한 접점회로, 로직회로를 그리고 또 NAND gate 만의 로직회로와 NOR gate만의 로직회로를 각각 그리시오. (공92, 97)

**답** 접점회로    로직 회로

NOR gate

NAND gate

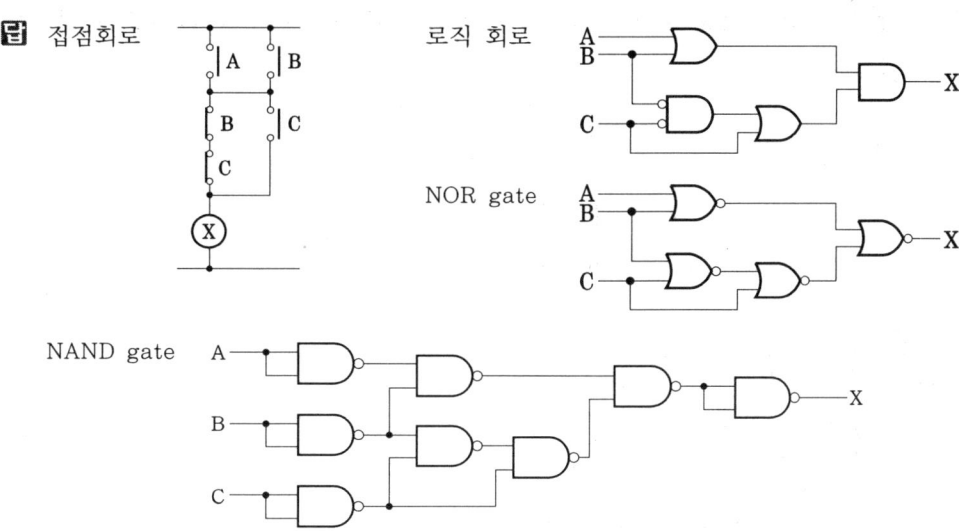

➤ A+B는 A, B의 병렬 OR, $\overline{B}\overline{C}$는 b접점 B, C의 직렬 AND, C+$\overline{B}\overline{C}$는 C와 $\overline{B}\overline{C}$의 병렬 OR 이므로 X는 (A+B)와 C+$\overline{B}\overline{C}$의 직렬 AND 이다.

**7** 다음은 어느 릴레이회로의 논리식이다. 다음 물음에 답하시오. (전03, 09)

논리식 $X = (A+B) \cdot \overline{C}$ (단, A, B, C는 입력, X는 출력이다.)

(1) 이 논리식의 논리회로(로직시퀀스)를 나타내시오.
(2) (1)의 논리회로를 2입력 NAND gate 만으로 등가 변환하시오.
(3) (1)의 논리회로를 2입력 NOR gate 만으로 등가 변환하시오.

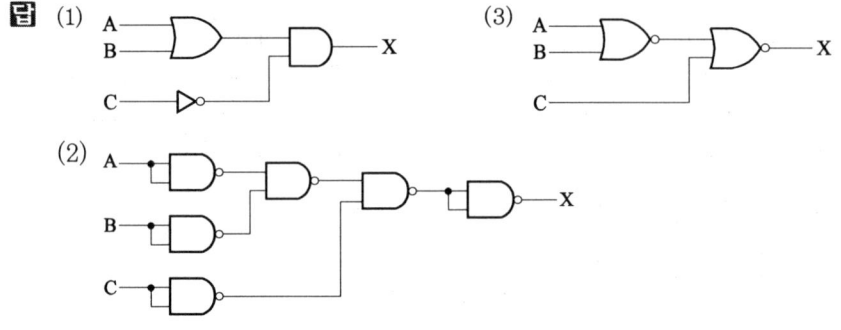

(1) A B의 병렬 OR에 b접점 C의 직렬, ○는 상태표시임
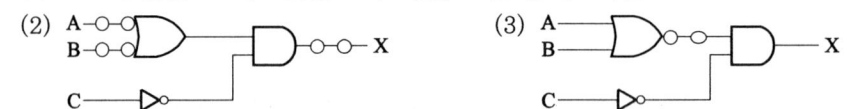

**8** 그림의 논리회로를 AND, OR, NOT의 소자로 등가회로를 그리고 논리식을 쓰시오. (전03, 05, 11)

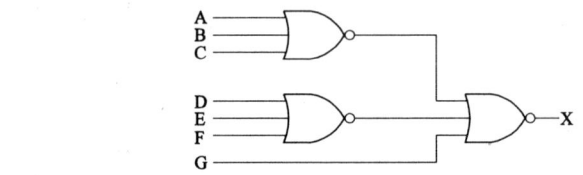

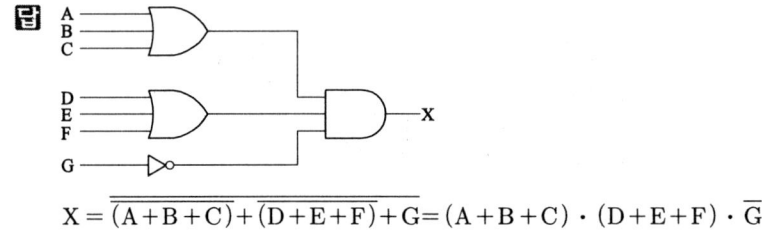

$X = \overline{\overline{(A+B+C)} + \overline{(D+E+F)} + G} = (A+B+C) \cdot (D+E+F) \cdot \overline{G}$

**9** 그림의 로직 시퀀스를 보고 다음 각 물음에 답하시오. (전산04,06 공산95)

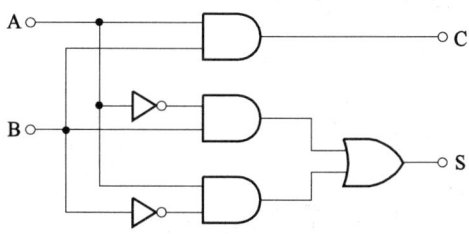

(1) 출력 [S]와 [C]의 논리식과 회로이름을 쓰시오.
(2) 2입력 논리(Exclusive OR gate, AND gate) 소자를 사용하여 등가회로를 완성하시오.
(3) NAND gate와 NOT gate만을 사용한 로직회로로 바꾸어 그리시오.
(4) 릴레이 회로와 타임차트를 각각 완성하시오.
(5) X=C+S의 논리식을 쓰고 X의 논리회로와 접점회로를 그리시오.

**답** (1) 반가산기
$$S = \overline{A}B + A\overline{B} \qquad C = AB$$

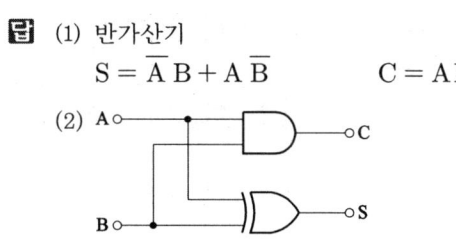

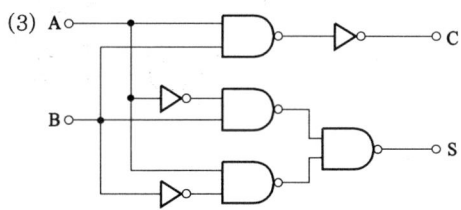

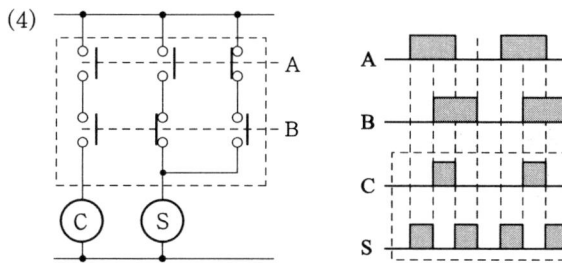

(5) $X = AB + A\overline{B} + \overline{A}B = A(B + \overline{B}) + \overline{A}B$
$\qquad = A + \overline{A}B = (A + \overline{A})(A + B)$
$\qquad = A + B \quad \leftarrow$ 즉 OR 회로( 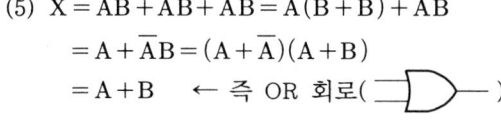 )

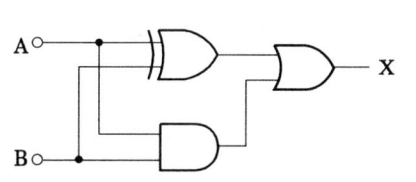
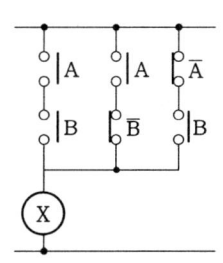
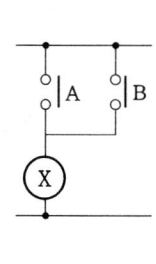

🍃 반가산기 회로이고 S는 EOR 회로이다.

**10** 논리식 $X = \overline{A}BC + A\overline{B}C + AB\overline{C}$ 에 대한 로직시퀀스를 그리고 또 NAND gate 만의 로직시퀀스를 그리시오. (공산98)

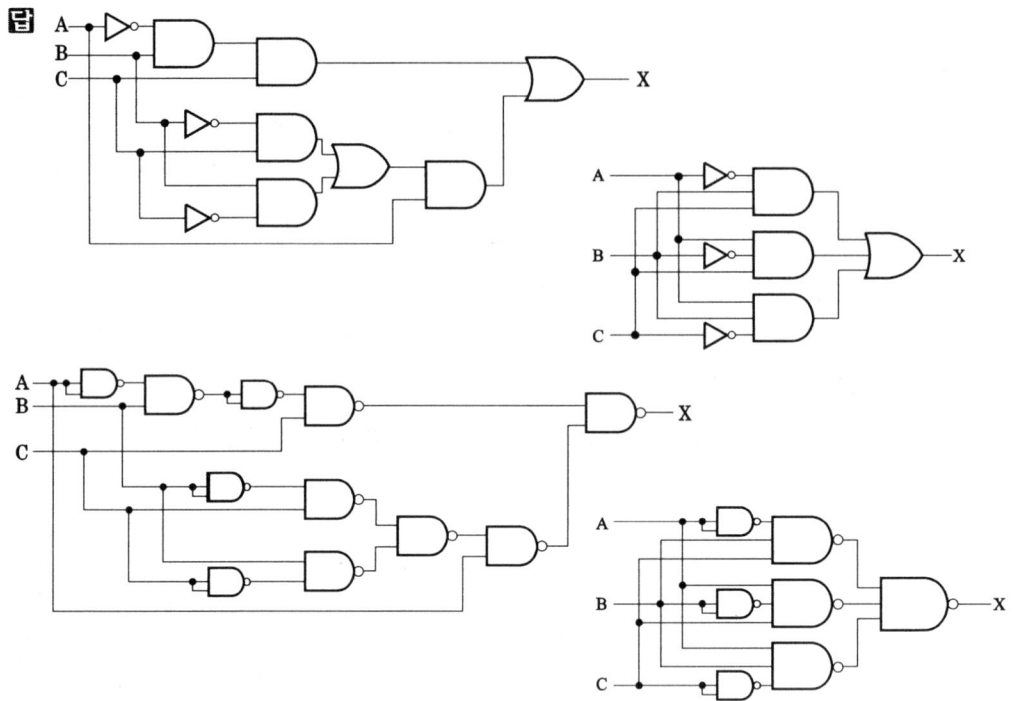

답

🐗 $X = \overline{A}BC + A(\overline{B}C + B\overline{C})$

**11** 다음 논리식을 간단히 하시오. (전94)
   (1) $Z = \overline{A}C + BC + AB + \overline{B}C$
   (2) $Z = (A + B + C)A$

답 (1) $Z = \overline{A}C + AB + C(B + \overline{B}) = AB + C(\overline{A} + 1) = AB + C$
   (2) $Z = AA + AB + AC = A(1 + B + C) = A$

🐗 $B + \overline{B} = 1$,  $\overline{A} + 1 = 1$,   $AA = A$,    $B\overline{B} = C\overline{C} = 0$,   $\overline{C}\overline{C} = \overline{C}$

**12** 논리식 $Z = (A+B+\overline{C}) \cdot (A \cdot \overline{B} \cdot C + A \cdot B \cdot \overline{C})$를 가장 간단한 식으로 변형하고 그 식에 따른 논리회로를 그리시오. (전96,99,01).

**답** $Z = (A+B+\overline{C}) \cdot (A \cdot \overline{B} \cdot C + A \cdot B \cdot \overline{C})$
$= AA\overline{B}C + AAB\overline{C} + AB\overline{B}C + ABB\overline{C} + A\overline{B}C\overline{C} + AB\overline{C}\overline{C}$
$= A\overline{B}C + AB\overline{C} + 0 + AB\overline{C} + 0 + AB\overline{C} = A\overline{B}C + AB\overline{C} = A(\overline{B}C + B\overline{C})$

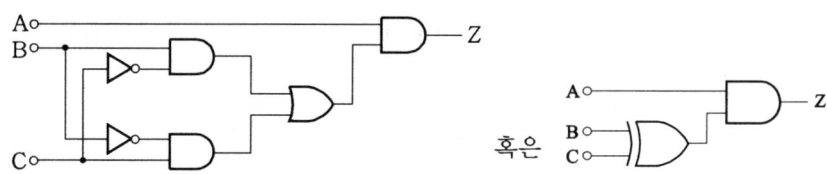

**13** 그림과 같은 접점회로의 논리식을 쓰고 간단히 하시오. (전산89,94,00)

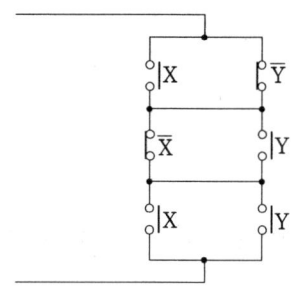

**답** $(X+\overline{Y})(\overline{X}+Y)(X+Y) = (X\overline{X}+XY+\overline{X}\overline{Y}+Y\overline{Y})(X+Y)$
$= (XY+\overline{X}\overline{Y})(X+Y) = XXY+XYY+X\overline{X}\overline{Y}+\overline{X}\overline{Y}Y$
$= XY + XY = XY \quad (X\overline{X}=\overline{Y}Y=0, \ XX=X, \ YY=Y)$

**14** 그림의 논리회로의 출력을 간단한 식으로 표시하시오.(전산98,12)

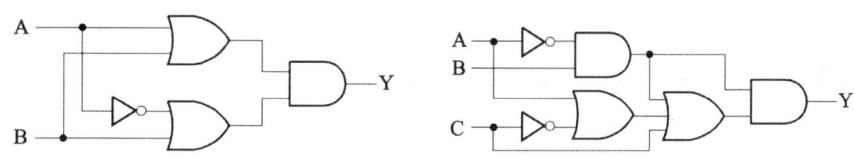

**답** $Y_1 = (A+B)(\overline{A}+B) = A\overline{A}+AB+\overline{A}B+BB = B(\overline{A}+A+1) = B$
$Y_2 = (\overline{A} \cdot B)(\overline{A} \cdot B + A + \overline{C} + C) = (\overline{A} \cdot B)(\overline{A} \cdot B + A + 1) = \overline{A} \cdot B$

**15** 그림의 논리회로를 보고 물음에 답하시오. (전산05)
(1) 논리식을 쓰고 간단히 하시오.
(2) 유접점 회로를 그리시오.
(3) 입력 A B, 출력 Y의 진리표를 만드시오.

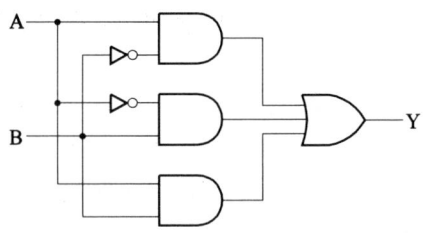

**답** (1) $Y = A\overline{B} + \overline{A}B + AB = A(\overline{B}+B) + \overline{A}B = A + \overline{A}B$
$= (A+\overline{A})(A+B) = A+B$

(2)

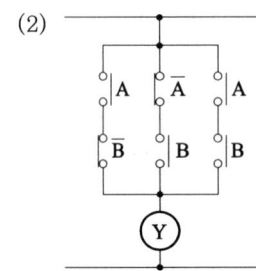

(3)

| 입력 | | 출력 |
|---|---|---|
| A | B | Y |
| 0 | 0 | 0 |
| 0 | 1 | 1 |
| 1 | 0 | 1 |
| 1 | 1 | 1 |

➫ OR 회로

**16** 그림의 논리회로의 논리식을 간략화 한 후 (과정 표현) NOT, OR 기호만으로 그리시오. (공산10)

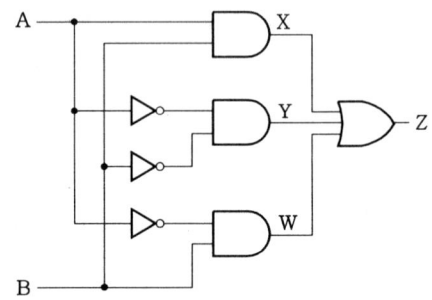

**답** $Z = AB + \overline{A}\overline{B} + \overline{A}B = AB + \overline{A}(\overline{B}+B)$
$= (A+\overline{A})(\overline{A}+B)$
$= \overline{A}+B$

A ─▷∘─┐
          ├─▶ Z
B ──────┘

**17** 3개의 입력 A,B,C에 의한 조건이 ①, ②, ③일 때 물음에 답하시오. (전산98, 02)

> ① 입력 A B 중 어느 하나의 신호로 동작하거나 C의 신호가 소멸하면 동작
> ② A C 양쪽의 신호가 들어가고 B의 신호가 소멸하면 동작
> ③ A B 양쪽의 신호가 들어가고 C의 신호가 소멸하면 동작

(1) ①, ②, ③에 대한 각각의 논리식을 쓰고 논리회로를 그리시오.
(2) ①의 조건과 ②, ③의 조건 중 하나를 만족하는 조건이 동시에 이루어질 때 출력이 생기는 논리식을 쓰고 논리회로를 그리시오. 또 이 논리식을 간단히 하여 식과 논리회로를 그리시오.

**답** (1) ① $X = A + B + \overline{C}$　　② $X = A\overline{B}C$　　③ $X = AB\overline{C}$

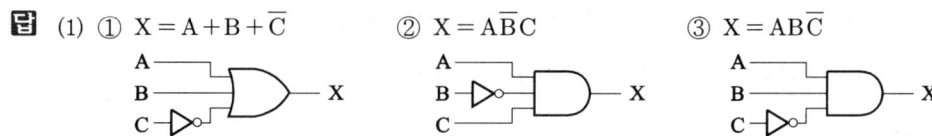

(2) $X = (A + B + \overline{C})(A\overline{B}C + AB\overline{C})$
$= AA\overline{B}C + AAB\overline{C} + BA\overline{B}C + BAB\overline{C} + \overline{C}A\overline{B}C + \overline{C}AB\overline{C}$
$= A\overline{B}C + AB\overline{C} + AB\overline{C} + AB\overline{C}$
$= A\overline{B}C + AB\overline{C} = A(\overline{B}C + B\overline{C})$

🔥 (2) ②, ③의 OR와 ①의 AND 회로이고 괄호를 풀면 간단해진다.

**18** 그림 (a), (b), (c)는 서로 등가이다. 물음에 답하시오. (공산94,95,99)

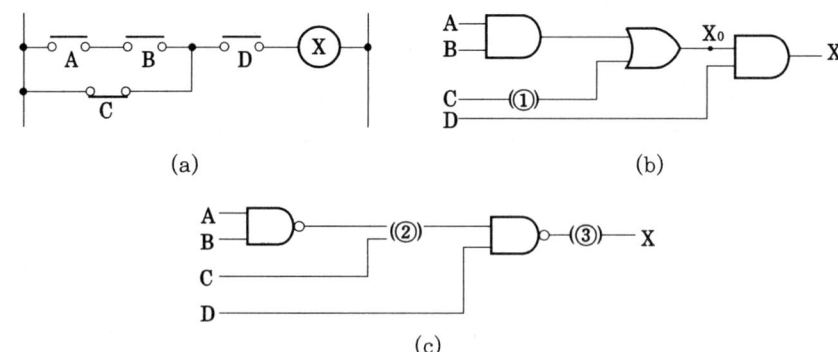

(a)　　　　　　　　　　(b)

(c)

(1) ①에 알맞은 논리회로의 이름(예 AND 등)을 쓰시오.
(2) ②와 ③에 알맞은 논리회로를 그리시오(예 : ⊐D⊸ )
(3) 그림 (b)의 X와 $X_0$의 논리식을 쓰시오.

**답** (1) ① NOT 회로 ( ─▷∘─ )
　　(2) ② ⊐D⊸ ( ⊐D⊸ )　　　③ ⊐D∘ ( ─▷∘─ )
　　(3) $X = (AB + \overline{C})D$,　$X_0 = AB + \overline{C}$

**19** 버튼스위치 $PB_A$, $PB_B$, $PB_C$에 의하여 직접 제어되는 릴레이 A, B, C가 있고 출력으로 전등 R, Y, G가 있다. 참값표를 보고 최소 접점수를 갖는 논리식을 쓰고 유접점 회로를 그리시오. (공산90,98, 공95)

**답**

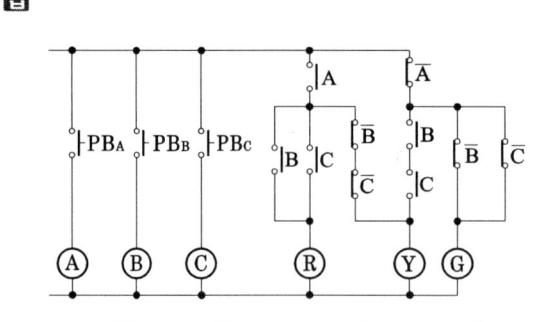

| 입력 | | | 출력 | | |
|---|---|---|---|---|---|
| A | B | C | R | Y | G |
| 0 | 0 | 0 | 0 | 0 | 1 |
| 0 | 0 | 1 | 0 | 0 | 1 |
| 0 | 1 | 0 | 0 | 0 | 1 |
| 0 | 1 | 1 | 0 | 1 | 0 |
| 1 | 0 | 0 | 0 | 1 | 0 |
| 1 | 0 | 1 | 1 | 0 | 0 |
| 1 | 1 | 0 | 1 | 0 | 0 |
| 1 | 1 | 1 | 1 | 0 | 0 |

$R = AB\overline{C} + AB\overline{C} + ABC = A\overline{B}C + AB(\overline{C}+C) = A(B+\overline{B}C)$
　 $= A(B+\overline{B})(B+C) = A(B+C)$
$Y = \overline{A}BC + A\overline{BC}$
$G = \overline{A}\overline{B}\overline{C} + \overline{A}\overline{B}C + \overline{A}B\overline{C} = \overline{A}\overline{B}(\overline{C}+C) + \overline{A}B\overline{C} = \overline{A}(\overline{B}+B\overline{C})$
　 $= \overline{A}(\overline{B}+B)(\overline{B}+\overline{C}) = \overline{A}(\overline{B}+\overline{C})$

**20** 다음의 진리표를 보고 물음에 답하시오. (전12)
(1) 논리식을 쓰고 간단히 하시오.
(2) 무접점회로를 그리시오.
(3) 유접점회로를 그리시오.

| 입력 | | | 출력 |
|---|---|---|---|
| A | B | C | X |
| 0 | 0 | 0 | 0 |
| 0 | 0 | 1 | 0 |
| 0 | 1 | 0 | 0 |
| 0 | 1 | 1 | 0 |
| 1 | 0 | 0 | 1 |
| 1 | 0 | 1 | 0 |
| 1 | 1 | 0 | 0 |
| 1 | 1 | 1 | 1 |

답 (1) $X = A\overline{B}\overline{C} + ABC = A(\overline{B}\overline{C} + BC)$

(2) 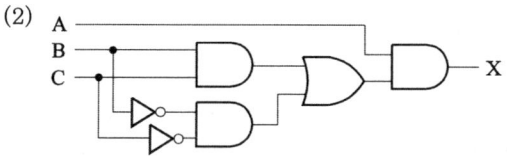  (3)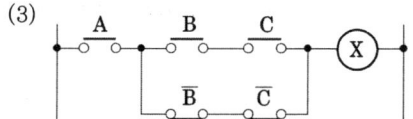

a접점 A와 b접점 B, C의 3입력 직렬과 a접점 A, B, C의 3입력 직렬과의 2조 병렬이고 a접점 A가 공통이다.

**21** 다음의 진리표를 보고 물음에 답하시오. (전산12)
(1) $P_1$, $P_2$의 출력식을 각각 쓰시오.
(2) 무접점회로를 그리시오.

| 입력 | | | 출력 |
|---|---|---|---|
| A | B | C | |
| 0 | 0 | 0 | $P_1$ |
| 0 | 0 | 1 | $P_1$ |
| 0 | 1 | 0 | $P_1$ |
| 0 | 1 | 1 | $P_2$ |
| 1 | 0 | 0 | $P_1$ |
| 1 | 0 | 1 | $P_2$ |
| 1 | 1 | 0 | $P_2$ |

답 (1) $P_1 = \overline{A}\overline{B} + (\overline{A} + \overline{B})\overline{C}$

$P_2 = \overline{A}BC + A(\overline{B}C + B\overline{C})$

(2)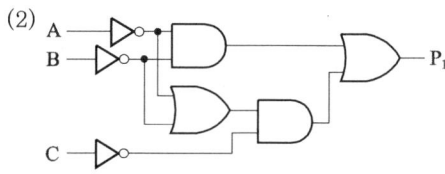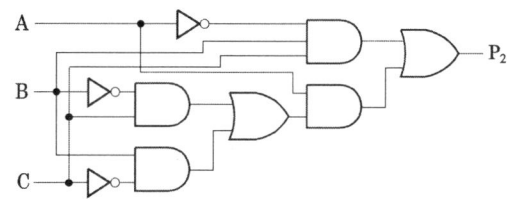

🔥 $P_1 = \overline{A}\,\overline{B}\,\overline{C} + \overline{A}\,\overline{B}C + \overline{A}BC + A\overline{B}\,\overline{C}$
  $= \overline{A}\,\overline{B}\,\overline{C} + \overline{A}\,\overline{B}C + \overline{A}BC + A\overline{B}\,\overline{C} + \overline{A}\,\overline{B}\,\overline{C} + \overline{A}\,\overline{B}\,\overline{C}$
  $= \overline{A}\,\overline{B}(\overline{C}+C) + \overline{A}\,\overline{C}(B+\overline{B}) + \overline{B}\,\overline{C}(A+\overline{A})$
  $= \overline{A}\,\overline{B} + \overline{A}\,\overline{C} + \overline{B}\,\overline{C} = \overline{A}\,\overline{B} + \overline{C}(\overline{A}+\overline{B})$

$P_2 = \overline{A}BC + A\overline{B}C + AB\overline{C} = \overline{A}BC + A(\overline{B}C + B\overline{C})$

**22** 카르노 도에 나타낸 것과 같이 논리식과 무접점 논리회로를 나타내시오.
단, 0 : L(low level), 1 : H(high level), ABC는 입력, X는 출력이다. (전12)
(1) 논리식을 쓰고 간단히 하시오.
(2) 무접점 논리회로를 그리시오.

| A \ B,C | 00 | 01 | 11 | 10 |
|---|---|---|---|---|
| 0 |  | 1 |  | 1 |
| 1 |  | 1 |  | 1 |

🔥 (1) $X = \overline{A}\,\overline{B}C + A\overline{B}C + \overline{A}B\overline{C} + AB\overline{C}$
   $= \overline{B}C(\overline{A}+A) + B\overline{C}(\overline{A}+A)$
   $= \overline{B}C + B\overline{C}$

(2)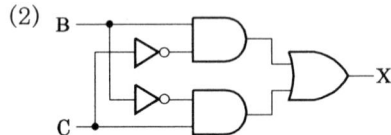

🔥 첫 번째 세로 묶음원($001+101 = \overline{A}\,\overline{B}C + A\overline{B}C$)에서 $01 = \overline{B}C$가 불변이고, 두 번째 세로 묶음원($010+110 = \overline{A}B\overline{C} + AB\overline{C}$)에서 $10 = B\overline{C}$가 불변이고, $X = \overline{B}C + B\overline{C}$이며, EOR 회로가 된다.

**23** 다음 논리회로를 식으로 표시하고 유접점 회로로 나타내시오. 또 식을 간단히 하고 식에 따른 유접점 회로를 그리시오.
(전산94, 98)

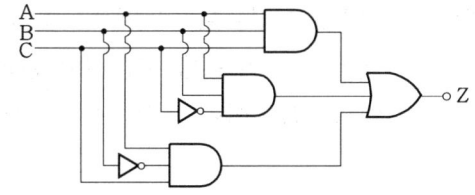

**답** $Z = ABC + AB\overline{C} + A\overline{B}C$
$Z = AB(C+\overline{C}) + A\overline{B}C = A(B+\overline{B}C)$
$\quad = A(B+\overline{B})(B+C) = A(B+C)$
$\therefore (B+\overline{B}) = (C+\overline{C}) = 1$

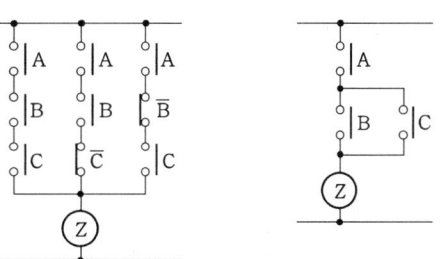

**24** 주어진 표를 이용하여 물음에 답하시오.
(전산03, 06, 10)
(1) 카르노 도표를 완성하시오.
(2) 논리식을 쓰고 간단히 하시오.
(3) 무접점 회로를 완성하시오.

| $LS_1$ | $LS_2$ | $LS_3$ | X |
|---|---|---|---|
| 0 | 0 | 0 | 0 |
| 0 | 0 | 1 | 0 |
| 0 | 1 | 0 | 0 |
| 0 | 1 | 1 | 1 |
| 1 | 0 | 0 | 0 |
| 1 | 0 | 1 | 1 |
| 1 | 1 | 0 | 1 |
| 1 | 1 | 1 | 1 |

**답** (1)

| $LS_3$ \ $LS_1, LS_2$ | 0 0 | 0 1 | 1 1 | 1 0 |
|---|---|---|---|---|
| 0 | | | 1 | |
| 1 | | 1 | 1 | 1 |

(2) $X = \overline{LS_1}LS_2LS_3 + LS_1\overline{LS_2}LS_3 + LS_1LS_2\overline{LS_3} + LS_1LS_2LS_3$
$\quad = LS_2LS_3 + LS_1LS_3 + LS_1LS_2 = LS_1(LS_2 + LS_3) + (LS_2LS_3)$

(3)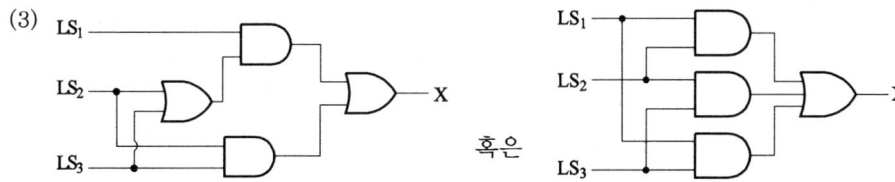

혹은

🔥 $X = \overline{LS_1}LS_2LS_3 + LS_1\overline{LS_2}LS_3 + LS_1LS_2\overline{LS_3} + LS_1LS_2LS_3$ ← 2개 추가
$\quad + LS_1LS_2LS_3 + LS_1LS_2LS_3 = LS_2LS_3 + LS_1LS_3 + LS_1LS_2$

**25** 주어진 참값표를 이용하여 물음에 답하시오.
(1) 카르노 도표를 완성하고 논리식을 쓰시오.
(2) 유접점 회로와 무접점 회로를 그리시오.

| A | B | C | X |
|---|---|---|---|
| 0 | 0 | 0 | 0 |
| 0 | 0 | 1 | 1 |
| 0 | 1 | 0 | 0 |
| 0 | 1 | 1 | 1 |
| 1 | 0 | 0 | 0 |
| 1 | 0 | 1 | 1 |
| 1 | 1 | 0 | 1 |
| 1 | 1 | 1 | 1 |

**답** (1) X=AB+C

| C \ A,B | 0 0 | 0 1 | 1 1 | 1 0 |
|---|---|---|---|---|
| 0 |   |   | 1 |   |
| 1 | 1 | 1 | 1 | 1 |

(2)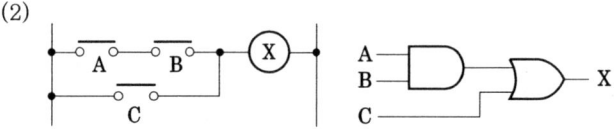

$X = \overline{A}\,\overline{B}C + \overline{A}BC + A\overline{B}C + AB\overline{C} + ABC + ABC$ ← 추가
$= \overline{A}C(\overline{B}+B) + AC(\overline{B}+B) + AB(\overline{C}+C) = C(\overline{A}+A) + AB = AB+C$

**26** 다음 논리식을 답란의 카르노 도표에 의하여 간단히 하고 식을 쓰시오.
(1) $X = \overline{A}BC + \overline{A}B\overline{C} + \overline{A}\,\overline{B}C + \overline{A}\,\overline{B}\,\overline{C}$
(2) $X = AB + \overline{A}B + BC + \overline{B}C$

**답** (1) $X = \overline{A}$

| C \ A,B | 00 | 01 | 11 | 10 |
|---|---|---|---|---|
| 0 | 1 | 1 |   |   |
| 1 | 1 | 1 |   |   |

(2) X=B+C

| C \ A,B | 00 | 01 | 11 | 10 |
|---|---|---|---|---|
| 0 |   | 1 | 1 |   |
| 1 | 1 | 1 | 1 | 1 |

(1) $X = \overline{A}B(C+\overline{C}) + \overline{A}\,\overline{B}(C+\overline{C}) = \overline{A}(B+\overline{B}) = \overline{A}$
(2) $X = AB + \overline{A}B + BC + \overline{B}C = B(A+\overline{A}) + C(B+\overline{B}) = B+C$
 $X = AB(C+\overline{C}) + \overline{A}B(C+\overline{C}) + BC(A+\overline{A}) + \overline{B}C(A+\overline{A})$ (변형)
 $= ABC + AB\overline{C} + \overline{A}BC + \overline{A}B\overline{C} + A\overline{B}C + \overline{A}\,\overline{B}C$ (카르노도)

**27** 그림은 접점 A, B, C 중 둘 이상이 ON 되었을 때 RL이 동작하는 회로이다. 물음에 답하시오. (전11)

(1) 회로 중 점선 안의 내부회로를 다이오드(→▶—)를 이용하여 완성하시오.
(2) 진리표를 완성하고 논리식을 작성한 후 간단히 하시오.

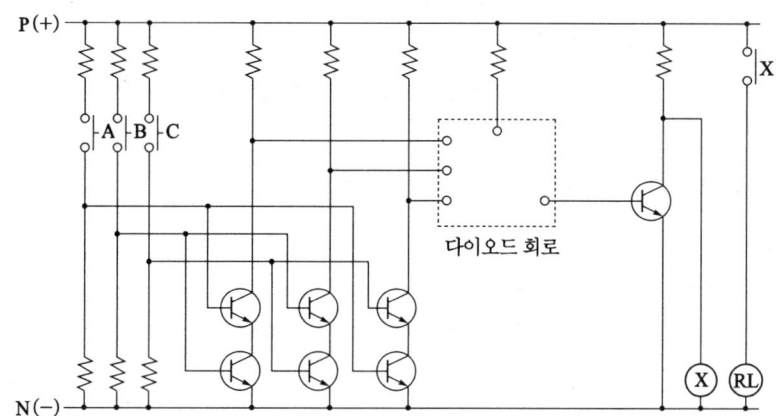

**답** (1)

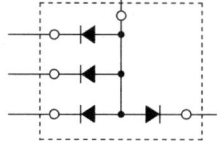

(2) $X = \overline{A}BC + A\overline{B}C + AB\overline{C} + ABC$
$= BC + AC + AB$

| 입력 | | | 출력 |
|---|---|---|---|
| A | B | C | X |
| 0 | 0 | 0 | 0 |
| 0 | 0 | 1 | 0 |
| 0 | 1 | 0 | 0 |
| 0 | 1 | 1 | 1 |
| 1 | 0 | 0 | 0 |
| 1 | 0 | 1 | 1 |
| 1 | 1 | 0 | 1 |
| 1 | 1 | 1 | 1 |

| A \ B,C | 0 0 | 0 1 | 1 1 | 1 0 |
|---|---|---|---|---|
| 0 | | | 1 | |
| 1 | | 1 | 1 | 1 |

$X = \overline{A}BC + A\overline{B}C + AB\overline{C} + ABC + ABC + ABC$ ← ABC 2개 추가
$= BC(\overline{A}+A) + AC(\overline{B}+B) + AB(\overline{C}+C) = BC + AC + AB$

# 1-4. PLC 회로와 프로그램

## (1) PLC와 구성

① 제어회로 부를 컴퓨터의 CPU로 대체시키고 시퀀스를 프로그램화(soft ware)하여 기억시킨 자동화 설비로서 CPU에 시퀀스의 자료를 기억시키고 명령어를 사용하여 시퀀스를 작성 운전한다.

② PLC 본체는 그림과 같이 입력회로, CPU, 출력회로로 구성되고 전원 장치가 내장되어 있으며 여기에 입력기기, 출력기기, 주변 기기가 접속된다. 아래 그림은 GLOFA-GM형 PLC의 구성과 입출력카드결선도의 예이다.

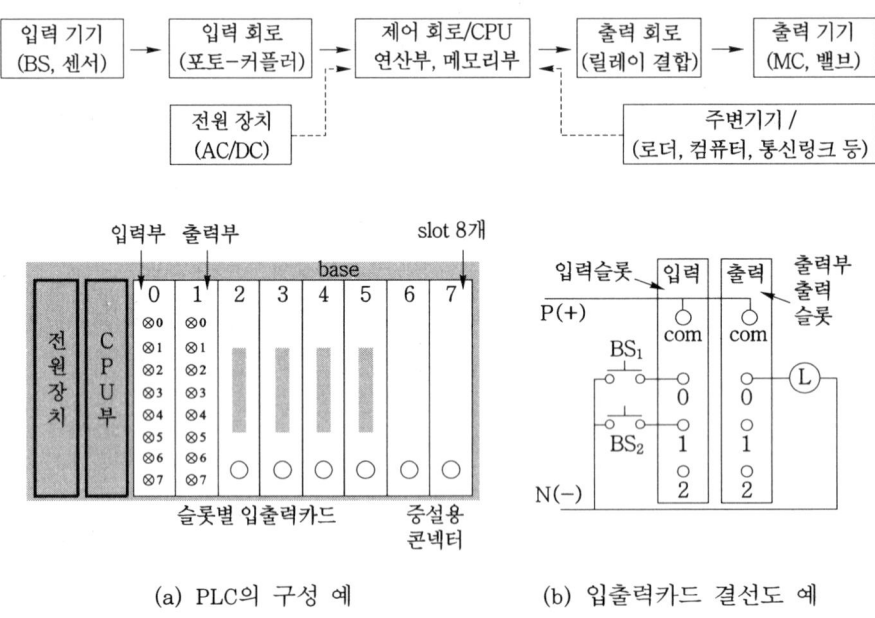

(a) PLC의 구성 예  (b) 입출력카드 결선도 예

③ CPU는 연산부(microprocessor)와 메모리부(memory)로 구성되며 메모리부는 데이터 메모리, 프로그램 메모리, 시스템 메모리로 구분된다.
　㉠ 연산부는 PLC의 두뇌에 해당하는 부분으로서 데이터 메모리에 저장되어 있는 자료를 사용하여 프로그램 메모리의 지시에 따라 그 내용인 시퀀스를 작성하고 출력한다.
　㉡ 데이터 메모리(data memory) DM은 릴레이 등의 시퀀스 구성소자를 a접점으로 기억시켜 시퀀스 구성의 연산용 자료로 사용한다.
　㉢ 프로그램 메모리(program memory)PM은 사용자가 작성한 프로그램 즉, 시퀀스의 순서, 명령을 기억시켜 연산부에 실행(시퀀스 구성)을 지령한다.

ⓔ 시스템(system)메모리는 PLC 제작사에서 작성한 시스템 프로그램이 저장되는 ROM 영역으로 PLC의 기능과 성능을 결정한다.

④ 입·출력회로 : 12/220[V]의 높은 전압의 입출력 기기와 5[V]의 낮은 전압의 PLC 회로를 결합시키는 회로이고 전압레벨 변환회로의 기능과 잡음(noise)을 차단하는 절연결합회로(포토커플러, 릴레이 결합회로 등)의 기능을 갖는다.

## (2) 프로그램 요소

① PLC 제어는 컴퓨터와 같이 PLC가 이해할 수 있는 언어로 제어내용에 따른 프로그램을 미리 작성하여 메모리에 저장시키고 저장된 프로그램에 따라 제어대상을 제어하도록 되어있다. 이와 같이 PLC용 언어로 PLC가 수행할 작업의 처리 방법과 순서 등을 정한 것을 프로그램(program)이라고 한다

② 래더(ladder diagram) 회로(시퀀스) 기호 :

a접점 ─┤ ├─   b접점 ─┤/├─   출력 ─( )─

③ 기억장소(번지, 변수) : 표는 출제 가능한 4종류를 보인다.

|  | ㉮ | ㉯ | ㉰ | ㉱ |
|---|---|---|---|---|
| 입력기구 | P000~ | 0~ | 0.0~ | %IX0.0.0~ |
| 출력기구 | P010~ | 20~ | 3.0~ | %QX0.2.0~ |
| 내부출력 | M000~ | 170~ | 8.0~ | %MX0~ |
| 타이머 | T000~ | T600~ | T40~ | 임의변수 |
| 설정시간 | 〈DATA〉 | − | DS | T#(초)S |

④ 기초 명령어

|  | ㉮ | ㉯ | ㉰ | ㉱ | 참고 |
|---|---|---|---|---|---|
| 회로시작 | LOAD | STR | R | 없음 | R-read |
| 직렬 | AND | AND | A | − | A-and |
| 병렬 | OR | OR | O | − | O-or |
| 부정(b접점) | NOT | NOT | N | − | N-not |
| 출력(끝) | OUT | OUT | W | − | W-write |
| 타이머 | TMR | TIM | T | − | T-timer |
| 직렬묶음 | AND LOAD | AND STR | A MRG | − |  |
| 병렬묶음 | OR LOAD | OR STR | O MRG | − |  |

### (3) 프로그래밍 예

① MK형 언어에는 어셈블리(assembly) 언어형태의 니모닉(mnemonic) 프로그램 방식과 릴레이 회로와 비슷한 도형기반 언어인 래더 다이어그램(ladder diagram) 방식을 주로 사용하며 상호변환이 된다.

② GLOFA-GM형은 PLC의 사용 언어를 통일하기 위하여 국제 전기 표준회의 IEC(international electro-technical commission)에서 2개의 도형식 언어 LD, FBD와 2개의 문자형 언어 IL, ST 및 SFC를 표준으로 사용하도록 규정하였다.

③ 회로 작성 예

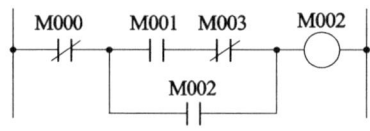

| step | 명 령 | 번지 |
|---|---|---|
| 0 | LOAD NOT | M000 |
| 1 | LOAD | M001 |
| 2 | AND NOT | M003 |
| 3 | OR | M002 |
| 4 | AND LOAD | - |
| 5 | OUT | M002 |

| step | 명 령 | 번지 |
|---|---|---|
| 0 | STR NOT | 170 |
| 1 | STR | 171 |
| 2 | AND NOT | 173 |
| 3 | OR | 172 |
| 4 | AND STR | - |
| 5 | OUT | 172 |

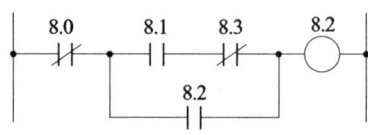

| step | 명 령 | 번지 |
|---|---|---|
| 0 | R N | 8.0 |
| 1 | R | 8.1 |
| 2 | A N | 8.3 |
| 3 | O | 8.2 |
| 4 | A MRG | - |
| 5 | W | 8.2 |

```
M000 - 170 - 8.0 - %MX0
M001 - 171 - 8.1 - %MX1
M002 - 172 - 8.2 - %MX2
M003 - 173 - 8.3 - %MX3
```

# 1-4. PLC 회로와 프로그램 과년도 출제 문제

**1** PLC 래더 다이어그램을 보고 잘못된 것을 고쳐서 아래쪽에 그리고 또 로직회로를 옆쪽에 그리시오. (전산10)

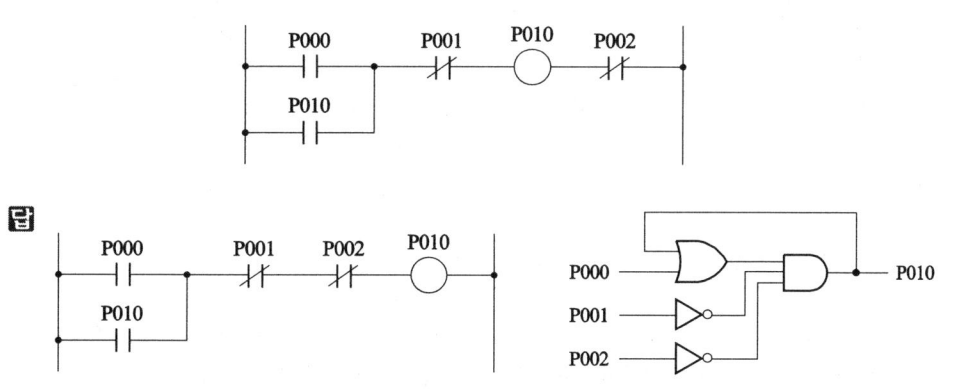

**답**

➤ 출력기구를 접지 쪽에 넣어야 한다.

**2** 그림은 PLC 시퀀스의 일부를 그린 것이다. 입력 P000을 주면 출력 P011이 동작하고 이어 P012가 동작한다. 5초 후 T000이 동작하여 P012가 정지한다.

P001은 정지신호이고, 시간단위는 0.1초이다. 프로그램의 (①~⑤)에 알맞은 것을 답안지에 적으시오. (공07, 공산96, 00, 07, 09)

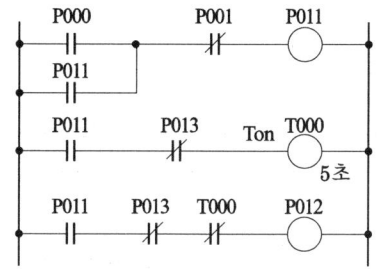

| 차례 | 명 령 | 번지 | 차례 | 명 령 | 번지 |
|---|---|---|---|---|---|
| 0 | LOAD | P000 | 6 | TMR | T000 |
| 1 | OR | ① | 7 | (DATA) | ③ |
| 2 | ② | P001 | 9 | ④ | P011 |
| 3 | OUT | P011 | 10 | AND NOT | P013 |
| 4 | LOAD | P011 | 11 | AND NOT | T000 |
| 5 | AND NOT | P013 | 12 | ⑤ | P012 |

**답** ① P011  ② AND NOT  ③ 50  ④ LOAD  ⑤ OUT

➤ ㉠ 회로시작 LOAD P000과 P011은 병렬 OR이다. 여기에 P001이 직렬 AND b접점 NOT 이므로 AND NOT가 되며 출력 OUT P011이 된다.
㉡ P013은 회로시작 LOAD P011과 직렬 b접점 AND NOT이다. 시한동작 타이머 표시는 Ton이고 명령은 TMR, 번지는 T000부터 사용한다. 또 설정시간은 〈DATA〉 50으로 표시하고 2 step 소요되며 0.1초 단위를 기본으로 한다.
㉢ 회로시작 LOAD P011과 직렬 b접점 AND NOT P013, 또 직렬 b접점 AND NOT T000, 출력 OUT P012이다.

**3** 그림과 같은 래더 다이어그램을 보고 PLC 프로그램을 완성하시오. 단, 타이머 설정시간 t는 0.1초 단위이다. (전산10)

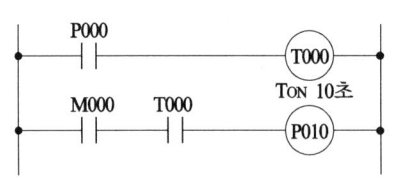

| 차례 | 명령어 | 번 지 |
|---|---|---|
| 0 | LOAD | P000 |
| 1 | TMR | ① |
| 2 | DATA | ② |
| 4 | ③ | M000 |
| 5 | AND | ④ |
| 6 | ⑤ | P010 |

🔑 ① T000  ② 100  ③ LOAD  ④ T000  ⑤ OUT

➥ 시한동작 타이머 Ton, 명령 TMR, 번지 T000, 설정시간 〈DATA〉 100, 2 step 소요. 회로 시작 LOAD M000, 직렬 AND T000, 출력 OUT P010.

**4** 아래 PLC 래더 다이어그램을 보고 미완성 프로그램 ㉮~㉠를 완성하고 로직회로를 그리시오. (전10)

[보기] 입력 : LOAD, 직렬 : AND,
　　　병렬 : OR,　 출력 : OUT
　　　블록 간 병렬결합 : OR LOAD,
　　　블록 간 직렬결합 : AND LOAD

| 차례 | 명 령 | 번지 | 차례 | 명 령 | 번지 |
|---|---|---|---|---|---|
| 0 | LOAD | P000 | 5 | ㉣ | ㉠ |
| 1 | ㉮ | P001 | 6 | ㉤ | P005 |
| 2 | ㉯ | ㉰ | 7 | AND LOAD | - |
| 3 | ㉱ | ㉲ | 8 | OUT | P010 |
| 4 | AND LOAD | - | 9 | - | - |

🔑 ㉮ OR　　㉯ LOAD
　 ㉱ OR　　㉣ LOAD
　 ㉤ OR　　㉰ P002
　 ㉲ P003　 ㉠ P004

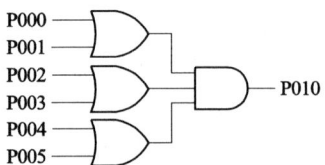

➥ 병렬회로 3개(P000-P001/P002-P003/P004-P005)의 직렬이고 AND LOAD의 명령어를 사용하며 3개를 입력한 후 AND LOAD를 2번 연속 사용해도 된다.

**5** 프로그램의 차례대로 PLC 시퀀스(래더 다이어그램)를 그리시오. 단, 시작입력 LOAD, 출력 OUT, 직렬 AND, 병렬 OR, b접점 NOT, 그룹 직렬 AND LOAD, 그룹 병렬 OR LOAD의 명령을 사용한다. (전산11)

(1)

| | 명 령 | 번 지 |
|---|---|---|
| 생략 | LOAD | P001 |
| | OR | M001 |
| | LOAD NOT | P002 |
| | OR | M000 |
| | AND LOAD | – |
| | OUT | P017 |

(2)

| | 명 령 | 번 지 |
|---|---|---|
| 생략 | LOAD | P001 |
| | AND | M001 |
| | LOAD NOT | P002 |
| | AND | M000 |
| | OR LOAD | – |
| | OUT | P017 |

답 (1) 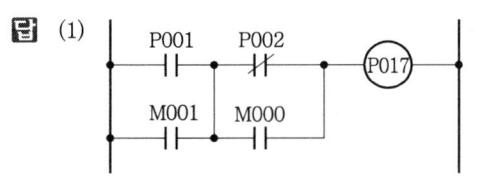　(2)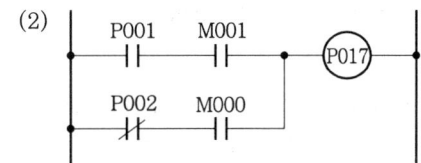

(1) 시작 P001에 병렬 M001, 시작 b접점 P002에 병렬 M000의 두 그룹이 직렬 AND LOAD이고 출력 P017이다.
(2) 시작 P001에 직렬 M001, 시작 b접점 P002에 직렬 M000의 두 그룹이 병렬 OR LOAD이고 출력 P017이다.

**6** 그림과 같은 유접점 회로에 대한 미완성 래더 다이어그램을 완성하고 표의 빈칸 ①~⑥에 맞은 프로그램을 완성하시오. 단 회로시작 LOAD, 출력 OUT 그룹 직렬 AND LOAD, 직렬 AND, 병렬 OR, b접점 NOT이다. (전09)

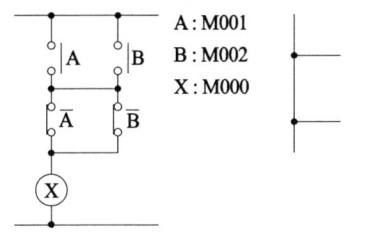

A : M001
B : M002
X : M000

| 차례 | 명 령 | 번 지 |
|---|---|---|
| 0 | LOAD | M001 |
| 1 | ① | M002 |
| 2 | ② | ③ |
| 3 | ④ | ⑤ |
| 4 | ⑥ | – |
| 5 | OUT | M000 |

답　① OR　② LOAD NOT　③ M001
　④ OR NOT　⑤ M002　⑥ AND LOAD

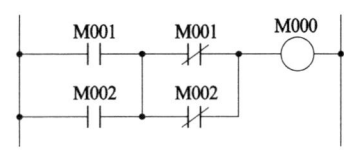

**7** 다음 프로그램을 보고 미완성 PLC 래더 다이어그램을 완성하시오. (전10)

| 차 례 | 명 령 | 번 지 |
|---|---|---|
| 0 | LOAD | P000 |
| 1 | LOAD | P001 |
| 2 | OR | P010 |
| 3 | AND LOAD | — |
| 4 | AND NOT | P003 |
| 5 | OUT | P010 |

**답**

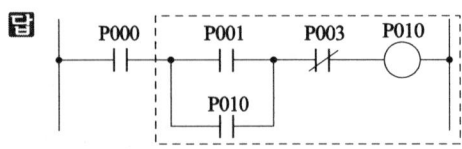

➥ P001과 P010의 병렬회로와 P000의 직렬(AND LOAD)이고 여기에 b접점 P003의 직렬, 출력 OUT P010이다.

**8** 그림의 PLC시퀀스에서 프로그램의 (가)~(마)를 주어진 답지에 완성하시오. (공산97) 명령어는 다음과 같다.

(LOAD : 시작입력),
(OUT : 출력과 내부출력),
(AND : 직렬), (OR : 병렬), (NOT : 부정)
(AND LOAD : 그룹간 직렬),
(OR LOAD : 그룹간 병렬)

| 차 례 | 명 령 | 번 지 | 차 례 | 명 령 | 번 지 |
|---|---|---|---|---|---|
| 0 | LOAD | P001 | 4 | (나) | — |
| 1 | AND | M001 | 5 | OUT | (다) |
| 2 | (가) | M000 | 6 | (라) | P016 |
| 3 | AND NOT | P017 | 7 | OUT | (마) |

**답** (가) LOAD  (나) OR LOAD  (다) P017  (라) AND NOT  (마) M000

➥ 4스텝까지는 출력 P017 회로이므로 M000은 P017과 P016의 직렬로 출력된다. 이 회로를 변경하면 옆 그림과 같이 된다.

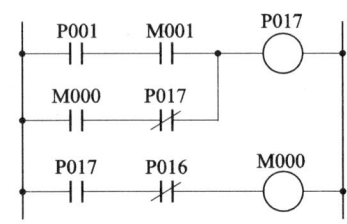

**9** 그림과 같은 PLC 시퀀스가 있다. 물음에 답하시오. (공96, 00)

(1) 다이오드를 사용하지 않아도 되는 시퀀스로 점선 안에 수정하시오.
(2) 역방향 저지용 다이오드가 없다고 할 때의 회로를 수정하여 그리시오.
(3) PLC 프로그램 (가)~(바)를 완성하시오.

명령어는 LOAD, OUT, AND, OR, NOT을 사용한다.

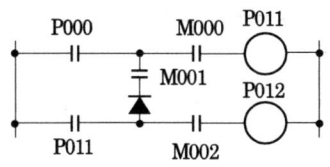

| 차례 | 명령 | 번지 | 차례 | 명령 | 번지 |
|---|---|---|---|---|---|
| 생략 | LOAD | P011 | 생략 | (라) | P011 |
| | (가) | M001 | | LOAD | (마) |
| | OR | (나) | | AND | M002 |
| | (다) | M000 | | OUT | (바) |

답

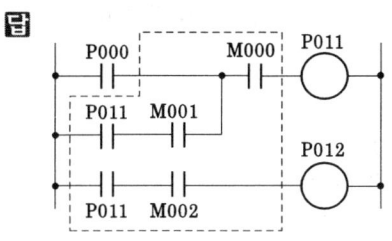 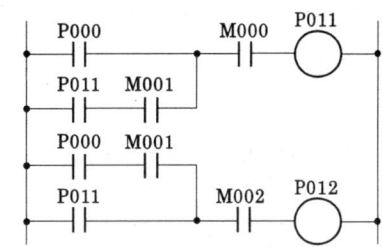

(3) (가) AND  (나) P000  (다) AND  (라) OUT  (마) P011  (바) P012

🐟 신호의 흐름은 일방향이므로 다이오드가 없다면 회로를 수정해야 한다.

**10** 그림은 PLC 프로그램 명령어 중 반전 명령어를 이용한 도면이다. 반전 명령어(*NOT)를 사용하지 않을 때의 래더 다이어그램을 작성하시오. (전산10)

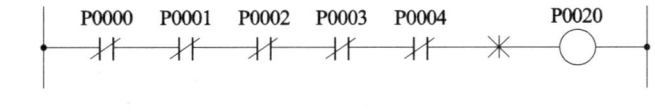

답

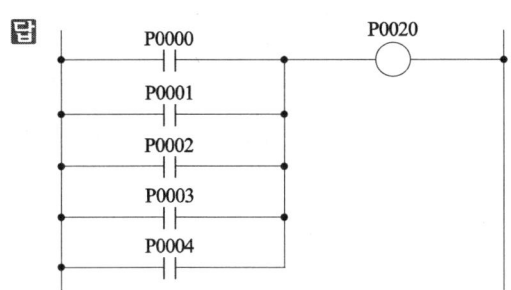

🐟 직렬은 병렬로 b접점은 a접점으로 바꾼다.

**11** 릴레이 X(M004)가 접점 A(M001), B(M002), C(M003)의 함수로서 식

$X = (A+B)(C+\overline{B}\overline{C})$ 일 때

(1) PLC 래더 다이어그램을 그리고 프로그램을 완성하시오.

| 차 례 | 명 령 | 번 지 |
|---|---|---|
| 0000 | LOAD | M001 |
| 0001 | ( ① ) | M002 |
| 0002 | ( ② ) | M002 |
| 0003 | ( ③ ) | M003 |
| 0004 | ( ④ ) | M003 |
| 0005 | AND LOAD | – |
| 0006 | OUT | ( ⑤ ) |

(2) 점선 안에 릴레이회로, 로직회로를 완성하고 NOR만의 로직회로를 완성하시오.
(공산95, 02, 07)

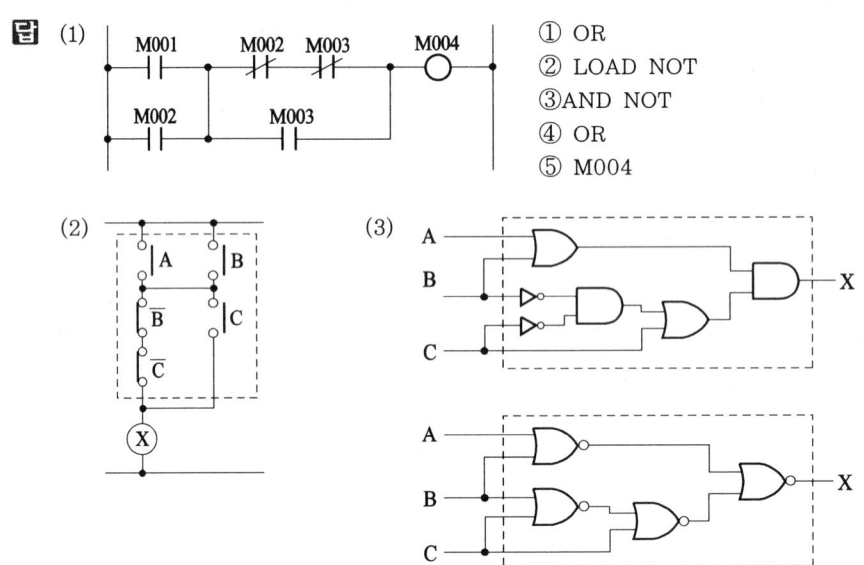

① OR
② LOAD NOT
③ AND NOT
④ OR
⑤ M004

🕮 A+B는 a접점 A, B의 병렬 OR 접속이고 $\overline{B}\overline{C}$는 b접점 B, C의 직렬 AND 접속이며 $C+\overline{B}\overline{C}$는 a접점 C와 $\overline{B}\overline{C}$의 병렬 OR 접속이므로 X는 (A+B)와 $C+\overline{B}\overline{C}$의 직렬 AND이다.

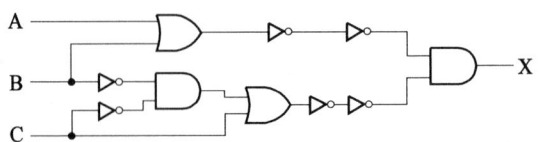

**12** 다음은 PLC 프로그램의 Ladder도를 Mnemonic으로 변환한 것이다. 프로그램의 빈칸을 채우시오. 단 명령어는 논리연산시작 LD, 출력 OUT, 직렬 AND, 병렬 OR, 부정 NOT, D(Positive Pulse), MCS(Master Control Set), MCSCLR(Master Control Set Clear)로한다. (공01,03,06)

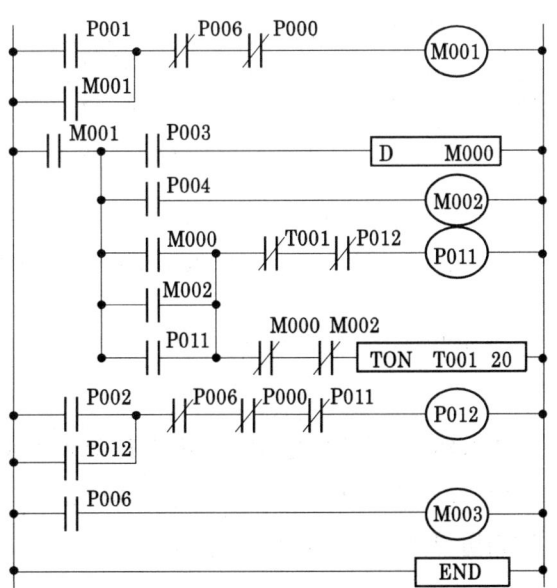

| 스텝 | 명령어 | 디바이스 | 스텝 | 명령어 | 디바이스 | 스텝 | 명령어 | 디바이스 |
|---|---|---|---|---|---|---|---|---|
| 0 | ① | P001 | 12 | LD | M000 | 24 | ⑧ | P002 |
| 1 | ② | M001 | 13 | ⑤ | M002 | 25 | OR | P012 |
| 2 | AND NOT | P006 | 14 | OR | ⑥ | 26 | ⑨ | P006 |
| 3 | AND NOT | P000 | 15 | AND NOT | T001 | 27 | AND NOT | P000 |
| 4 | OUT | M001 | 16 | AND NOT | P012 | 28 | AND NOT | P011 |
| 5 | LD | M001 | 17 | OUT | P011 | 29 | OUT | P012 |
| 6 | MCS | 0 | 18 | AND NOT | M000 | 30 | LD | P006 |
| 7 | LD | P003 | 19 | AND NOT | M002 | 31 | OUT | M003 |
| 8 | D | ③ | 20 | ⑦ | T001 | 32 | ⑩ | |
| 10 | LD | P004 | 21 | | 20 | | | |
| 11 | OUT | ④ | 23 | MCSCLR | 0 | | | |

🔑 ① LD  ② OR  ③ M000  ④ M002  ⑤ OR  ⑥ P011  ⑦ TON
  ⑧ LD  ⑨ AND NOT  ⑩ END

🔸 MCS, MCSCLR는 공동사용과 해제를 의미하며 괄호와 같은 기능이다.

**13** PLC 래더 다이어그램을 보고 표의 ①~⑥의 프로그램을 완성하시오. 단 회로시작 (STR), 출력(OUT), AND, OR, NOT의 명령을 사용한다. (전01, 02, 09)

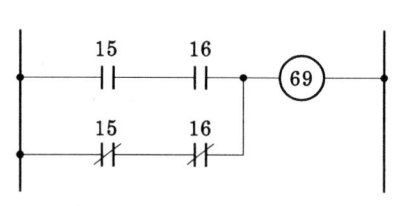

| 차례 | 명령 | 번지 |
|---|---|---|
| 0 | ( ① ) | 15 |
| 1 | AND | 16 |
| 2 | ( ② ) | ( ③ ) |
| 3 | ( ④ ) | 16 |
| 4 | OR STR | — |
| 5 | ( ⑤ ) | ( ⑥ ) |

**답** ① STR ② STR NOT ③ 15 ④ AND NOT ⑤ OUT ⑥ 69

☞ 4스텝은 두 직렬회로의 그룹 병렬 OR STR이다.

**14** 그림의 PLC 시퀀스의 프로그램을 표의 차례 1-9에 알맞은 명령어를 각각 쓰시오. 단 시작(회로)입력 STR, 출력 OUT, 그룹 직렬 AND STR, 그룹 병렬 OR STR 및 AND, OR, NOT의 명령을 사용한다. (전10, 공97)

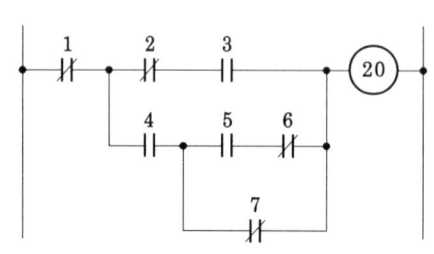

| 차례 | 명령 | 번지 | 차례 | 명령 | 번지 |
|---|---|---|---|---|---|
| 0 | STR NOT | 1 | 6 | | 7 |
| 1 | | 2 | 7 | | — |
| 2 | | 3 | 8 | | — |
| 3 | | 4 | 9 | | — |
| 4 | | 5 | 10 | OUT | 20 |
| 5 | | 6 | | | |

**답** 차례로 STR NOT, AND, STR, STR, AND NOT, OR NOT, AND STR, OR STR, AND STR

☞ 5, 6과 7회로는 병렬, 여기에 4는 직렬 AND STR, 여기에 2, 3회로와 병렬 OR STR, 여기에 1이 직렬 AND STR이다.
여기서 명령어는 바로 앞의 회로와의 관계를 나타낸다. 즉,
7스텝은 5, 6, 7회로와 4회로와의 관계 명령으로 그룹 직렬 AND STR,
8스텝은 위 회로 4, 5, 6, 7회로와 2, 3회로와의 관계 명령으로 그룹 병렬 OR STR,
9스텝은 위 회로 2, 3, 4, 5, 6, 7회로와 1회로와의 관계 명령으로 그룹 직렬 AND STR가 된다.

**15** 그림의 PLC 시퀀스에 대해 물음에 답하시오. (공산00, 97)

(1) 2입력 OR회로 3개, 2입력 AND회로 2개, NOT회로 1개를 사용하여 로직회로를 그리시오.

(2) PLC 프로그램에서 명령어 부분이 잘못된 곳이 3군데 있다. 찾아서 번지를 쓰고 정답을 쓰시오. (예 : 3-OR) 단, 시작(회로)입력 STR, 출력 OUT, 그룹간 직렬 AND STR, 그룹 병렬 OR STR 및 AND, OR, NOT의 명령을 사용한다.

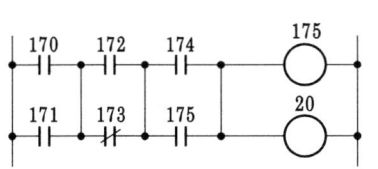

| 차례 | 명령 | 번지 | 차례 | 명령 | 번지 |
|---|---|---|---|---|---|
| 0 | STR | 170 | 5 | AND | 174 |
| 1 | OR | 171 | 6 | OR | 175 |
| 2 | AND | 172 | 7 | AND STR | – |
| 3 | OR NOT | 173 | 8 | OUT | 175 |
| 4 | OR | – | 9 | OUT | 20 |

**답** (1)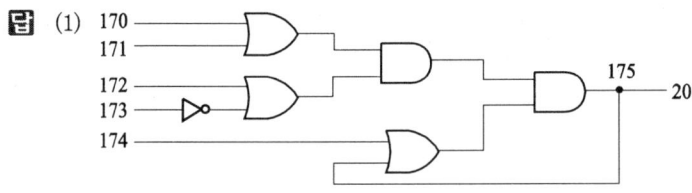

(2) 2-STR, 4-AND STR, 5-STR

➥ 병렬회로 3그룹의 직렬이다.

**16** 표(a)와 같은 진리표를 이용하여 다음 각 물음에 답하시오. (전99)

| A | B | $\overline{A}$ | $\overline{B}$ | X |
|---|---|---|---|---|
| 0 | 0 | 1 | 1 | 1 |
| 0 | 1 | 1 | 0 | 0 |
| 1 | 0 | 0 | 1 | 0 |
| 1 | 1 | 0 | 0 | 1 |

〈표 (a)〉

| 차례 | 명령 | 번지 |
|---|---|---|
| 0 | ( ① ) | 15 |
| 1 | AND | 16 |
| 2 | ( ② ) | ( ③ ) |
| 3 | ( ④ ) | 16 |
| 4 | OR STR | – |
| 5 | ( ⑤ ) | ( ⑥ ) |

〈표 (b)〉

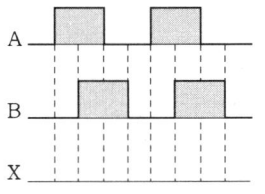

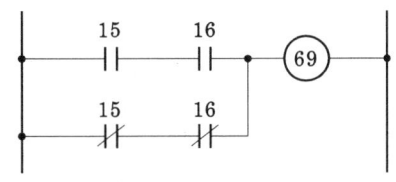

〈그림(c)〉

(1) X의 타임차트를 완성하고 논리식을 쓰시오.
(2) 릴레이 접점회로를 그리시오.
(3) AND, OR, NOT 소자를 이용하여 로직회로를 그리시오.
(4) 표(b)와 같은 프로그램의 PLC 래더 다이어그램이 그림(c)와 같을 때 표(b)에 ①∼⑥의 프로그램을 완성하시오. 단, 회로시작(STR), 출력(OUT), AND, OR, NOT 등의 명령어를 사용한다.

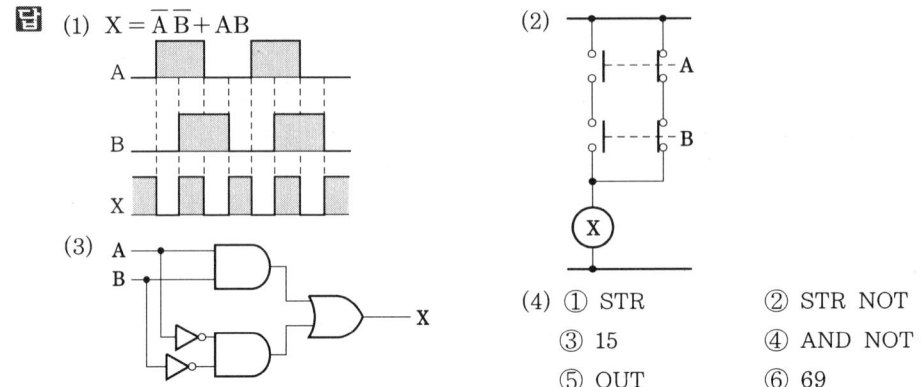

답 (1) $X = \overline{A}\,\overline{B} + AB$

(4) ① STR   ② STR NOT
　　③ 15    ④ AND NOT
　　⑤ OUT   ⑥ 69

일치회로 즉 두 입력이 같을 때 출력이 생긴다.

**17** PLC의 프로그램을 보고 물음에 답하시오. (전산09, 공산89,00)
단, STR : 입력 a접점(신호), STRN : 입력 b접점(신호), OUT : 출력
AND : AND a접점, ANDN : AND b접점, OR : OR a접점
ORN : OR b접점, OB : 병렬 접속점, END : 끝, W : 각 번지 끝

(1) PLC 프로그램에 맞는 유접점 회로와 무접점회로를 답안지에 완성하시오.
(2) 001, 002, 003의 각각 1개의 접점만을 사용하여 답안지의 회로도를 완성하시오. 단, 접점의 양방향 신호를 허락한다.

| 프로그램번지<br>(어드레스) | 명령어 | 번지 | 비고 | 프로그램번지<br>(어드레스) | 명령어 | 번지 | 비고 |
|---|---|---|---|---|---|---|---|
| 01 | STR | 001 | W | 07 | ANDN | 002 | W |
| 02 | STR | 003 | W | 08 | OR | 003 | W |
| 03 | ANDN | 002 | W | 09 | OB |  | W |
| 04 | OB | − | W | 10 | OUT | 200 | W |
| 05 | OUT | 100 | W | 11 | END |  | W |
| 06 | STR | 001 | W | − | − | − | − |

답 (1)

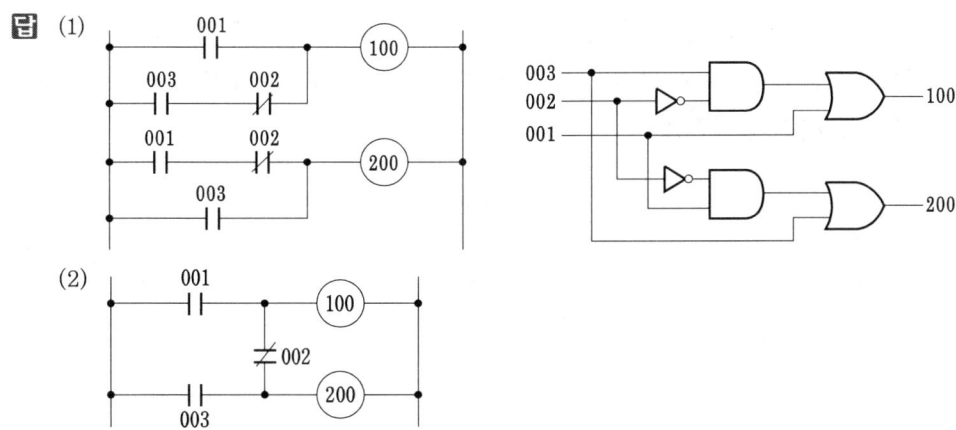

(2)

**18** 그림을 보고 물음에 답하시오. (공89, 91, 99)

(1) A의 식을 쓰시오.
(2) 답안지의 프로그램(3~13번)을 완성하시오.
   단 X : 외부신호, Y : 내부신호, STR : 입력 a접점(신호), STRN : 입력 b접점(신호)
   AND : AND a접점, ANDN : AND b접점, OR : OR a접점, ORN : OR b접점,
   OUT : 출력, OB : 병렬 접속점, END : 끝, W : 각 번지 끝

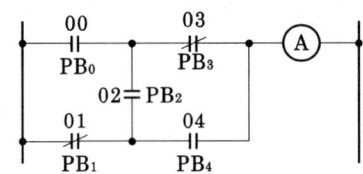

답 (1) $A = PB_0\overline{PB_3} + PB_0 PB_2 PB_4 + \overline{PB_1} PB_2 \overline{PB_3} + \overline{PB_1} PB_4$

(2)

| 프로그램번지<br>(어드레스) | 명령어 | 번지 | 비고 | 프로그램번지<br>(어드레스) | 명령어 | 번지 | 비고 |
|---|---|---|---|---|---|---|---|
| 01 | STR | X, 00(PB0) | W | 09 | OB | | W |
| 02 | ANDN | X, 03(PB3) | W | 10 | STR | X, 00(PB0) | W |
| 03 | STRN | X, 01(PB1) | W | 11 | AND | X, 02(PB2) | W |
| 04 | AND | X, 02(PB2) | W | 12 | AND | X, 04(PB4) | W |
| 05 | ANDN | X, 03(PB3) | W | 13 | OB | | W |
| 06 | OB | | W | 14 | OUT | A | W |
| 07 | STRN | X, 01(PB1) | W | 15 | END | | W |
| 08 | AND | X, 04(PB4) | | | | | |

☞ PLC에서는 접점의 양방향 신호를 허락하지 않음이 원칙이다. 문제에서는 신호의 흐름에 따라 번지 02는 어드레스 04, 11과 같이 위아래 2번 적용된다.

**19** 표의 ㉮~㉠에 알맞은 내용을 써서 PLC 래더도에 적당한 프로그램을 완성하시오. 단, 사용 명령어는 회로시작(R), 출력(W), AND(A), OR(O), NOT(N) 시간지연(DS)이고 0.1초 단위이다. (전12)

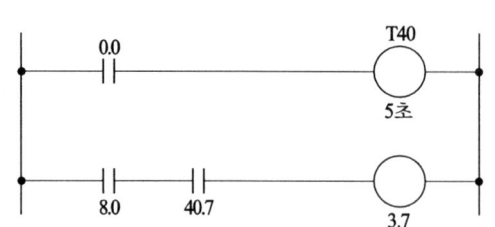

| STEP | OP | ADD |
|------|----|----|
| 0 | R | ㉮ |
| 1 | DS | ㉯ |
| 2 | W | ㉰ |
| 3 | ㉱ | 8.0 |
| 4 | ㉲ | ㉳ |
| 5 | ㉴ | ㉵ |

**답** ㉮ 0.0  ㉯ 50  ㉰ T40  ㉱ R  ㉲ A  ㉳ 40.7  ㉴ W  ㉵ 3.7

**20** 그림에서 A, B, C, D는 접점, X는 릴레이, L은 부하이다. 물음에 답하시오.
(1) X의 논리식을 쓰시오.                                   (공96,99, 공산97)
(2) 2입력 AND, OR와 NOT 기호만을 사용하여 논리회로를 ☐ 에 그리시오.
(3) 쌍대회로를 ☐ 내에 그리시오. 단, $L = \overline{X} = \overline{\overline{A}\overline{B} + C + \overline{D}}$ 이다.
(4) 프로그램을 완성하시오. 단, A(5.1), B(5.2), C(5.3), D(5.4), L(3.0), X(5.0), R(입력), W(출력), A(직렬), O(병렬), N(부정)이다.

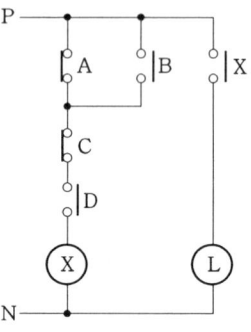

| 스텝 | 명령 | 번지 | 스텝 | 명령 | 번지 |
|------|------|------|------|------|------|
| 0 | RN | 5.1 | 4 | W | 5.0 |
| 1 | ㉮ | 5.2 | 5 | R | ㉱ |
| 2 | ㉯ | 5.3 | 6 | ㉲ | 3.0 |
| 3 | A | ㉰ | – | – | – |

**답** (1) $L = X = (\overline{A}+B)\overline{C}D$

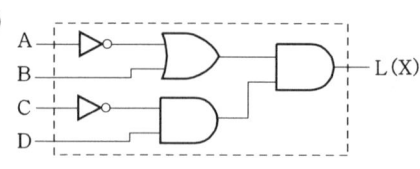

(4) 차례로 O, AN, 5.4, 5.0, W

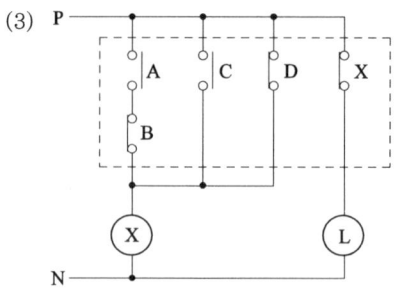

💡 쌍대회로는 직렬과 병렬, 긍정과 부정을 바꾸면 된다.

**21** 그림의 릴레이회로와 입출력 기구 접속도를 보고 PLC의 래더 다이어그램 (LD)을 완성하시오. 단 내부출력 %MX0을 사용한다.

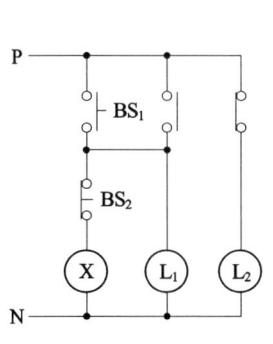
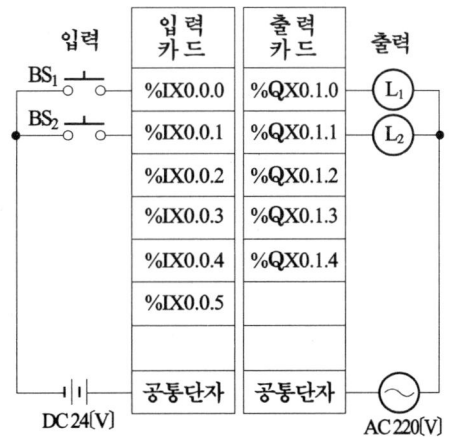

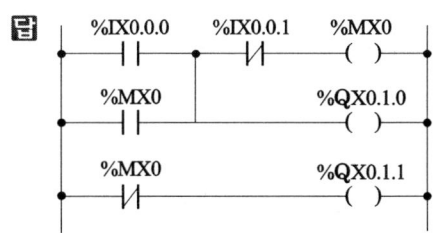

☞ 내부출력 %MX0는 PLC 내부의 변수이고 유지회로가 필요할 때 사용하며, 본 문제는 직접 제어가 가능하므로 아래와 같이 래더 다이어그램(LD)을 그리는 것이 좋다.

# 제 2 장
## 기본회로

# 2-1. 유지 회로

### (1) 릴레이회로

릴레이 자신의 접점에 의하여 회로의 동작을 유지하며 변화신호를 상태신호로 변환한다. 즉 유지회로는 기동입력을 주면 출력이 생기고 정지입력을 주면 출력이 없어지는 쌍안정회로이다.

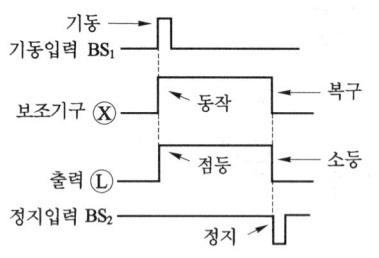 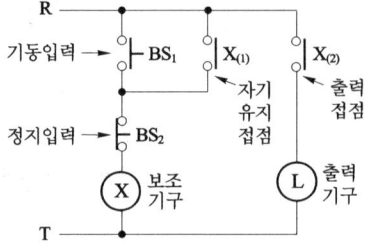

### (2) 양논리 로직회로

위 정지 우선 릴레이회로의 로직회로이다.

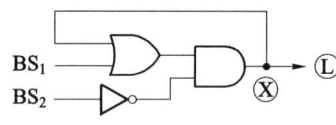 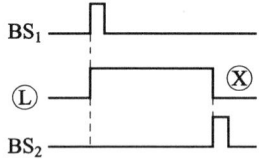

### (3) $\overline{RS}$-latch

비동기형 플립-플롭(flip-flop, FF)회로이고 set($\overline{S}$)하면 출력이 생기고 reset($\overline{R}$)하면 출력이 없어지는 회로이다.

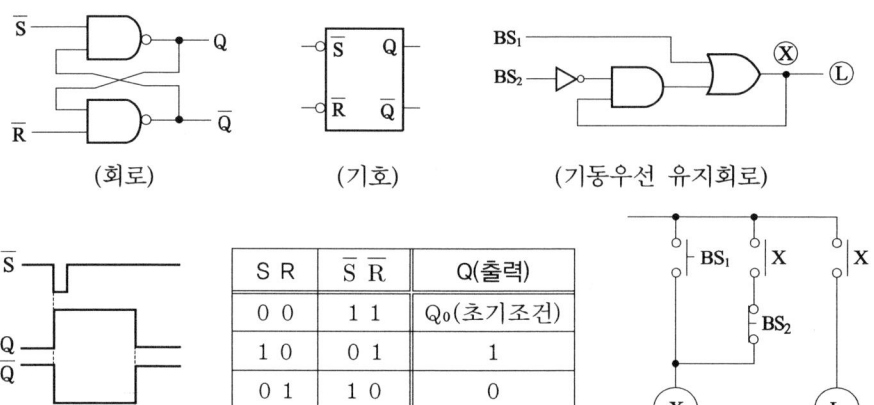

| S R | $\overline{S}\ \overline{R}$ | Q(출력) |
|---|---|---|
| 0 0 | 1 1 | $Q_0$(초기조건) |
| 1 0 | 0 1 | 1 |
| 0 1 | 1 0 | 0 |
| 1 1 | 0 0 | 불확실 |

## (4) JK-FF :

클록(C)입력의 하강연(↓)에서 셋(J) 리셋(K)되며 JK를 동시에 주면 상태반전이 생기는 FF.

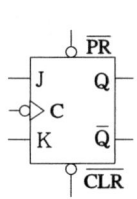
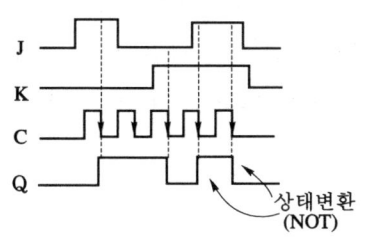

| C | J | K | Q |
|---|---|---|---|
| ↓ | L | L | $Q_0$ |
| ↓ | L | H | L |
| ↓ | H | L | H |
| ↓ | H | H | $Q \leftrightarrow \overline{Q}$ |

상태변환(NOT)

## (5) PLC 프로그램

내부출력 없이 직접 제어되는 것이 많고 GM형은 LD(Ladder Diagram)만이면 된다.

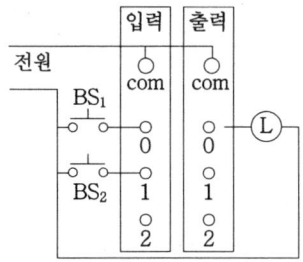

〈입출력카드결선도 예〉

㉮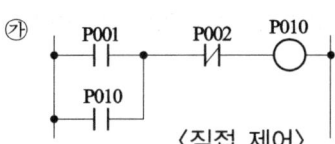

〈직접 제어〉

| step | 명 령 | 번지 |
|---|---|---|
| 0 | LOAD | P001 |
| 1 | OR | P010 |
| 2 | AND NOT | P002 |
| 3 | OUT | P010 |

㉯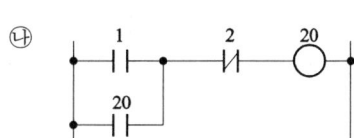

| step | 명 령 | 번지 |
|---|---|---|
| 0 | STR | 1 |
| 1 | OR | 20 |
| 2 | AND NOT | 2 |
| 3 | OUT | 20 |

㉰

| step | 명 령 | 번지 |
|---|---|---|
| 0 | R | 0.1 |
| 1 | O | 3.0 |
| 2 | A N | 0.2 |
| 3 | W | 3.0 |

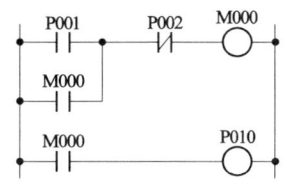

〈㉮MK형의 간접제어〉

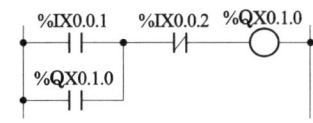

〈글로퍼 GM형 직접제어 LD〉

## 2-1. 유지 회로 과년도 출제 문제

**1** 다음에 제시하는 조건에 맞는 제어회로의 Sequence를 그리시오. (전산90,94,07)

> [조건] 버튼 스위치 PB₂를 누르면 lamp L이 점등되고 손을 떼어도 점등이 계속된다. 다음 PB₁을 누르면 L이 소등되며 손을 떼어도 소등상태가 지속된다.
> [사용기구] 버튼 스위치×2, 보조 릴레이×1(2a), 램프×1개

답
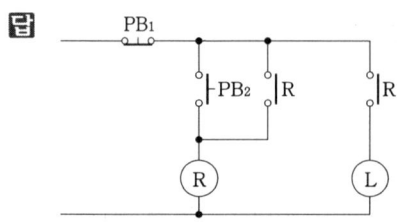

➡ 유지회로 : PB₂를 눌렀다 놓으면 lamp L이 점등되고 PB₁을 눌렀다 놓으면 lamp L이 소등된다.

**2** 다음 문장의 ( )에 적당한 말을 넣으시오. (전산93)

> 그림(a)의 회로는 스위치 PB₁을 on조작하면 그후 손을 떼도 램프 L은 (①) 등이 계속된다. 이런 회로를 (②)회로라 하고 PB₁이 일단 on이 된 것을 기억하는 기능이라 한다. 스위치 PB₂를 off조작하면 릴레이가 (③)자되어 (④)가 해제된다. 그림(b)와 같은 시간으로 PB₁, PB₂를 on, off조작한 경우 램프는 시간(⑤~⑥) 동안만 점등한다.

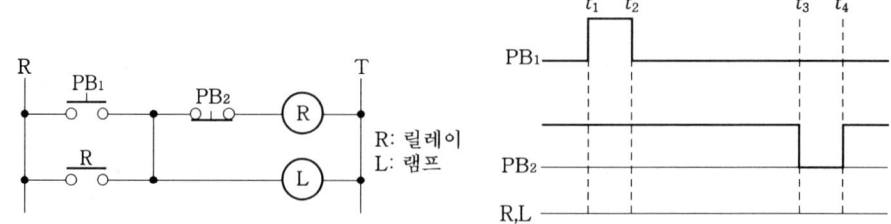

답 ① 점 ② (자기)유지 ③ 무여(자) ④ (자기)유지 ⑤ $t_1$ ⑥ $t_3$

➡ (자기)유지회로

**3** 답안지의 도면은 복귀형 버튼 스위치를 이용하여 전열기의 점멸을 제어하는 미완성 회로이며 자기유지가 되도록 답지의 회로를 완성하시오. (전산98,00)

**4** 다음 타임차트와 같이 동작되는 릴레이 시퀀스를 그리시오. 단 R은 계전기, L은 램프임. (전97)

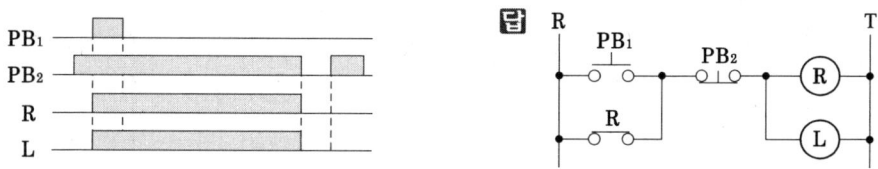

**5** 그림과 같은 타임차트로 동작되는 미완성 시퀀스를 완성하시오. (전93,00)

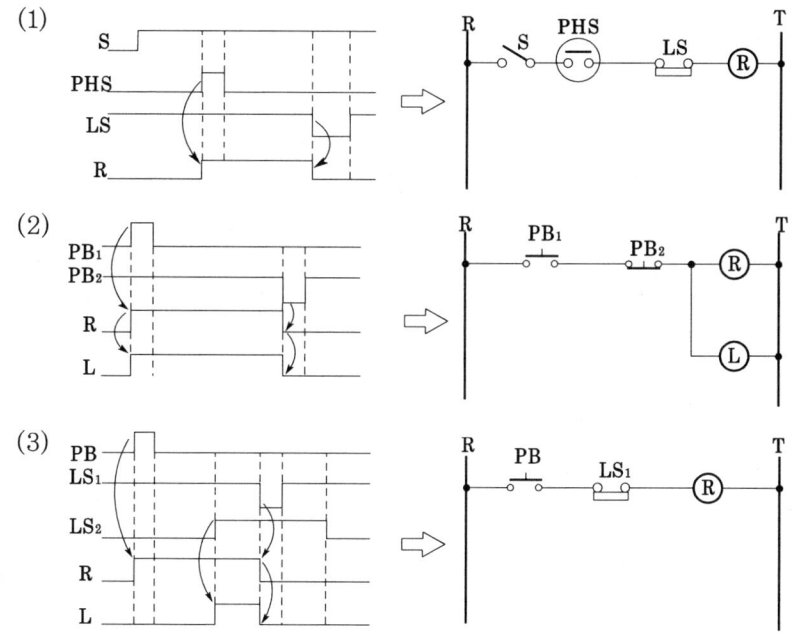

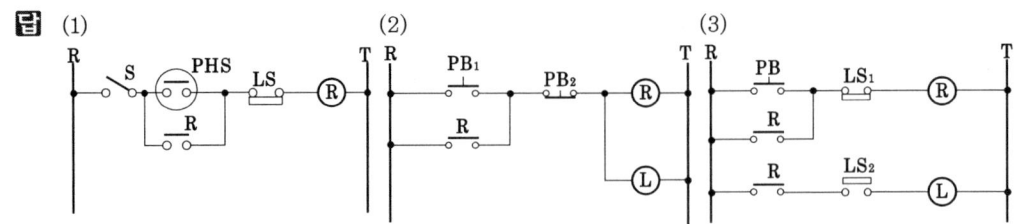

**답**
(1) PHS가 닫혔다 열려도 유지가 되어야 한다.
(2) PB₁을 눌렀다 놓아도 유지가 되어야 한다.
(3) PB를 눌렀다 놓아도 R이 유지되고 LS₂가 닫히면 L이 켜진다.

**6** 그림과 같은 회로에서 램프 Ⓛ의 동작 타임차트를 완성하시오.
(전산90, 92, 98, 02, 05, 07)

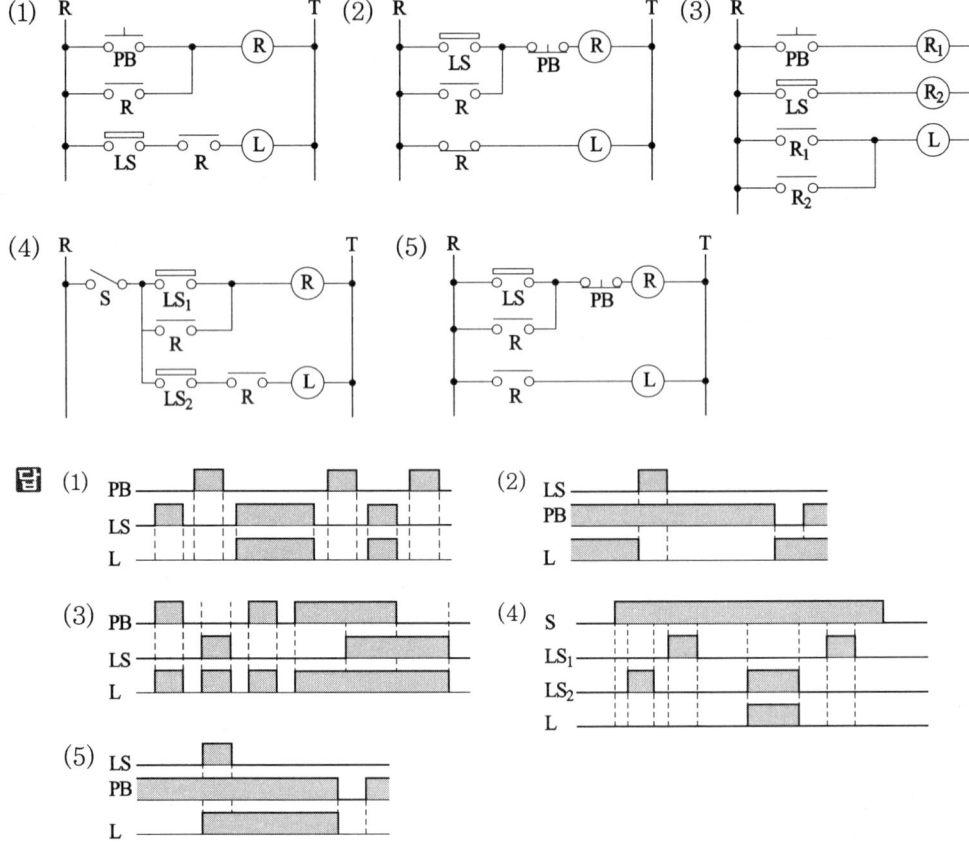

**답**

(1) PB를 누르면 R이 동작하고 이 후 LS를 누르면 L 점등
(2) LS ON시 L이 OFF되는 유지회로이고 (5)의 NOT 회로
(3) PB 혹은 LS의 OR회로
(4) LS₁을 누르면 R이 동작하고 이후 LS₂를 누르면 L이 점등하는 회로

**7** 그림과 같은 유접점 릴레이(시퀀스)회로를 무접점 논리회로로 바꿔 그리시오.
(전91, 94, 96, 99, 07, 12)

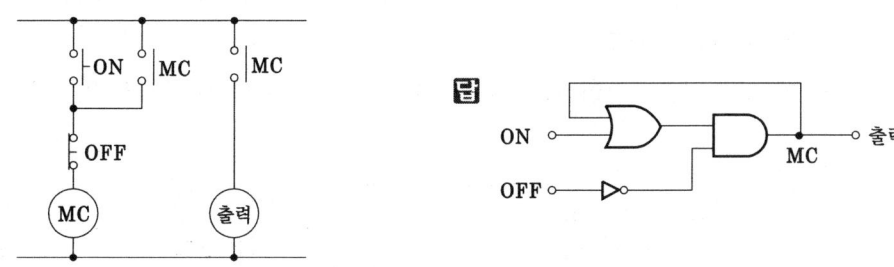

**8** 그림과 같은 무접점 논리회로에 대응하는 유접점 릴레이(시퀀스)회로를 그리시오. (전07)

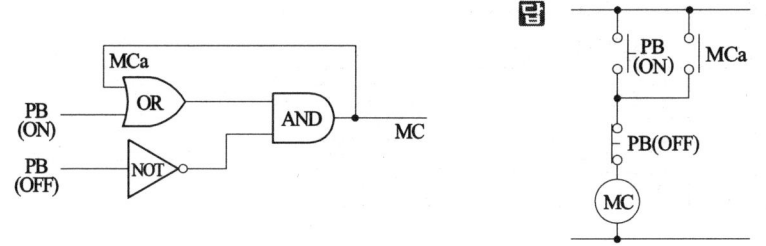

**9** 그림을 보고 물음에 답하시오. (전94, 전산99, 01)
(1) 무슨 회로라 하는가?
(2) 논리식을 쓰고 타임차트를 완성하시오.
(3) AND, OR, NOT 소자를 사용하여 논리회로를 그리시오.

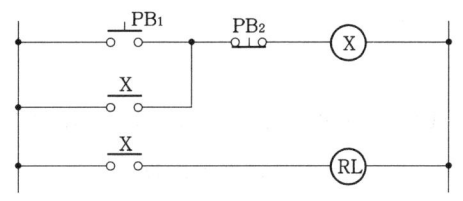

답 (1) 자기유지회로
(2) $RL = X = (PB_1 + X)\overline{PB_2}$

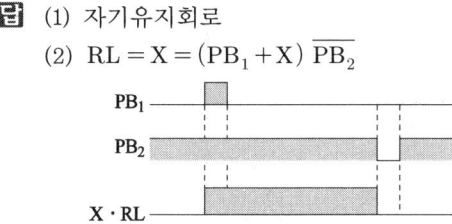

(3)

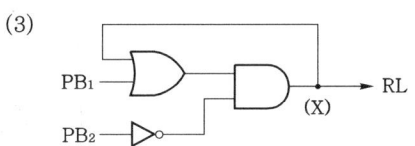

**10** 답란의 그림과 같은 로직회로를 보고 물음에 답하시오. (전05)

(1) 도면을 점선으로 구획하여 3단계로 구분하여 표시하되 입력회로부, 제어회로부, 출력회로부로 구획하고 구획 하단에 회로명칭(기능)을 쓰시오.

(2) 논리식을 쓰시오.

(3) $BS_1$, $BS_2$를 ON할 때 주어진 출력 타임차트를 완성하시오.

**답** (1)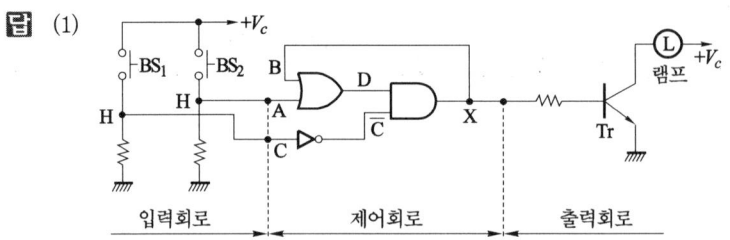

입력회로  제어회로  출력회로

(2) $X = (BS_2 + X)\overline{BS_1}$

(3)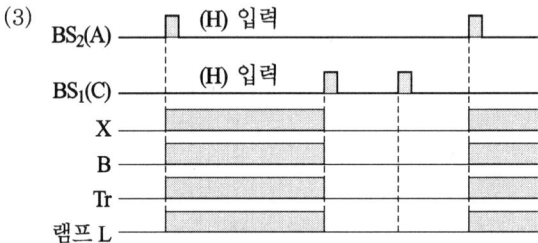

(1) 입력부는 BS를 주면 전압이 인가되므로 H 입력형이고 제어회로부는 유지회로이며 출력부는 트랜지스터 증폭의 램프 점등회로이다.

(3) $BS_2$를 주면 유지회로가 셋되어 A, D, X, B는 H 레벨이 되어 Tr동작하여 램프가 점등된다.

**11** 그림과 같은 기동 우선 유지회로의 타임차트와 무접점(로직)회로를 그리시오. (전산 88, 95, 96, 99, 01, 07)

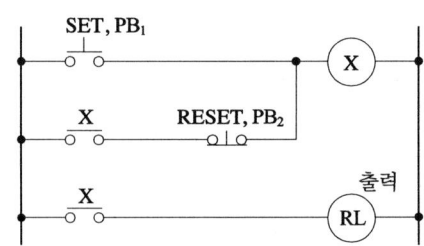

답 (1) 타임차트         (2) 무접점 논리 회로

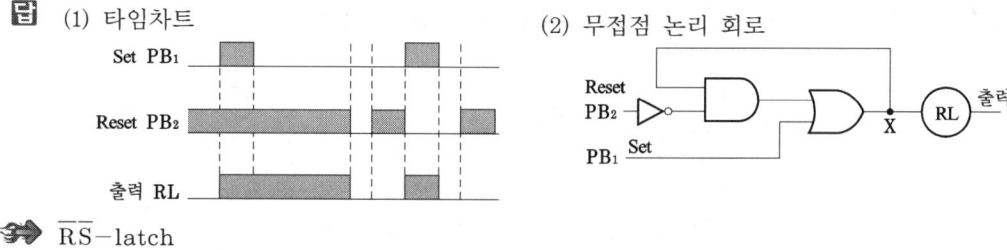

➥ $\overline{RS}$-latch

**12** 그림은 LED 점등회로이다. 물음에 답하시오. 단, H는 전압(5[V])레벨, L은 접지(0[V]) 레벨이다. (공산95, 04)

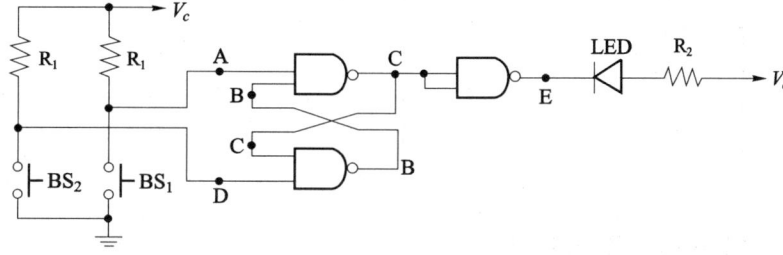

(1) 전원을 접속한 상태에서 LED는 소등상태이다. A~E 중 L레벨인 점 한곳만 쓰시오.
(2) BS₁을 눌렀다 놓으니 LED가 점등했다. A~E 중 L레벨인 점 2곳을 쓰시오.
(3) LED 점등상태에서 LED에 흐르는 전류를 무슨 전류라 하는가?

답 (1). C,  (2). B, E  (3) 싱크전류(sink current)

➥ $\overline{RS}$-latch이고 L입력에서 동작한다. 정지상태에서의 각부의 레벨은 차례로 HHLHH이고 LED 점등상태에서는 HLHHL이며 $V_C$에서 LED로 흐르는 전류를 싱크전류라 한다.

**13** 그림과 같은 무접점 논리회로의 래더 다이어그램(ladder diagram)의 미완성 부분(점선 부분)을 그리시오. 입출력번지 할당은 다음과 같다. (전산94, 01, 05, 09)
입력 : Pb₁(01), Pb₂(02)
출력 : GL(30), RL(31),  릴레이 : X(40)

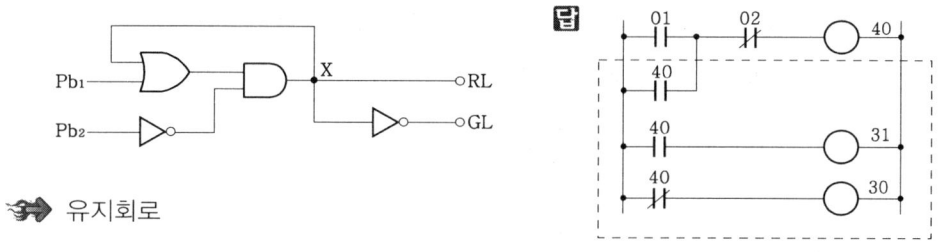

➥ 유지회로

**14** 그림은 램프회로의 일부로서 서로 등가이다. (공산96,00,04)

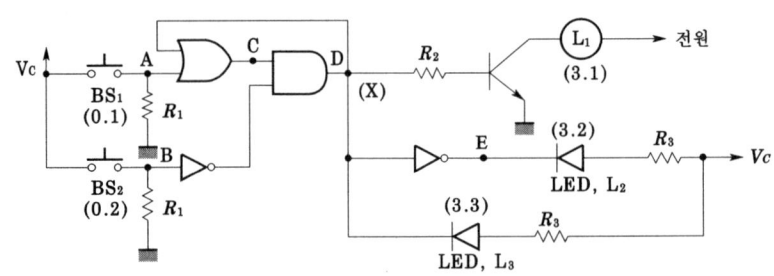

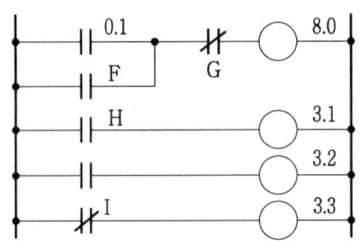

| 스텝 | 명령 | 번지 | 스텝 | 명령 | 번지 |
|---|---|---|---|---|---|
| 0 | R | 0.1 | 5 | W | 3.1 |
| 1 | (가) | (나) | 6 | R | (사) |
| 2 | (다) | (라) | 7 | (아) | 3.2 |
| 3 | W | 8.0 | 8 | (자) | (차) |
| 4 | (마) | (바) | 9 | W | 3.3 |

(1) X의 논리식을 찾으시오.

① $(A+D)\overline{B}$  ② $\overline{AD}+B$  ③ $AD+\overline{B}$  ④ $B+C$

(2) 램프 $L_3$이 동작하는 논리식을 (1)번 식에서 찾으시오.
(3) PLC시퀀스에서 F, G, H, I의 번지를 차례로 쓰시오.
(4) PLC 프로그램을 완성하시오. 단, 명령은 시작(R), 출력(W), AND(A), OR(O), NOT(N)이다.

※ 전압상태를 H레벨로, 접지상태를 L레벨로 각각 표시할 때 (5)~(8)번에 H, L 등의 형태로 답하시오.

(5) $BS_1$을 눌렀다 놓으면 $L_1$ $L_2$가 점등한다. C, E점의 레벨을 차례로 쓰시오.
(6) 전원을 넣은 상태(정지상태)에서 A~E 중 H레벨인 점을 찾으시오.
(7) 램프 $L_1$, $L_2$가 점등상태에서 A~E 중 H레벨인 점을 찾으시오.
(8) 램프 $L_1$, $L_2$가 점등 중 $BS_2$를 눌렀다 놓았다. C, E, D점의 레벨상태를 차례로 쓰시오. (예 : LHL 등)
(9) $BS_1$을 준 후 다시 $BS_2$를 주었다. 점등되는 램프는 어느 것인가?
(10) LED 램프($L_2$, $L_3$)에 흐르는 전류를 무슨 전류라고 하는가?

**답** (1) ①  (2) ②  (3) 8.0, 0.2, 8.0, 8.0
(4) (가) OR (나) 8.0 (다) AN (라) 0.2 (마) R (바) 8.0 (사) 8.0 (아) W (자) RN (차) 8.0
(5) ① H ② L  (6) E  (7) C, D  (8) LHL  (9) $L_3$  (10) 싱크전류

(1) 유지회로 X=(A+D)$\overline{B}$   (2) $L_3 = \overline{X} = \overline{(A+D)\overline{B}} = \overline{AD}+B$
(3) F-X, G-BS$_2$, H-X, I-X
※ 동작레벨 : 정지상태(L$_3$ 점등) LLLLH,   운전상태(L$_1$, L$_2$ 점등) LLHHL

**15** 램프 L을 두 곳에서 점멸할 수 있는 회로이다. 물음에 주어진 답지에 답하시오.
(공산88, 92)
(1) X, L의 식을 쓰고 무접점회로를 완성하시오.
(2) PLC 프로그램 4~10번을 완성하시오.
  단, STR : 입력 a접점(신호),   STRN : 입력 b접점(신호)
    AND : AND a접점,   ANDN : AND b접점,
    OR : OR a접점,   ORN : OR b접점,   OB : 병렬 접속점,   OUT : 출력,
    X : 외부신호(접점),   Y : 내부신호(접점),   END : 끝,   W : 각 번지 끝

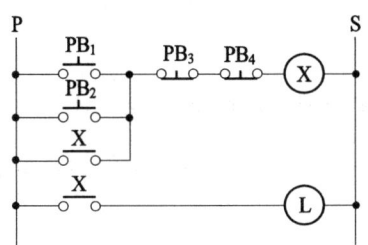

| 프로그램번지<br>(어드레스) | 명령어 | 데이터 | 비고 | 프로그램번지<br>(어드레스) | 명령어 | 데이터 | 비고 |
|---|---|---|---|---|---|---|---|
| 01 | STR | X PB$_1$ | W | 07 | | | W |
| 02 | STR | X PB$_2$ | W | 08 | | | W |
| 03 | OB | | W | 09 | | | W |
| 04 | | | W | 10 | | | W |
| 05 | | | W | 11 | END | | W |
| 06 | | | W | – | – | – | – |

**답** $X = (PB_1+PB_2+X)\overline{PB_3}\overline{PB_4} = L$
04 STR Y X,   05 OB,   06 ANDN X PB$_3$,
07 ANDN X PB$_4$,   08 OUT Y X
09 STR Y X,   10 OUT X L

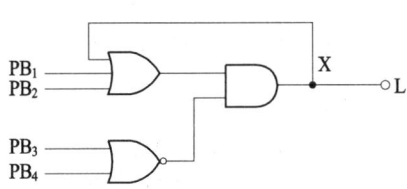

기동신호와 정지신호가 각각 2개인 유지회로이다.

**16** 그림을 보고 다음 물음에 답하시오. (공산96, 99)

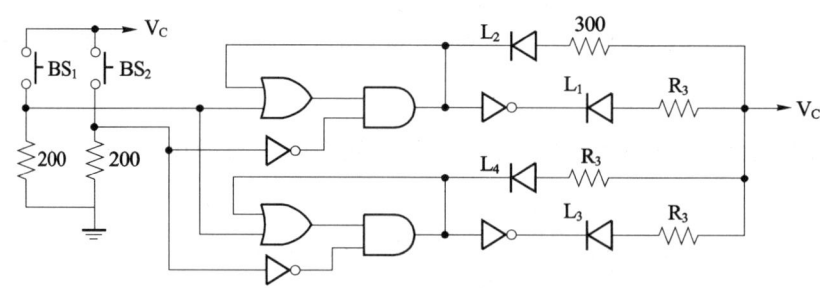

(1) BS₁을 누르면 (   )과 (   )이 점등하고 (   )와 (   )가 소등한다.
(2) BS₂를 누르면 (   )과 (   )이 소등하고 (   )와 (   )가 점등한다.

답 (1) $L_1$  $L_3$  $L_2$  $L_4$   (2) $L_1$  $L_3$  $L_2$  $L_4$

➤ 유지회로 2개이고 운전램프 $L_1$  $L_3$이고 정지램프 $L_2$  $L_4$이다.

**17** 그림을 보고 다음 물음에 답하시오. (공96)

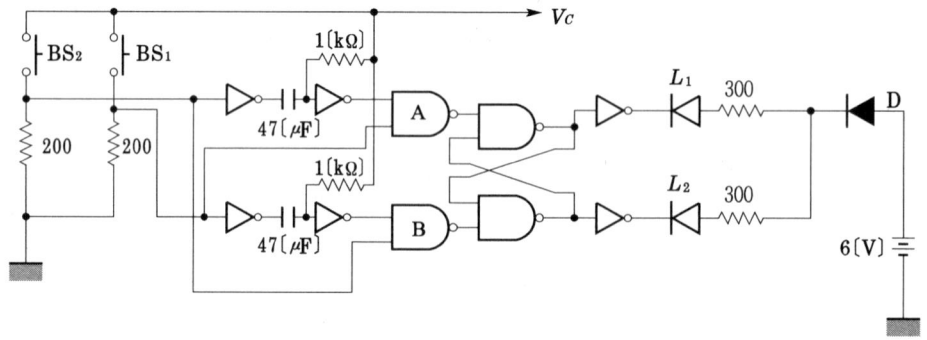

BS₁을 누른 상태에서 BS₂를 누르면 (가)이 점등하고 (나)가 소등한다. 반대로 BS₂를 누른 상태에서 BS₁을 누르면 (다)가 점등하고 (라)이 소등한다.

답 (가) $L_1$   (나) $L_2$   (다) $L_2$   (라) $L_1$

➤ BS₁을 누르면 NAND 회로 A에 H가 걸리고 이 때 BS₂를 누르면 순간적으로 NAND 회로 A에 H가 걸리므로 NAND 회로 A의 L 출력이 FF에 걸려 FF가 set되므로 $L_1$이 점등한다. 소등은 NAND 회로 B가 동작하여 FF가 reset되므로 $L_2$가 점등한다. RC회로는 평시 NAND 회로 A,B에 L레벨이 되도록 동작안정용이다.

**18** 도면을 보고 물음에 답하시오. (공산96,00)
(1) 전원을 투입하면 어떤 LED가 점등하는가?
(2) 기동 스위치를 누르면 어떤 LED가 점등되고, X가 동작하면 어떤 LED가 소등하는가?
(3) 정지 스위치를 누르면 어떤 LED가 점등되고, X가 복구하면 어떤 LED가 소등하는가?

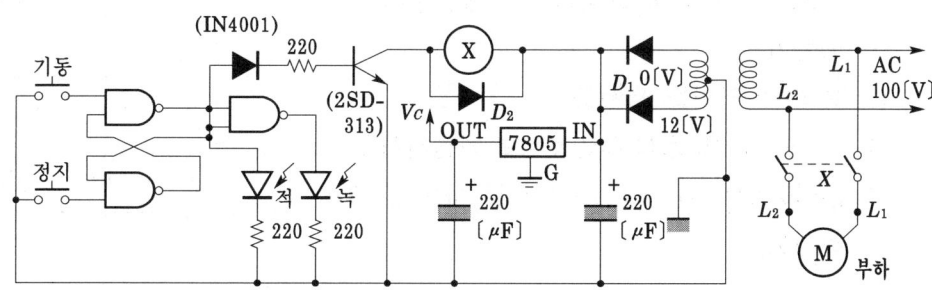

답 (1) 녹색  (2) 적색, 녹색  (3) 녹색, 적색

정지시 녹색램프가 점등된다. 기동 스위치를 누르면 적색램프(RL)가 점등되고 녹색램프(GL)가 소등된다. 또 X가 동작하여 모터가 운전된다. 논리소자의 개방 전압이 3V정도는 되어야 하며 IC 7805와 그 회로는 5[V]용 정전압회로이다.

**19** 도면은 무접점 제어회로이다. 물음에 답하시오. (공96,99)
(1) 전원을 투입하면 어떤 LED가 점등하는가?
(2) 기동 스위치를 누르면 어떤 LED가 소등되고, 어떤 LED가 점등하는가?

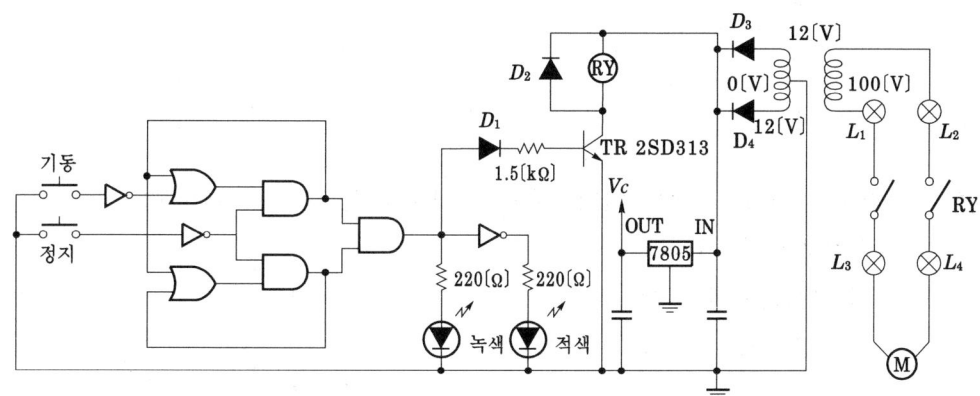

답 (1) 적색  (2) 적색, 녹색

적색램프는 정지표시램프이고 녹색램프는 운전표시램프이다.

**20** 시퀀스를 보고 다음 각 물음에 답하시오. (전산89,96,08, 공94,98)

(1) 전원측에 가까운 푸시버튼 PB₁부터 차례로 PB₂, PB₃을 ON조작한 후 PB₀를 OFF 조작할 경우의 동작사항을 간단히 설명하시오.
(2) 최초에 PB₂를 ON조작할 경우에는 어떻게 되는가?
(3) R₃의 논리식을 쓰시오.
(4) R₁, R₂, R₃의 동작 타임차트를 완성하시오.
(5) 논리회로(AND, OR, NOT 회로 사용)를 그리시오.

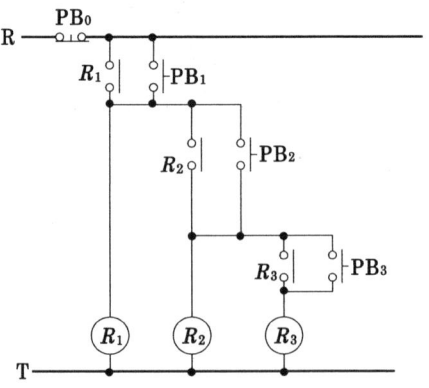

**답** (1) 순차동작회로 즉 R₁, R₂, R₃의 차례로 동작한 후 복구한다.
(2) 동작하는 것이 없다.
(3) $R_3 = \overline{PB_0}(PB_1 + R_1)(PB_2 + R_2)(PB_3 + R_3)$
(4)

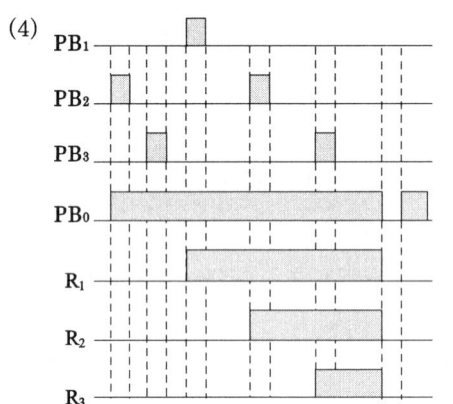

(5)

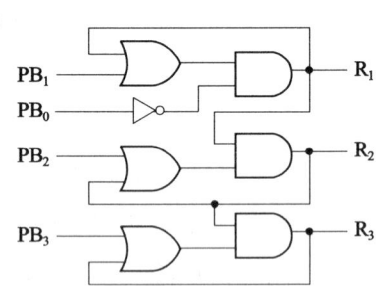

**21** 그림은 Flip-Flop 회로이다. 물음에 답하시오. (공90,94,96,00)

(1) 타임차트를 완성하시오.
(2) 무접점회로를 완성하시오.
(3) R₁, R₂, R₃, PL의 식을 쓰시오.

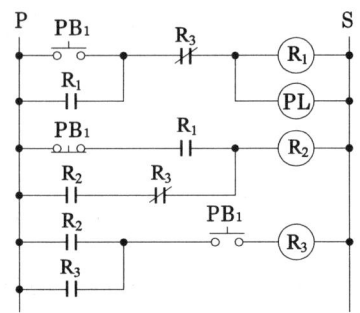

**답** (1)

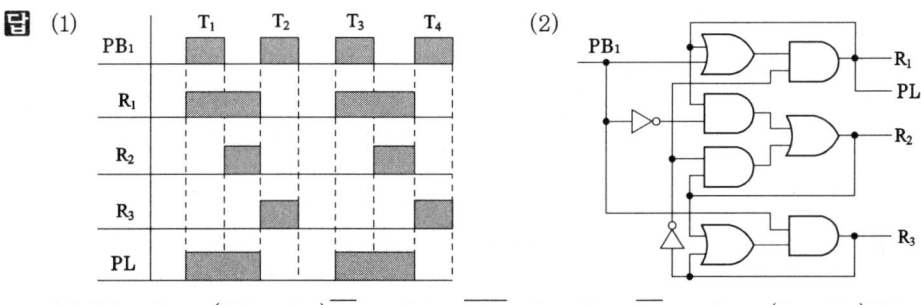

(3) $PL = R_1 = (PB_1 + R_1)\overline{R_3}$ ,　$R_2 = \overline{PB_1} \cdot R_1 + R_2 \cdot \overline{R_3}$ ,　$R_3 = (R_2 + R_3)PB_1$

**22** 그림의 릴레이회로를 보고 GM형 PLC의 물음에 답하시오.
(1) 입출력 기구의 결선도를 완성하시오. 단 L의 직접변수는 %QX0.1.0 이다.
(2) 래더 다이어그램(LD)을 그리시오.

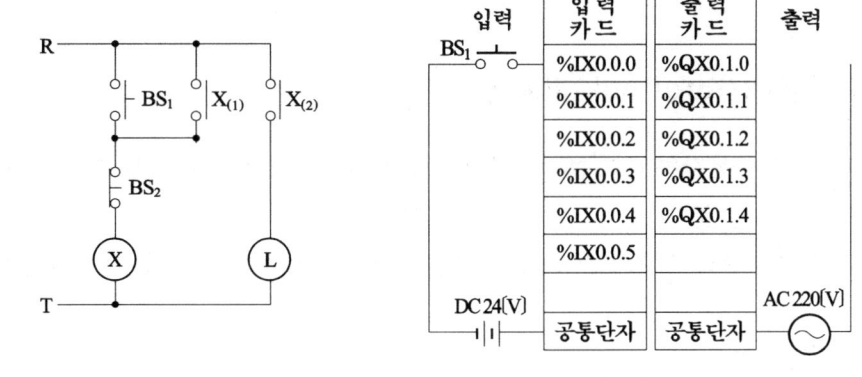

**답** (1)

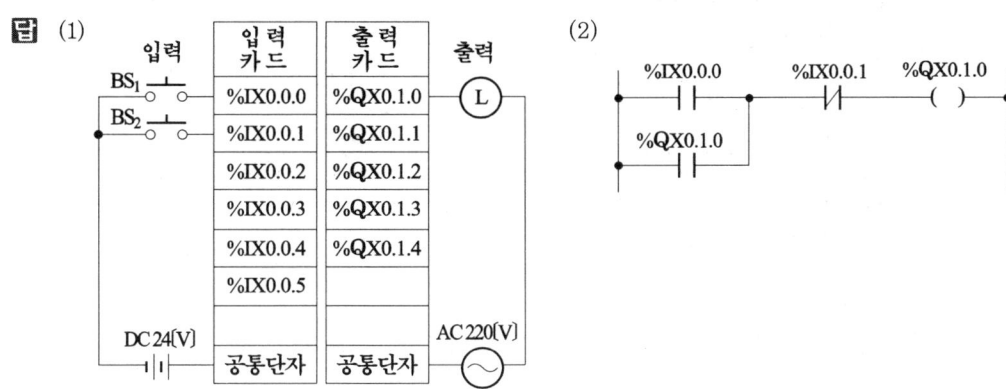

입출력 결선도는 입출력 기구만 접속하데 입력기구는 a접점으로만 한다.

# 2-2. 우선 회로

### (1) 우선 조건

(a)는 접점 $X_{1(3)}$이 열리면 $X_2$가 복구하는 정지 조건이 된다.

(b)는 접점 $X_{1(3)}$이 닫히면 $X_2$가 동작하는 동작 조건이 된다.

(c),(d)는 접점 $X_{1(3)}$이 열려 있으면 $X_2$가 동작할 수 없는 금지 조건이 된다.

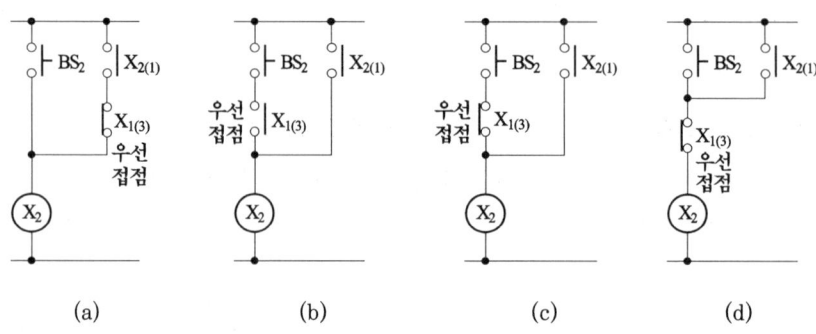

### (2) 인터록(interlock)회로

한쪽 기기가 동작하면 다른 쪽 기기는 동작할 수 없는 회로이고 그림에서 램프 2개 중 먼저 입력을 준 회로의 램프만 점등한다.

PLC에서는 출력도 접점으로 프로그램 되므로 내부출력 없이 직접제어가 된다.

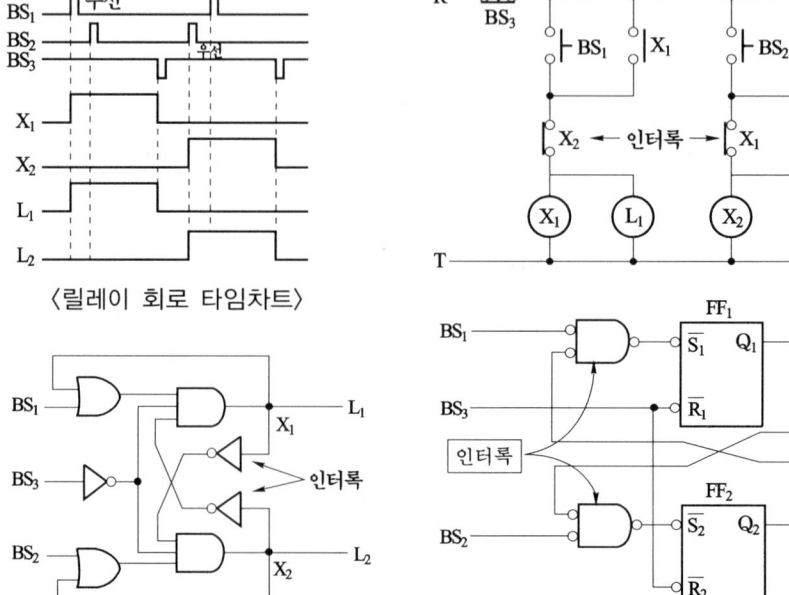

〈릴레이 회로 타임차트〉

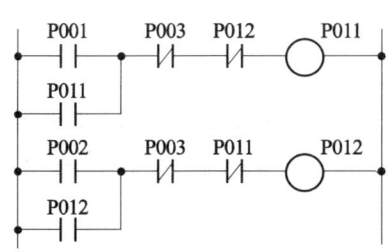

| 차례 | 명 령 | 번지 | 차례 | 명 령 | 번지 |
|---|---|---|---|---|---|
| 0 | LOAD | P001 | 5 | LOAD | P002 |
| 1 | OR | P011 | 6 | OR | P012 |
| 2 | AND NOT | P003 | 7 | AND NOT | P003 |
| 3 | AND NOT | P012 | 8 | AND NOT | P011 |
| 4 | OUT | P011 | 9 | OUT | P012 |

### (3) 신입신호 우선회로

BS$_1$을 주면 램프 L$_1$이 점등하고 L$_2$가 소등하며, BS$_2$를 주면 L$_2$가 점등하고 L$_1$이 소등하는 것을 반복 동작할 수 있는 회로 즉 뒤에 주는 신호, 새로운 신호 우선 회로이다.

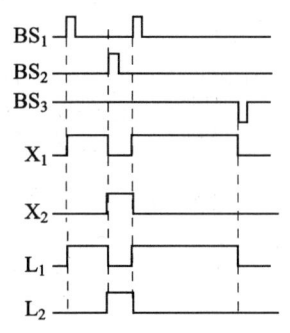
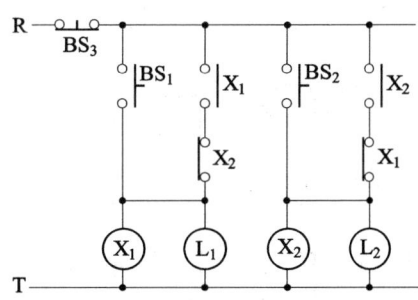
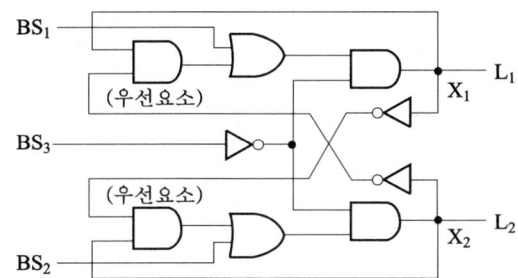
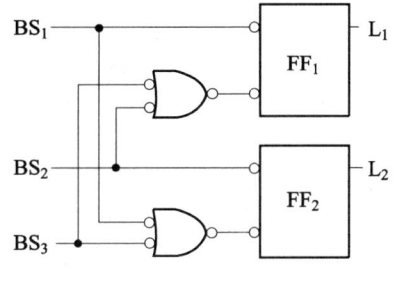
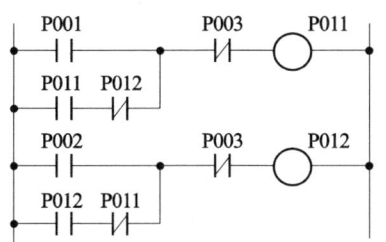

| 번지 | 명 령 | 번지 | 번지 | 명 령 | 번지 |
|---|---|---|---|---|---|
| 0 | LOAD | P001 | 6 | LOAD | P002 |
| 1 | LOAD | P011 | 7 | LOAD | P012 |
| 2 | AND NOT | P012 | 8 | AND NOT | P011 |
| 3 | OR LOAD | – | 9 | OR LOAD | – |
| 4 | AND NOT | P003 | 10 | AND NOT | P003 |
| 5 | OUT | P011 | 11 | OUT | P012 |

## (4) 동작 우선 회로

그림(a)는 $L_1$이 점등한 후에 $L_2$가 점등할 수 있고 $L_2$가 먼저 점등할 수 없는 회로이고, (b)는 $L_1$이 점등한 후에 $L_2$가 점등할 수 없고 $L_2$가 점등한 후에 $L_1$은 점등 할 수 있는 회로이다.

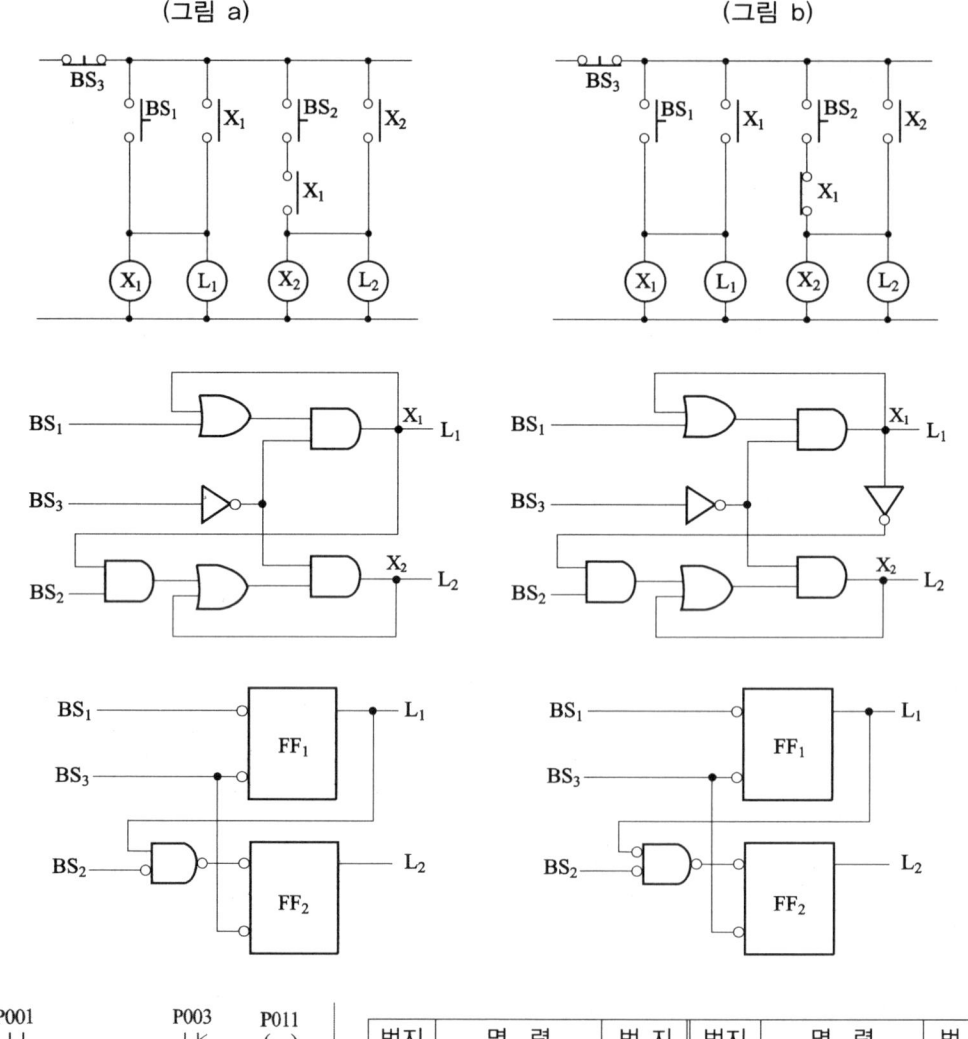

| 번지 | 명 령 | 번지 | 번지 | 명 령 | 번지 |
|---|---|---|---|---|---|
| 0 | LOAD | P001 | 4 | LOAD | P002 |
| 1 | OR | P011 | 5 | AND | P011 |
| 2 | AND NOT | P003 | 6 | OR | P012 |
| 3 | OUT | P011 | 7 | AND NOT | P003 |
| — | — | — | 8 | OUT | P012 |

※ 시퀀스 (a)의 예이고 (b)는 5스텝이 AND NOT이면 된다.

## 2-2. 우선 회로 과년도 출제 문제

**1** 그림은 릴레이 금지회로의 예이다. 무접점 회로를 완성하시오. (전산96)

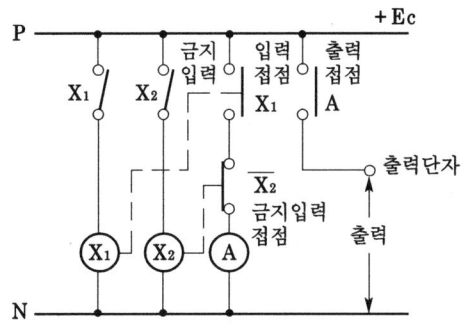

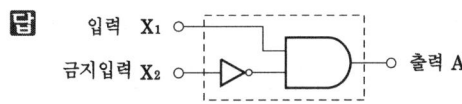

🔥 $X_1$로 출력이 생기고 $X_2$로 출력이 없어진다.

**2** 그림과 같은 인터록 회로를 보고 물음에 답하시오. (전95)
(1) 논리회로를 그리고 논리식을 쓰시오.
(2) 타임차트를 그리고 진리표를 작성하시오.
(3) 출력 A, B의 동작을 상세히 설명하시오.
(4) 인터록 회로를 설명하시오.

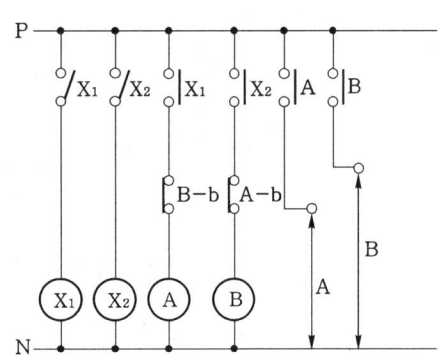

**답** (1) $A = X_1 \overline{B}$  $B = X_2 \overline{A}$  (2)

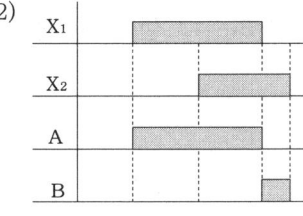

| $X_1$ | $X_2$ | A | B |
|---|---|---|---|
| 0 | 0 | 0 | 0 |
| 0 | 1 | 0 | 1 |
| 1 | 0 | 1 | 0 |
| 1 | 1 | 0 | 0 |

(3) $X_1$이 먼저 동작하면 A가 동작하고 이후 $X_2$가 동작해도 Ab 접점이 열려 B가 동작하지 못한다. 또 $X_2$가 먼저 동작하면 B가 동작하고 이후 $X_1$이 동작해도 Bb 접점이 열려 A가 동작하지 못한다.
(4) 둘 이상의 출력이 동시에 생기지 않도록 하는 보안회로, 즉 먼저 준 입력에 의한 출력만 생기고 나중에 준 입력에 의한 출력은 생기지 않는다.

🔥 인터록 회로는 자신의 b접점으로 상대 회로를 차단한다.

**3** 다음 회로는 두 입력 중 먼저 동작한 쪽이 우선이고 다른 쪽의 동작을 금지 시키는 시퀀스이다. 물음에 답하시오. 단 A, B는 입력 스위치이고, $X_1$, $X_2$는 계전기이다.
(전산04, 05, 07, 08)

(1) ①, ②에 맞는 접점기호의 명칭을 각각 쓰시오.
(2) 이 회로는 주로 기기의 보호와 조작자의 안전을 목적으로 하는데 이 회로의 명칭을 쓰고 설명하시오.
(3) 주어진 진리표와 타임차트를 완성하시오.
(4) 논리회로를 그리시오

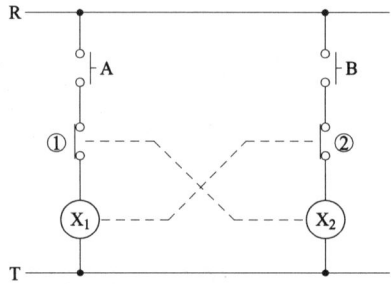

답 (1) ① $X_2$ 릴레이의 순시 b접점, ② $X_1$ 릴레이의 순시 b접점
(2) 인터록 회로 : 둘 이상의 출력이 동시에 생기지 않도록 하는 보안 회로, 즉, 먼저 준 입력에 의한 출력만 생기고 나중에 준 입력에 의한 출력은 생기지 않는다.

(3)

| A | B | $X_1$ | $X_2$ |
|---|---|---|---|
| 0 | 0 | 0 | 0 |
| 0 | 1 | 0 | 1 |
| 1 | 0 | 1 | 0 |

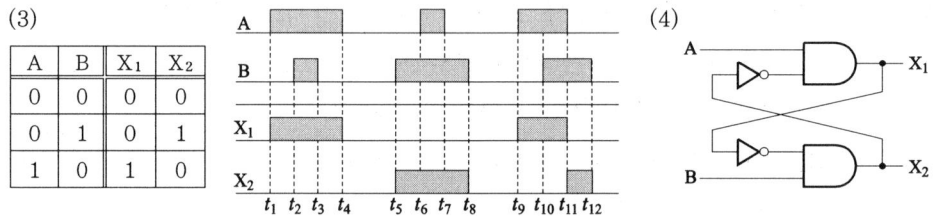

**4** 그림의 회로는 어떤 것인가? 먼저 ON 조작된 측의 램프만 점등하는 병렬 우선회로($PB_1$ ON시 $L_1$이 점등된 상태에서 $L_2$가 점등되지 않고, $PB_2$ ON시 $L_2$가 점등된 상태에서 $L_1$이 점등되지 않는 회로)로 변경하여 그리시오. 단, 계전기 $R_1$, $R_2$의 b접점 각 1개씩을 추가 사용하여 그리도록 한다. (전산88, 06, 08, 10)

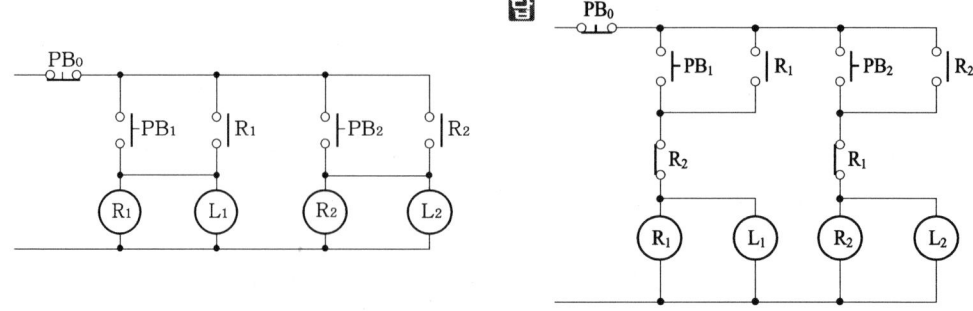

그림은 램프 2개가 점등하는 회로인데 어느 한 램프만 점등하도록 수정한다.

**5** 주어진 릴레이 시퀀스를 보고 물음에 답하시오. (전공12)

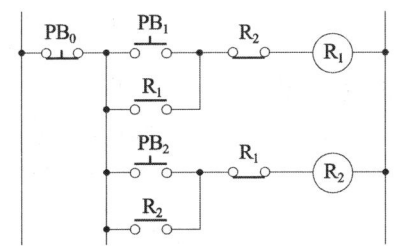 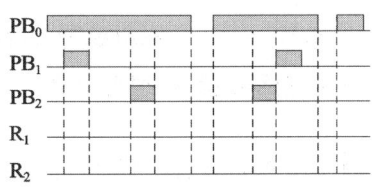

(1) 주어진 타임차트를 완성하고 그림 옆에 $R_1$, $R_2$의 논리식을 쓰시오.
(2) AND 소자 2개, OR 소자 2개, NOT 소자 3개를 사용하여 로직회로를 그리시오. 또 AND 소자를 4개 사용하면 회로는 어떻게 되는가?

**답** (1) 

$R_1 = \overline{PB_0}\,\overline{R_2}\,(PB_1 + R_1)$

$R_2 = \overline{PB_0}\,\overline{R_1}\,(PB_2 + R_2)$

(2)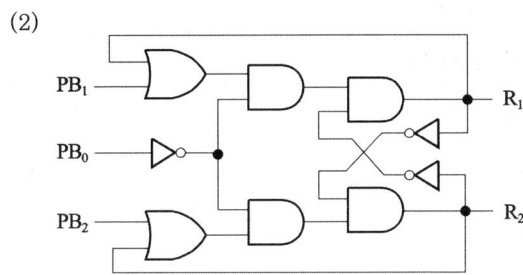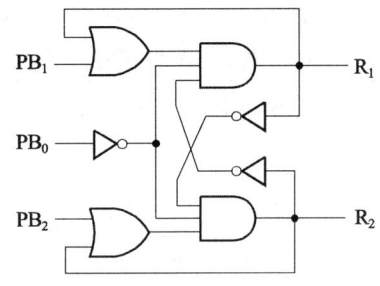

인터록 회로이다.

**6** 3입력 인터록 유접점 제어회로를 숙지한 다음 물음에 답하라. (공88, 95, 00, 11)

(1) 무접점회로를 그리시오. (단 AND 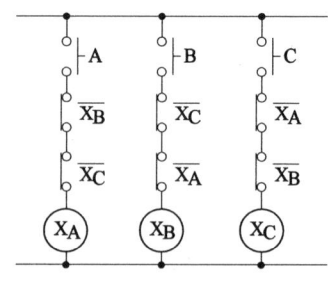 NOT ─▷○─ 소자로만 그린다. 기타는 틀림)

(2) 타임차트를 완성하시오.

답 (1) 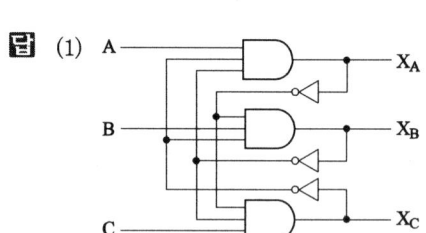  (2)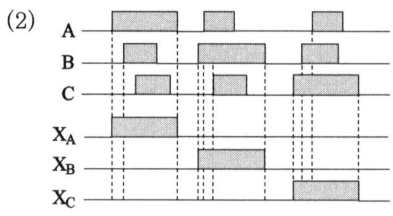

**7** 그림은 푸시버튼 스위치 $PB_1$, $PB_2$, $PB_3$을 ON조작하여 기계 A, B, C를 운전한다. 이 회로를 타임차트의 요구대로 병렬우선 순위회로로 고쳐서 그리시오. ($R_1$, $R_2$, $R_3$은 계전기이며 보조 a접점 또는 b접점을 추가 또는 삭제하여 작성하되 접점 명칭을 기입하고 불필요한 접점을 사용하지 않도록 한다. (전92, 98, 02, 12, 전산12)

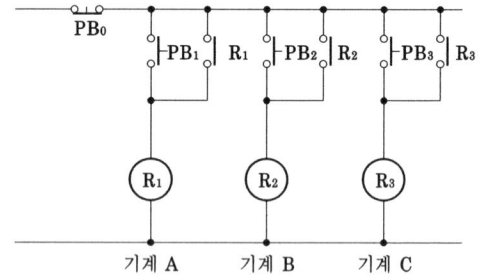

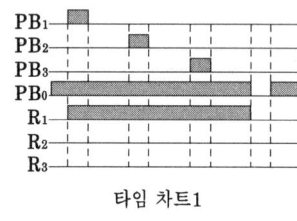

타임 차트1

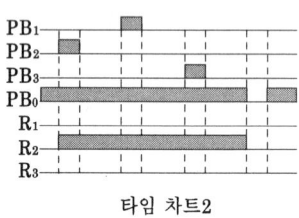

타임 차트2

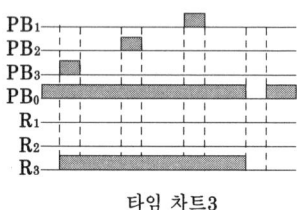

타임 차트3

【예】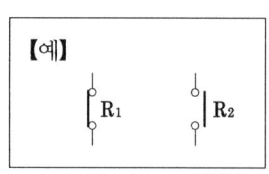

답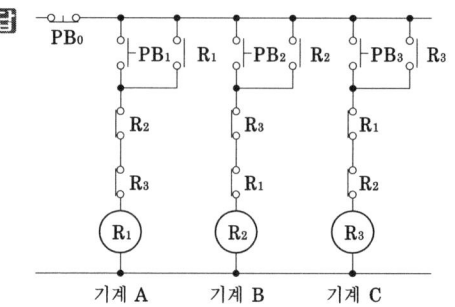

🔥 인터록 회로

**8** 그림은 인터록 회로이다. 물음에 답하시오. (공98)

(1) (a)는 L입력형 $\overline{RS}$-latch를 이용한 것이다. S, F에 알맞은 기호를 그리시오.
(2) (b)는 H입력형으로 A, B에 알맞은 기호를 그리시오.
(3) (b) 정지상태에서 ①~④점 중 L레벨인 곳은? 또 L₁이 점등 중 ①~④점 중 L레벨인 곳은?
(4) PLC 시퀀스와 프로그램을 작성하시오. 단 0~11스텝을 이용하고 BS₁~BS₃(P001~P003), L₁~L₂(P011~P012), 내부출력(M001, M002)을 사용하고 명령어는 입력시작(LOAD), 출력(OUT), AND, OR, NOT을 사용한다.

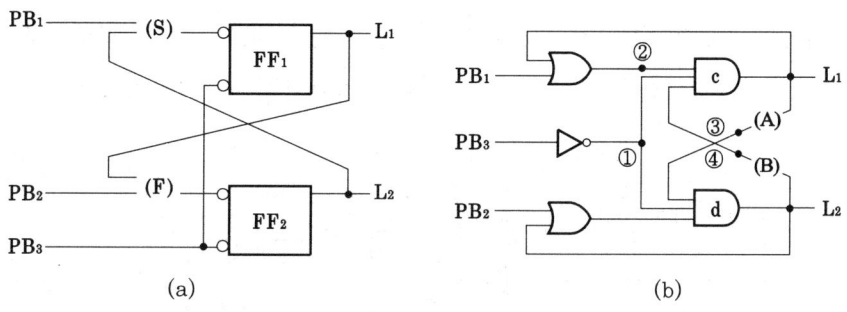

**답** (1) (S), (F) 동일 ⊢NAND⊸   (2) (A), (B) 동일 ⊢NOT⊸   (3) ②, ③

(4)
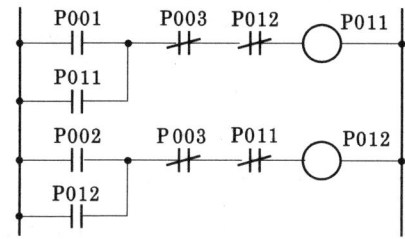

| 번지 | 명령 | 번지 | 번지 | 명령 | 번지 |
|---|---|---|---|---|---|
| 0 | LOAD | P001 | 5 | LOAD | P002 |
| 1 | OR | P011 | 6 | OR | P012 |
| 2 | AND NOT | P003 | 7 | AND NOT | P003 |
| 3 | AND NOT | P012 | 8 | AND NOT | P011 |
| 4 | OUT | P011 | 9 | OUT | P012 |

🎗 내부출력(M001, M002)도 프로그램 하면 아래와 같다.

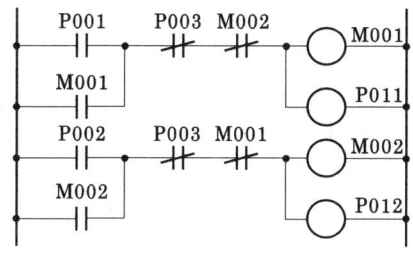

| 번지 | 명령 | 번지 | 번지 | 명령 | 번지 |
|---|---|---|---|---|---|
| 0 | LOAD | P001 | 6 | LOAD | P002 |
| 1 | OR | M001 | 7 | OR | M002 |
| 2 | AND NOT | P003 | 8 | AND NOT | P003 |
| 3 | AND NOT | M002 | 9 | AND NOT | M001 |
| 4 | OUT | M001 | 10 | OUT | M002 |
| 5 | OUT | P011 | 11 | OUT | P012 |

**9** 회로들은 서로 등가이다. 물음에 답하시오. (공97)

(1) A, B와 ⑥, ⑦은 서로 같은 기능이다. 어떤 기능인가?
(2) A, B에 알맞은 릴레이 접점을 그리고 문자기호를 쓰시오.
(3) A~F 중 8.1과 8.2에 해당되는 것을 1개만 쓰시오.
(4) $BS_1$을 누르면 $L_1$이 점등한다. 이 후 $BS_2$를 누르면 $L_2$는 어떻게 되는가?
(5) 램프 $L_2$(LED)가 점등 중일 때 ⑩점의 레벨은 H(전압)인가, L(접지)인가?
(6) 램프 $L_2$에 흐르는 전류를 무슨 전류라 하는가?
(7) $BS_1$을 누르고 있을 때 ①~⑦ 중 L레벨인 곳은?
(8) 램프 $L_1$이 점등하고 있을 때 ①~⑦ 중 L레벨인 곳 1개만 쓰시오.
(9) 램프 $L_2$가 점등하고 있을 때 ①~⑦ 중 H레벨인 곳 1개만 쓰시오.
(10) 릴레이접점 $X_{1a}$과 같은 기능을 로직회로의 ①~⑦ 중에서 1개만 쓰시오.

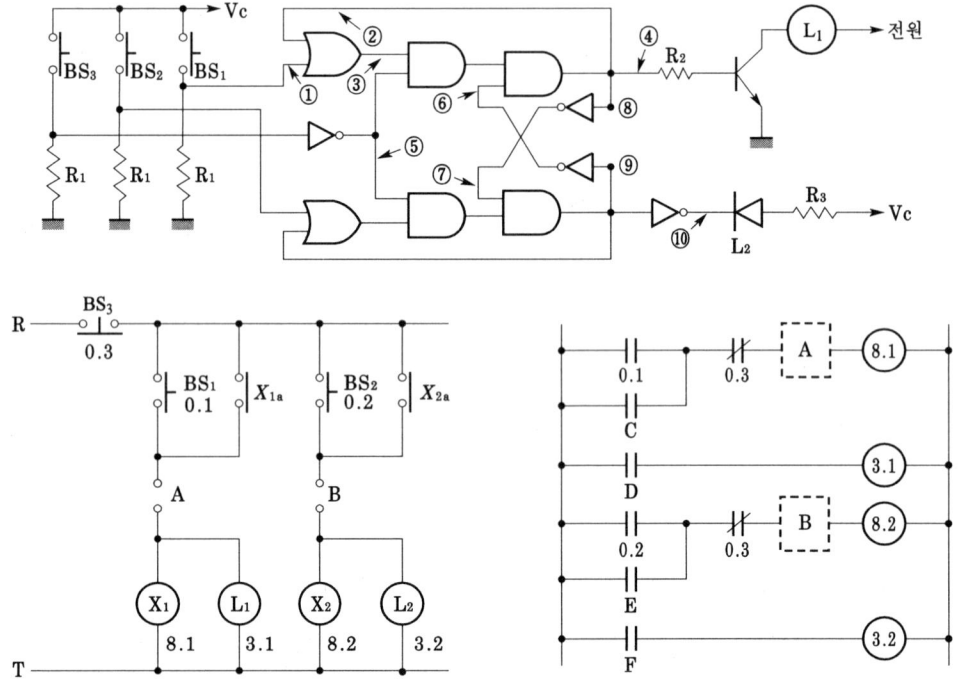

**답** (1) 인터록　(2) $A: \begin{matrix} X_2 \\ 8.2 \end{matrix}$　$B: \begin{matrix} X_1 \\ 8.1 \end{matrix}$　(3) 8.1-B, C, D.　8.2-A, E, F
(4) 점등되지 않는다　(5) L　(6) 싱크전류　(7) ⑦
(8) ⑦, ①　(9) ⑦, ⑤　(10) ②

☞ 동작 레벨 차례로 정지시 LLLLHHHLLH / $L_1$ 점등시 LHHHHLHLH
　　　　　　　　　　　　　　　　　　　/ $L_2$ 점등시 LLLLHLHLHL

**10** 그림은 릴레이 금지회로의 응용 예이다. 무접점회로와 같은 유접점 회로를 완성하시오.
(전산07)

| 문항 | 무접점 릴레이 회로 | 회로 명칭 | 유접점 릴레이 회로 |
|---|---|---|---|
| (1) | | 상호 릴레이 회로 | |
| (2) | | 절환 회로 | |
| (3) | | 절환 회로 | |
| (4) | | 우선 회로 | |

**답** (1) 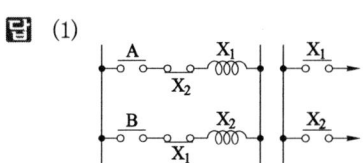  (2)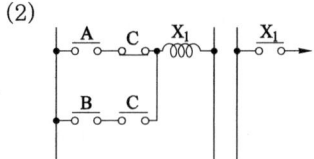

(3) 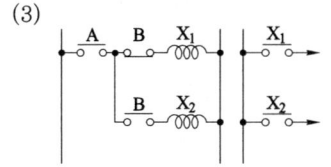  (4) 

(1) $X_1 = A\overline{X_2}$, $X_2 = B\overline{X_1}$   (2) $X_1 = A\overline{C} + BC$

(3) $X_1 = A\overline{B}$, $X_2 = AB$   (4) $X_1 = AB$, $X_2 = \overline{A}C$, $X_3 = \overline{A}D$

**11** 주어진 조건과 동작설명을 보고 신입신호 우선회로와 그 타임차트를 완성하시오.
(전산09) (※공03,06,07,09) (☆전97)

[조    건] 푸시버튼 스위치 3개($BS_1$, $BS_2$, $BS_3$) 사용
보조릴레이 3개($X_1$, $X_2$, $X_3$) 각각 접점개수는 최소로 한다.

[동작설명] $BS_1$에 의하여 $X_1$이 동작하던 중 $BS_3$에 의하여 $X_3$이 여자되면 $X_1$이 복구, 또 $BS_2$에 의하여 $X_2$가 여자되면 $X_3$이 복구한다. 즉 항상 새로운 신호의 출력만 동작한다.

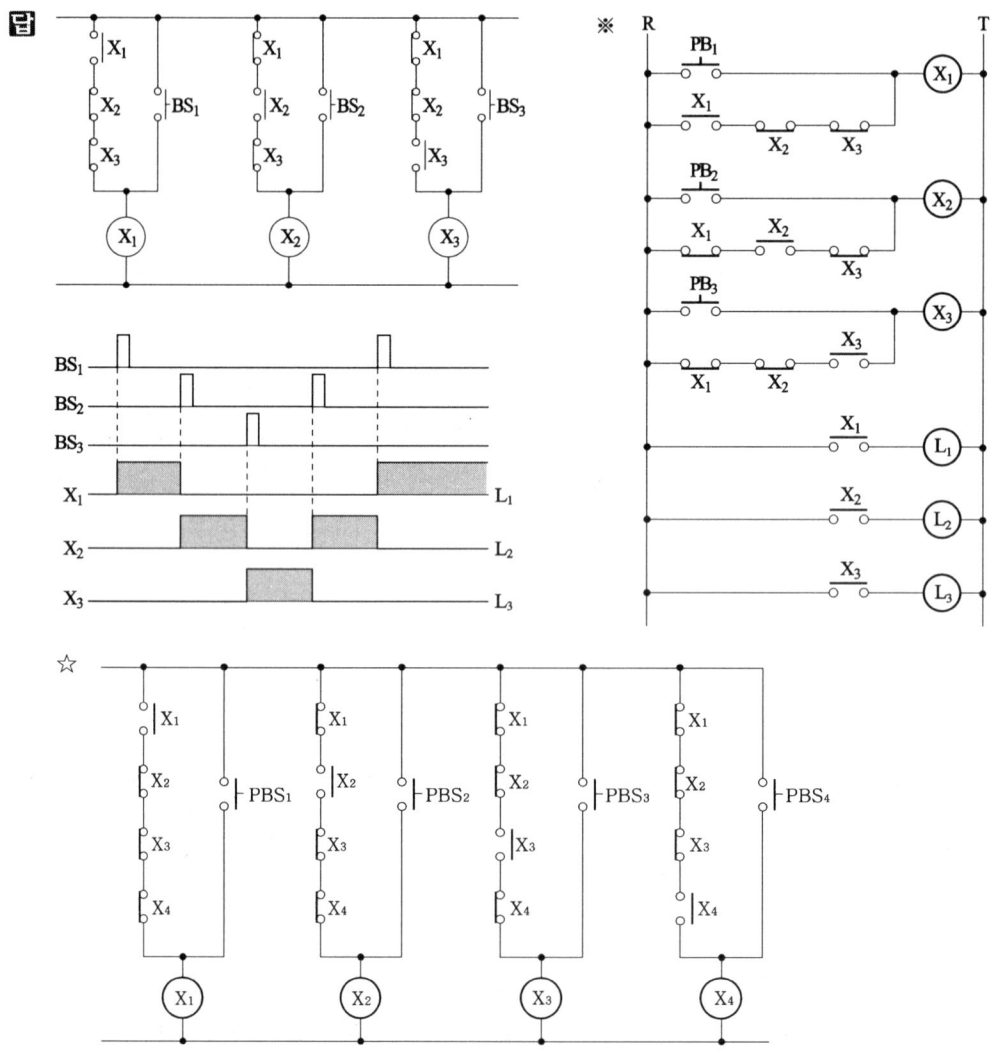

🔖 신입신호 우선회로는 각 유지회로를 b접점으로 끊는다.
※회로는 출력 램프를 넣은 회로이고, ☆회로는 출력이 4개인 회로를 보인 것이다.

**12** 도면의 A기계는 어떤 회로인가? 또 (b)(c)(d)는 어떤 회로인가? (공산94, 공94)

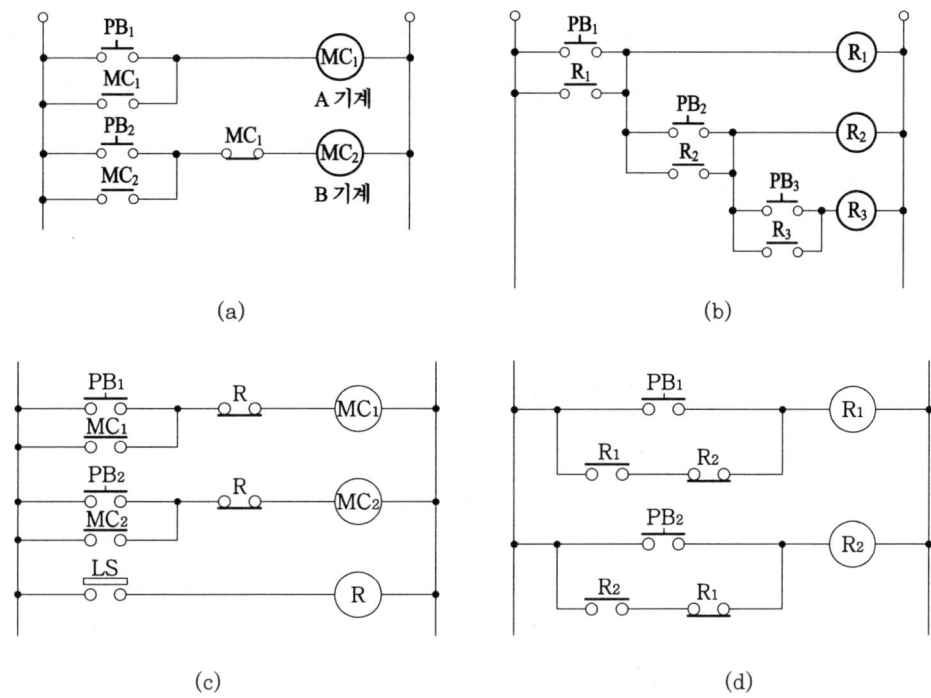

답 (a) A기계 우선 회로, (b) 순차제어(직렬 우선)회로
(c) 자동정지회로, (d) 신입신호 우선 회로

(a) A기계가 동작하면 B기계는 동작하지 못한다.
(b) $R_1$, $R_2$, $R_3$ 순서로 동작한다.
(c) R이 동작하면 MC가 복구한다.

**13** 다음은 램프 $L_1$이 점등하면 램프 $L_2$가 소등하며, 또 $L_2$가 점등하면 $L_1$이 소등하는 것을 반복 동작할 수 있는 회로의 일부를 PLC 프로그램한 것이다. 2입력 AND, OR, NOT 소자를 각각 2개씩 사용하여 답지의 로직회로를 완성하시오.

여기서 M001, M002는 내부출력이고 명령어는 입력시작(LOAD), 출력(OUT), AND, OR, NOT, 그룹병렬 OR LOAD를 사용했고 P003은 $L_1$, $L_2$회로에 각각 분리하여 프로그램한 것이다. (공96, 99)

| 차례 | 명령 | 번지 | 차례 | 명령 | 번지 |
|---|---|---|---|---|---|
| 0 | LOAD | P001 | 7 | LOAD | P002 |
| 1 | LOAD | M001 | 8 | LOAD | M002 |
| 2 | AND NOT | M002 | 9 | AND NOT | M001 |
| 3 | OR LOAD | – | 10 | OR LOAD | – |
| 4 | AND NOT | P003 | 11 | AND NOT | P003 |
| 5 | OUT | M001 | 12 | OUT | M002 |
| 6 | OUT | P011 | 13 | OUT | P012 |

**답**

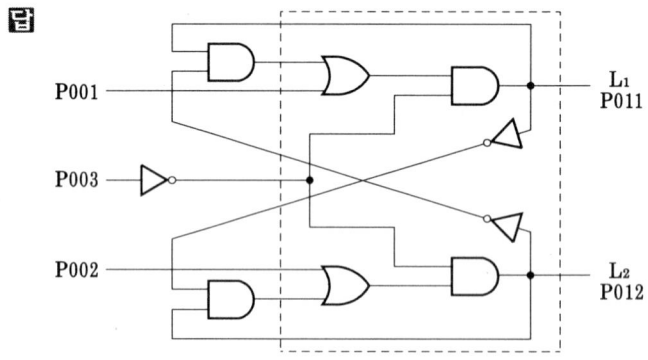

🐍 신입신호우선회로이다. 직접제어는 보조기구가 필요없다.

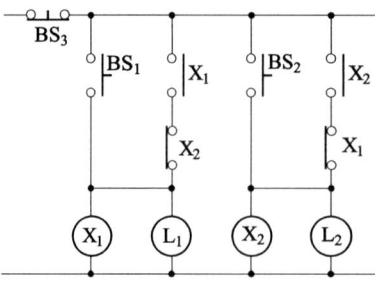

| 번지 | 명령 | 번지 | 번지 | 명령 | 번지 |
|---|---|---|---|---|---|
| 0 | LOAD | P001 | 6 | LOAD | P002 |
| 1 | LOAD | P011 | 7 | LOAD | P012 |
| 2 | AND NOT | P012 | 8 | AND NOT | P011 |
| 3 | OR LOAD |  | 9 | OR LOAD |  |
| 4 | AND NOT | P003 | 10 | AND NOT | P003 |
| 5 | OUT | P011 | 11 | OUT | P012 |

**14** 그림(a)는 L입력형 로직회로의 타임차트이다. (공산95, 98)

(1) 그림(b)의 (A)에 알맞은 기호를 그리시오. FF는 $\overline{R}\overline{S}$ – latch이다. (예 ⟶⟩∘)

(2) 그림(c)의 (B)에 알맞은 그림기호와 문자기호 넣으시오. (예 ⫯∘$X_1$ )

(3) $BS_1$을 준 후 $BS_2$를 주면 어떤 램프가 점등되는가?

(4) $BS_2$를 준 후 $BS_1$을 주면 어떤 램프가 점등되는가?

(5) 부하 $L_1$과 $L_2$ 중 어느 것이 우선이라 생각되는가?

(6) 그림(c)에서 (B)의 기능은? 보기(보기-기동/정지/유지/운전)에서 고르시오.

(7) 그림(c)에서 접점기구 중 기동기능/정지기능/유지기능을 각각 1개씩만 적으시오.
(예 : $X_1$ 등)

(8) 프로그램을 완성하시오. 단, 입력 BS : 1~3번지, 내부출력 : 171, 172번지, 출력 L : 21, 22번지, 명령어 : STR, OUT, OR, AND, NOT이다.

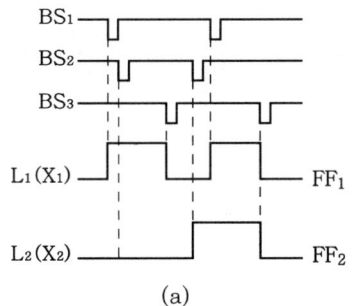

(a)

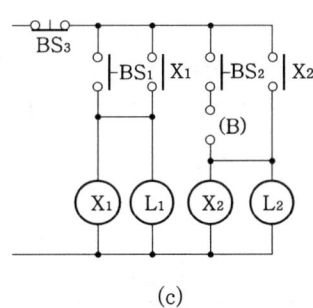

(c)

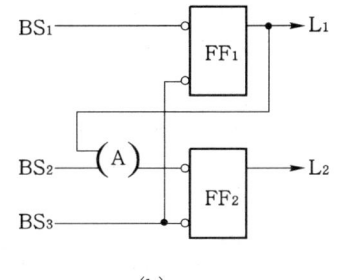

(b)

| 차례 | 명령 | 번지 | 차례 | 명령 | 번지 |
|---|---|---|---|---|---|
| 0 | STR | 1 | 5 | STR | 2 |
| 1 | (가) | (나) | 6 | (마) | (바) |
| 2 | AND NOT | 3 | 7 | OR | 172 |
| 3 | OUT | 171 | 8 | (사) | (아) |
| 4 | (다) | (라) | 9 | (자) | (차) |
| – | – | – | 10 | OUT | 22 |

**답** (1) ⟶⟩∘  (2) ⫯∘$X_1$  (3) $L_1$  (4) $L_1$, $L_2$  (5) $L_1$  (6) 기동
(7) 기동기능 : $BS_1(BS_2, B)$,  유지기능 : $X_1(X_2)$,  정지기능 : $BS_3$
(8) OR-171,  OUT-21,  AND NOT-171,  AND NOT-3,  OUT-172

🔖 그림에서 $BS_1$-$BS_2$의 순서로 조작하면 $L_1$만 점등한다. 또 $BS_2$-$BS_1$의 순서로 조작하면 $L_2$-$L_1$ 순서로 점등하며 FF는 $\overline{R}\overline{S}$ – latch, BS는 L입력형이다.

**15** 그림은 $L_1$이 먼저 점등되면 $L_2$가 점등할 수 없고, 또 $L_2$가 먼저 점등되면 $L_1$이 점등할 수 없다. 그리고 $L_1$이 점등한 후에 $L_3$이 점등할 수 있다. 물음에 답하시오. 단 FF는 $\overline{RS}$-latch이고 BS는 L 입력형이다. (공94, 00)

(1) (B), (C)에 예와 같은 형식의 회로를 각각 그리시오. (예 : ⊐D⊢ )
(2) (B)의 기능을 한마디로 설명하시오.
(3) 램프 $L_2$가 점등 중에 $BS_1$을 누르고 있다. ①~④의 레벨상태(L : 접지, H : 전압)를 차례(예 : HHLL)로 쓰시오.

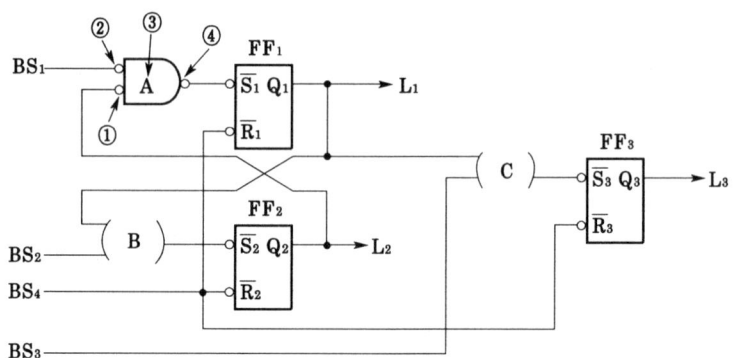

답 (1) (B) ⊐D⊢  (C) ⊐D⊢   (2) 인터록   (3) LHLH

$L_1$과 $L_2$는 인터록 논리, $L_1$과 $L_3$은 $L_1$이 점등해야 $L_3$이 점등할 수 있는 우선회로 논리이다.

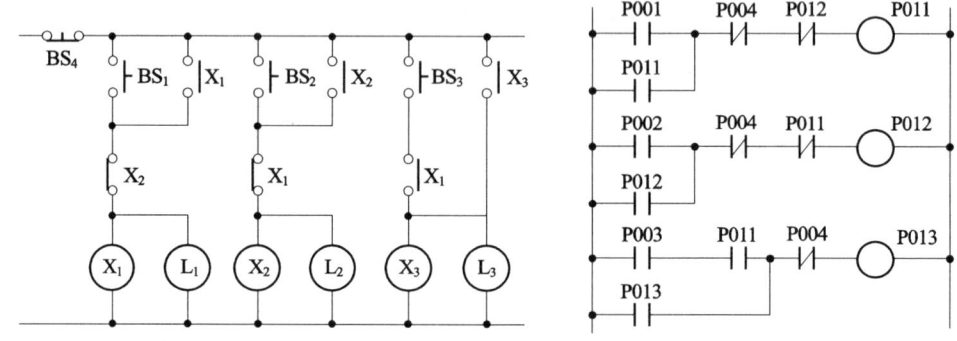

| 번지 | 명령 | 번지 | 번지 | 명령 | 번지 | 번지 | 명령 | 번지 |
|---|---|---|---|---|---|---|---|---|
| 0 | LOAD | P001 | 5 | LOAD | P002 | 5 | LOAD | P003 |
| 1 | OR | P011 | 6 | OR | P012 | 6 | AND | P011 |
| 2 | AND NOT | P004 | 7 | AND NOT | P004 | 7 | OR | P013 |
| 3 | AND NOT | P012 | 8 | AND NOT | P011 | 8 | AND NOT | P004 |
| 4 | OUT | P011 | 9 | OUT | P012 | 9 | OUT | P013 |

**16** 도면을 보고 답지에 릴레이 시퀀스 회로를 완성하시오. (공93, 95, 98, 00, 01, 04)

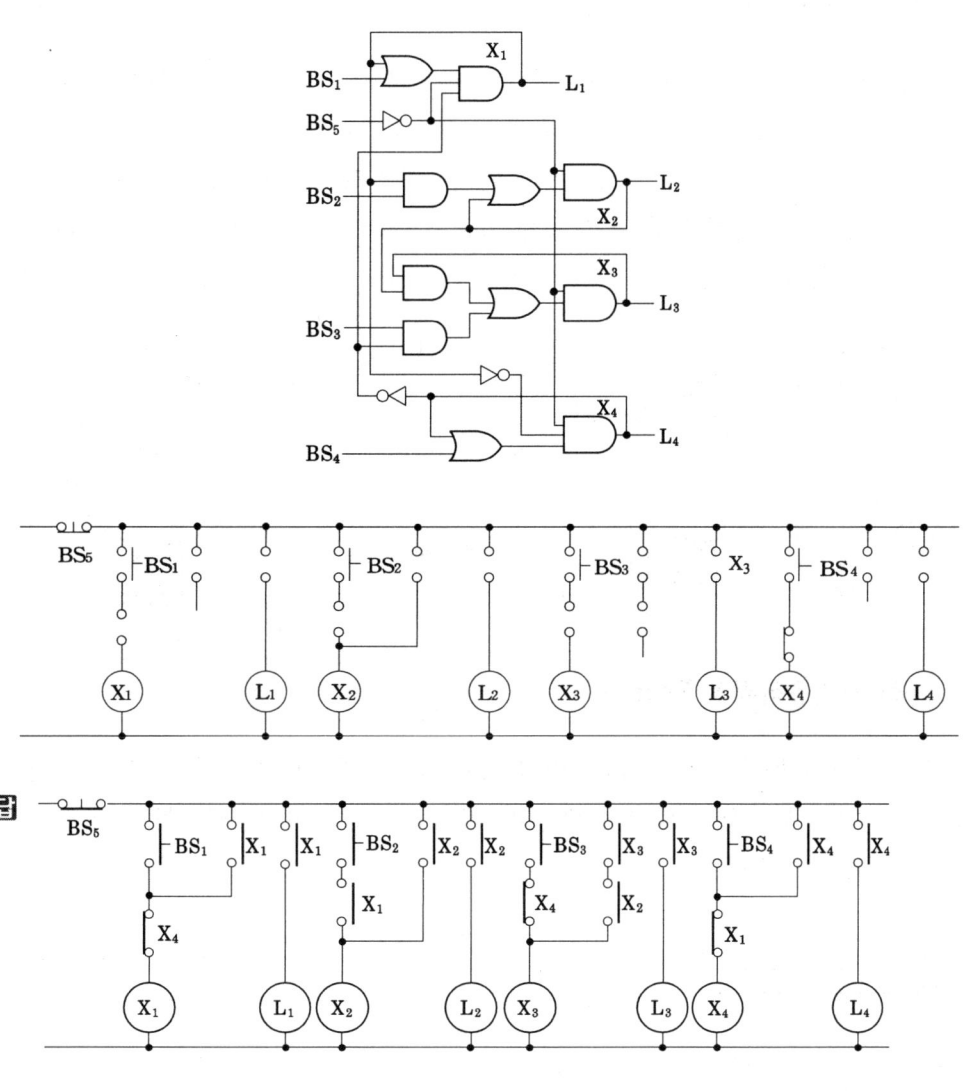

$X_1 = (BS_1 + X_1)\overline{X_4}\overline{BS_5}$    $X_2 = (BS_2 X_1 + X_2)\overline{BS_5}$

$X_3 = (BS_3 \overline{X_4} + X_2 X_3)\overline{BS_5}$    $X_4 = (BS_4 + X_4)\overline{X_1}\overline{BS_5}$

# 2-3. 시한 회로

### (1) 타이머 기구

① 타이머 릴레이 T : 입력과 출력간에 동작의 시간적 차이를 둔 릴레이이고 전자회로에 시상수 CR을 이용하여 릴레이 접점의 동작시간을 조정한다.

② 동작(기동) 시간이 늦은 시한동작 순시복구회로 Ton(on delay timer),
복구(정지) 시간이 늦은 순시동작 시한복구회로 Toff(off delay timer),
일정시간 동작하는 단안정회로 Tmon(one shot, single multi vibrator)가 있다.

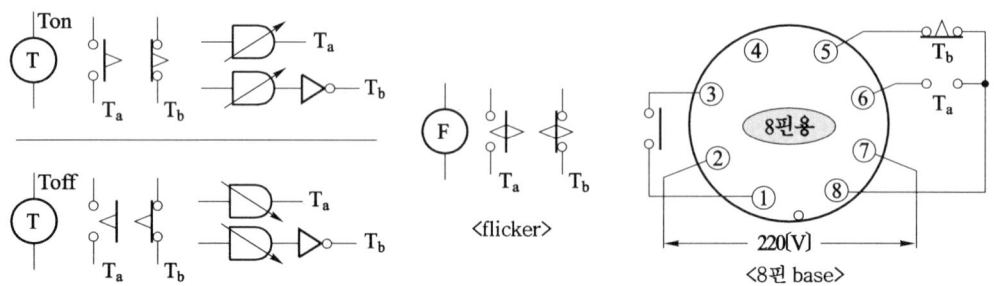

### (2) 시한동작회로 Ton

출력기구의 동작이 설정시간 t만큼 늦은 회로, 즉 기동입력을 주면 설정시간 후에 접점(회로)이 동작하여 출력이 생기고, 정지입력을 주면 곧바로 회로(접점)가 복구하여 출력이 없어진다.

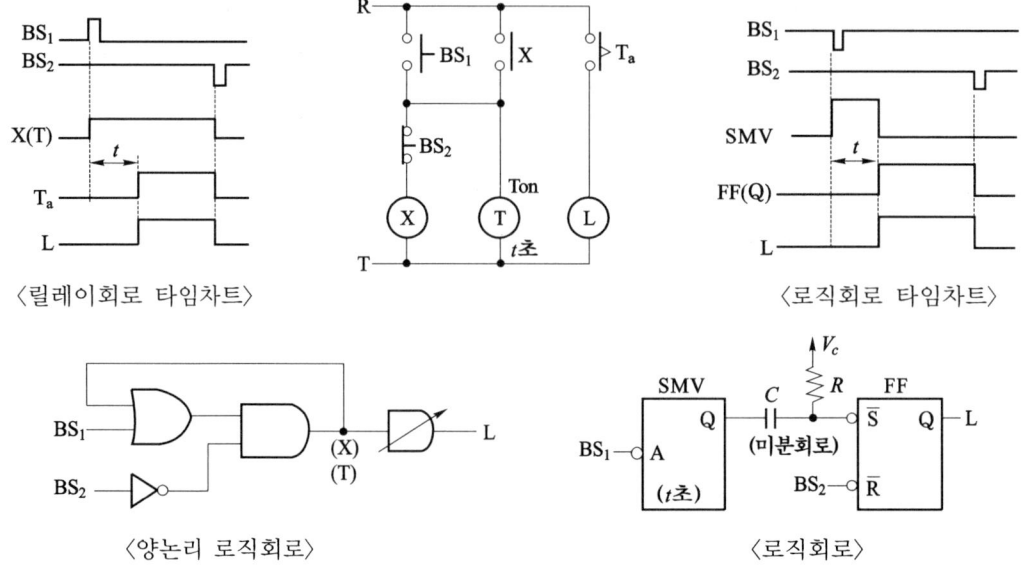

〈릴레이회로 타임차트〉　　　　　　　　　　　　　〈로직회로 타임차트〉

〈양논리 로직회로〉　　　　　　　　　　　　　〈로직회로〉

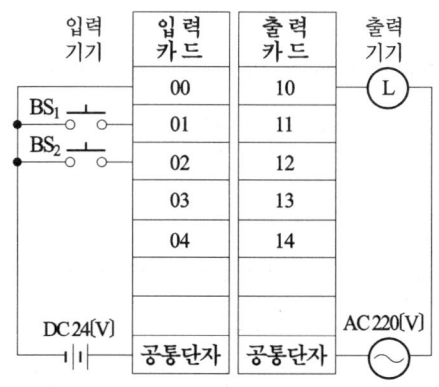
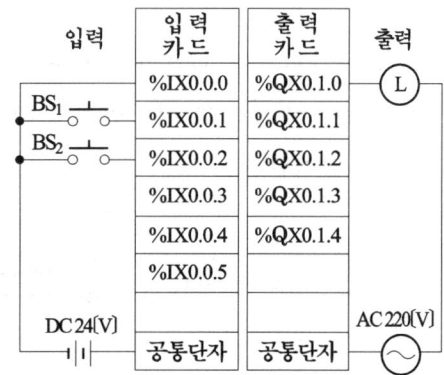

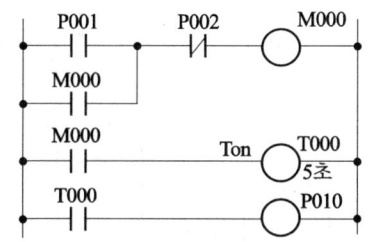
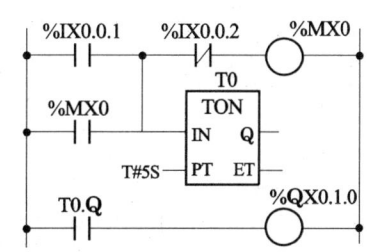

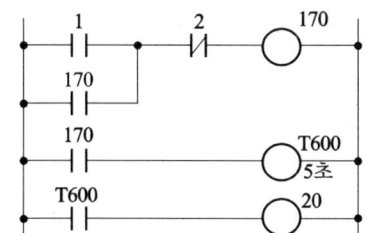
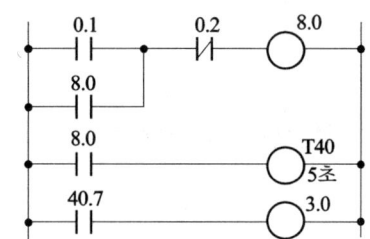

| step | 명 령 | 번 지 |
|---|---|---|
| 0 | LOAD | P001 |
| 1 | OR | M000 |
| 2 | AND NOT | P002 |
| 3 | OUT | M000 |
| 4 | LOAD | M000 |
| 5 | TMR | T000 |
| 6 | 〈DATA〉 | 00050 |
| 8 | LOAD | T000 |
| 9 | OUT | P010 |

| step | 명 령 | 번 지 |
|---|---|---|
| 0 | STR | 1 |
| 1 | OR | 170 |
| 2 | AND NOT | 2 |
| 3 | OUT | 170 |
| 4 | STR | 170 |
| 5 | TIM | 600 |
| 6 | – | 5 |
| 7 | STR TIM | 600 |
| 8 | OUT | 20 |

| step | 명 령 | 번 지 |
|---|---|---|
| 0 | R | 0.1 |
| 1 | O | 8.0 |
| 2 | A N | 0.2 |
| 3 | W | 8.0 |
| 4 | R | 8.0 |
| 5 | DS | 50 |
| 6 | W | T40 |
| 7 | R | 40.7 |
| 8 | W | 3.0 |

### (3) 시한복구회로 Toff

복구시간이 설정된 시간만큼 늦은 회로, 즉 기동입력을 주면 접점(회로)이 곧바로 동작하여 출력이 생기고 정지입력을 주면 설정시간이 지난 후에 회로(접점)가 복구하여 출력이 없어진다.

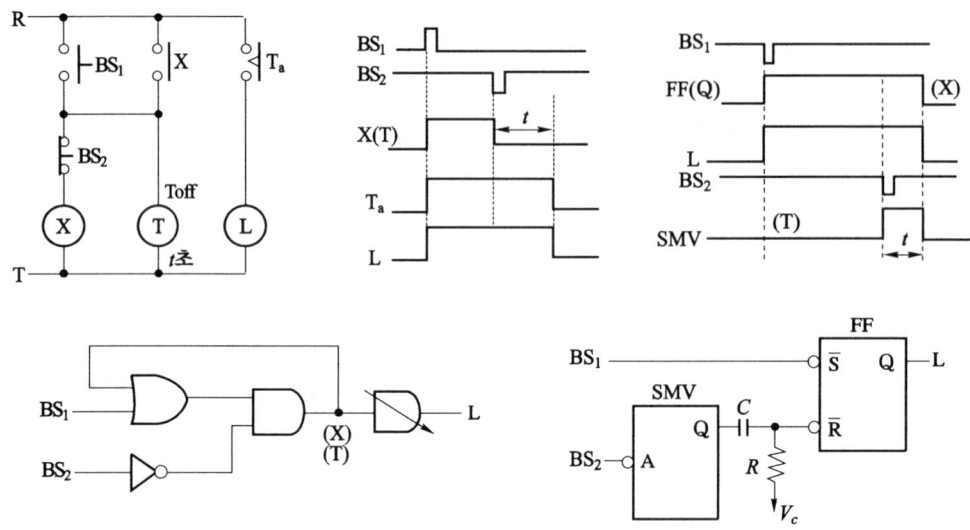

### (4) 단안정회로 Tmon

정해진 시간만 동작하는 회로, 즉 기동입력을 주면 설정 시간 동안만 회로가 동작하고 자동으로 정지한다.

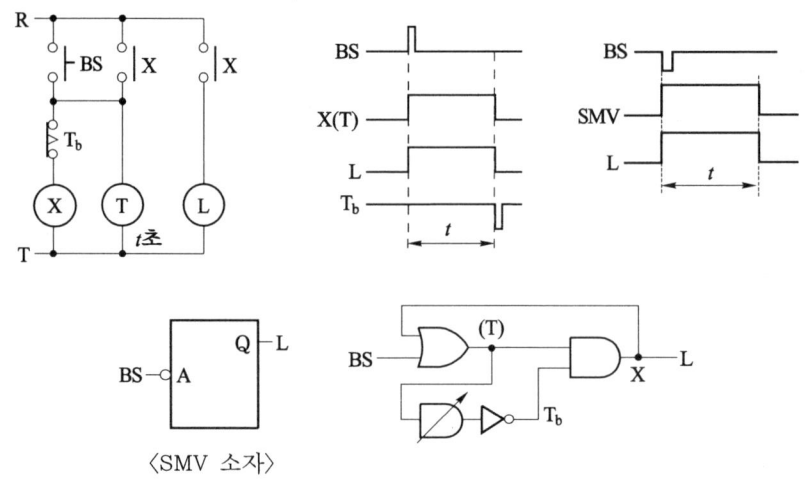

⟨SMV 소자⟩

# 2-3. 시한 회로 과년도 출제 문제

**1** 다음 릴레이 접점에 관한 각 물음에 답하시오. (전10)
  (1) 시한동작 순시복구 a접점기호를 그리시오.
  (2) 시한동작 순시복구 a접점의 타임차트를 완성하시오.
  (3) 시한동작 순시복구 a접점의 동작사항을 설명하시오.

**답**

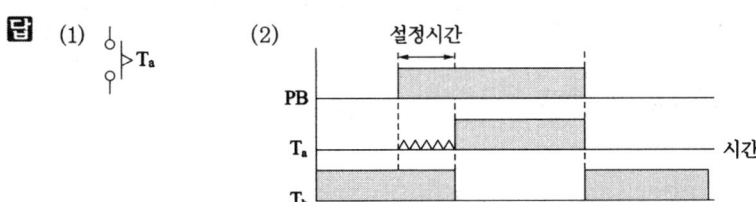

  (3) 타이머가 여자되면 설정시간 후 a접점은 닫히고 무여자되면 순시 복구한다.

**2** 그림은 타이머 내부 결선도이다. ★표의 점선부분에 대한 접점의 동작설명을 하시오.
(전89, 00, 07)

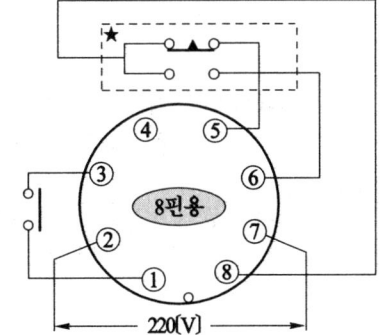

**답** 한시동작 순시복구 a, b 접점으로 타이머가 여자된 후 설정시간 후에 동작하며 무여자되면 즉시 복구한다.

**3** 각각의 타임 차트(출력)를 답지에 완성하시오. (전산10)

**답**

| 구분 | 명령어 | 타임차트 |
|---|---|---|
| (1) T-ON(ON-Delay) | Increment | |
| (2) T-OFF(OFF-Delay) | Decrement | |

**4** 그림과 같은 시퀀스에 대한 타임차트를 완성하시오. (공09)

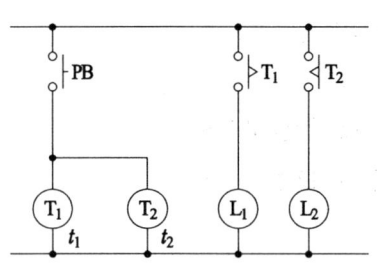 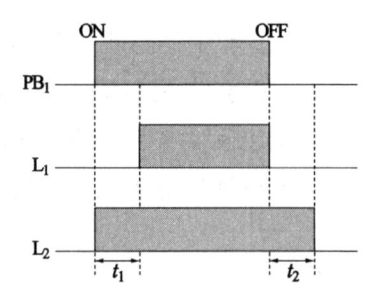

🔥 $T_1$은 on delay timer이고 $T_2$는 off delay timer이다.

**5** 그림의 시퀀스에서 A접점이 닫혀서 폐회로가 될 때 신호등 PL은 어떻게 동작되는가? 한 줄 정도로 답하시오. (전산95)

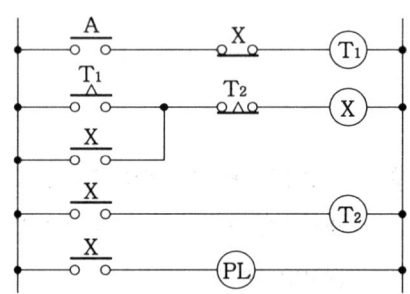

📖 PL이 $T_2$ 설정시간 동안 점등하고, $T_1$ 설정시간 동안 소등함을 반복한다.

🔥 A접점이 닫히면 $T_1$이 여자, $T_1$초 후에 $T_1$접점으로 X가 동작하여 PL이 점등하며 $T_2$가 여자된다. $T_2$시간 후에 $T_2$접점으로 X가 복구하여 PL이 소등하며 $T_1$이 다시 여자 함을 반복한다.

**6** 그림의 회로동작에 맞는 타임차트를 그리시오. 단 타이머의 설정시간은 $t_1 = 2$초, $t_2 = 4$초이다. (전산97)

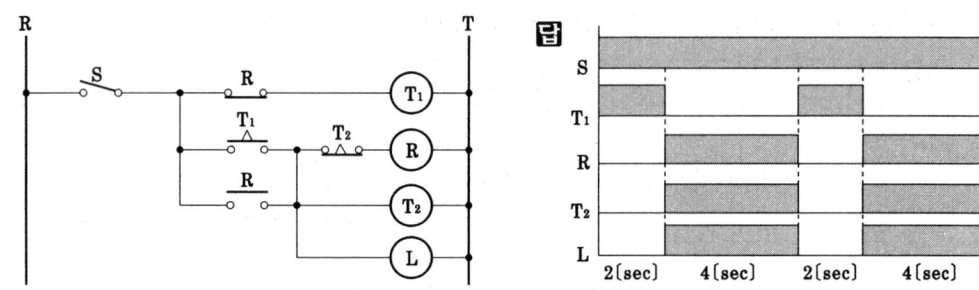

🔥 S-on하면 $T_1$여자 2초 후 R, L 동작, $T_2$ 여자, 4초 후 R, L, $T_2$ 복구, $T_1$ 여자를 S-off 때까지 반복한다.

**7** 다음 동작조건에 맞게 전등 $L_1$, $L_2$가 점멸되도록 시퀀스를 완성하시오. (공08)

(1) 배선용 차단기 CB를 on하면 전등 $L_1$이 점등된다. 이때 버튼 스위치 BS를 눌렀다 놓으면 소등된다.
(2) 타이머 $T_1$의 설정시간 후 $L_1$ $L_2$가 점등되고 $T_2$의 설정시간 후 $L_2$가 소등된다.
(3) CB를 off하면 모든 전원이 차단된다.
(4) 다음 타임차트와 접점들을 참고하여 회로를 답지의 점선 내에 결선 하시오.

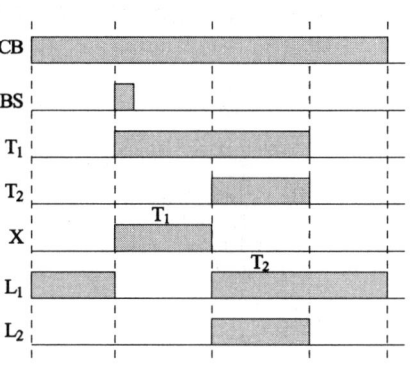

**답**

답 CB를 on하면 $L_1$이 점등된다.
BS를 눌렀다 놓으면 X 동작, $T_1$ 여자, $L_1$이 소등된다.
$t_1$초 후에 $T_2$가 여자되며, $L_2$가 점등되고 X가 복구되어 $L_1$이 점등된다.
$t_2$초 후에 $T_1$, $T_2$가 복구되며 $L_2$가 소등된다.

**8** 다음 논리식에 따라 릴레이 회로를 구성하시오. (공94)

$X_1 = (X_1 + PB \cdot \overline{X_2})\overline{T_2}$   　　　$T_1 = PB \cdot \overline{X_2} + X_1$
$X_2 = T_2 = T_1$   　　　$L = X_2$

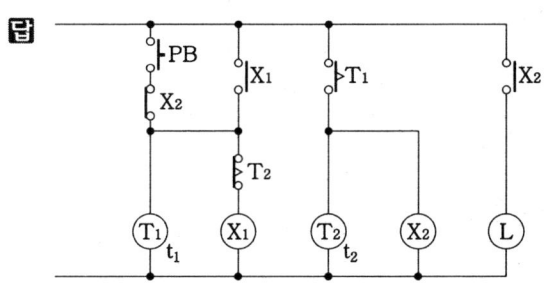

답 PB를 주면 $X_1$ 동작유지 $T_1$여자 $t_1$초 후 $X_2$ 동작 $T_2$여자 L 점등, $t_2$초 후 모두 복구한다.

**9** 각 회로의 명칭을 예와 같이 쓰고 기능을 간단히 쓰시오. (전산92, 97)
(예 AND 회로, 인터록 회로, 플립플롭회로 등)

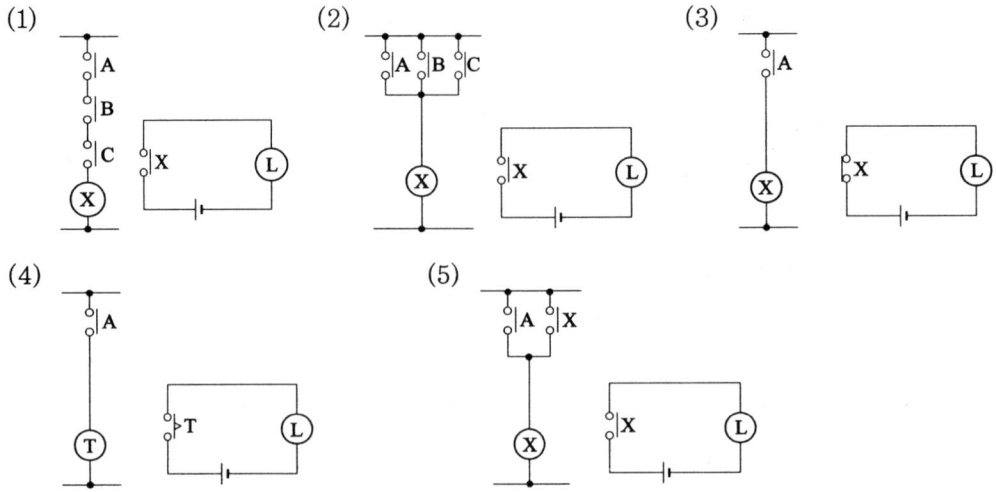

**답** (1) AND 회로 : 입력 ABC가 모두 on되면 출력이 on되는 회로
(2) OR 회로 : 입력 ABC 중 하나 이상이 on되면 출력이 on되는 회로
(3) NOT 회로 : 입력이 on되면 출력이 off되는 회로-부정회로
(4) 시한동작회로 : 입력이 on되면 일정시간이 지난 후 출력이 on되는 회로
(5) (자기)유지회로 : 입력이 on되면 출력이 on되고 입력이 off되어도 출력이 계속 on되고 있는 회로-off입력이 필요하다.

**10** 표의 접점기호를 보고 논리기호와 타임차트를 그리시오. (공92, 97, 공산95)

| 신 호 | | 접점심벌 | 논리심벌 | 동작타임차트 |
|---|---|---|---|---|
| 입력신호(코일) | | (1) Ⓣ | | |
| 시한동작 회로 | a접점 | | (2) | |
| | b접점 | | (3) | |
| 시한복귀 회로 | a접점 | | (4) | |
| | b접점 | | (5) | |
| 뒤진회로 | a접점 | | (6) | |
| | b접점 | | (7) | |

**11** 그림의 시한복귀 a접점 의 논리 심벌은? (공98, 01)

**12** 그림의 릴레이회로를 로직회로로 바꿀 때 ( )안에 알맞은 기호를 보기에서 찾아 넣으시오. (공93)

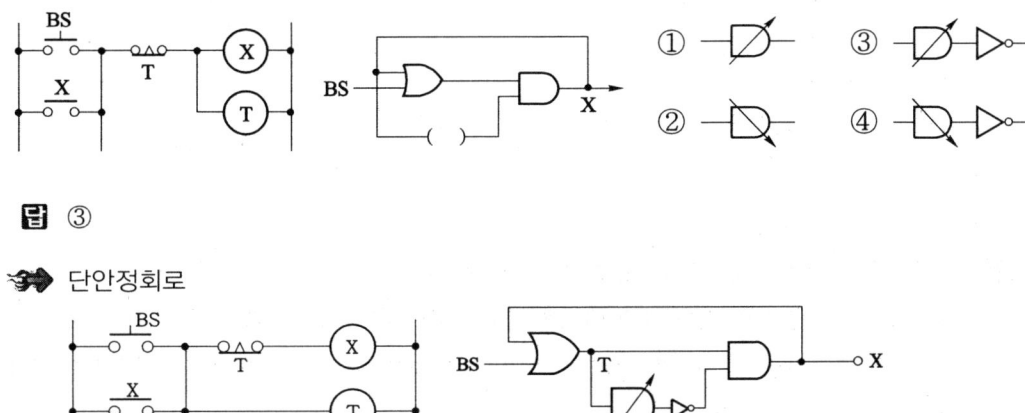

답 ③

단안정회로

**13** 회로는 압력스위치 PS를 이용한 경보회로로 PS가 닫히면 부저 BZ가 울리고 타이머에 의하여 부저가 정지한다. 릴레이회로를 완성하고 주어진 식을 쓰시오. (공산92, 02, 03)

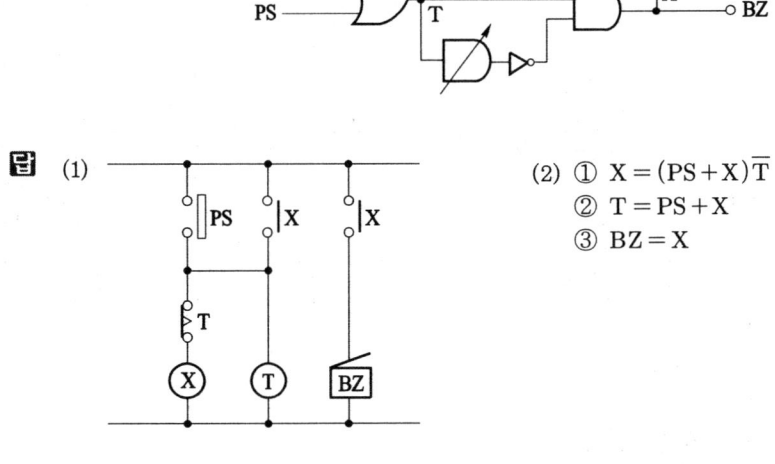

답 (1) 

(2) ① $X = (PS + X)\overline{T}$
② $T = PS + X$
③ $BZ = X$

단안정회로

**14** 그림은 BS를 눌렀다 놓으면 $t_1$초 후에 MC가 작동하고 $T_1$이 복구하며 $t_2$초 후에 MC와 $T_2$가 복구한다. A~C에 보기에서 알맞은 논리기호를 찾아 그리시오.
(공88,93, 공산94,00,06,09)

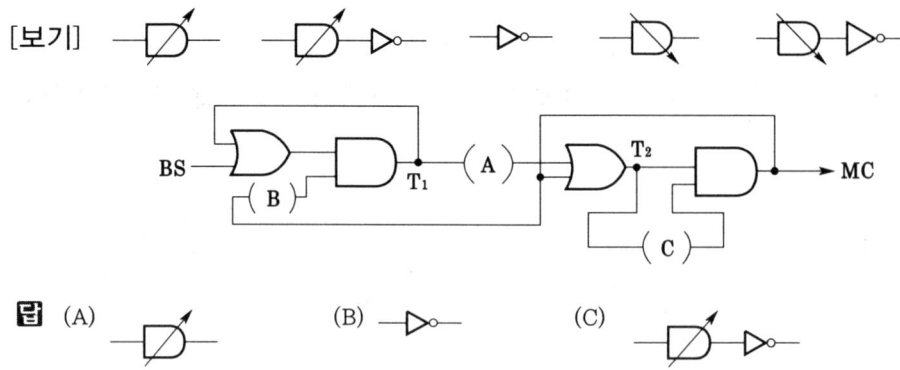

**15** 그림의 로직회로를 보고 물음의 답란을 답하시오. (공산97)
(1) PLC 시퀀스에 번지대신에 문자를 적어 넣으시오. (예 : $T_1$, MC 등)
(2) 타임차트에 X, MC를 그리시오. X는 보조릴레이, MC는 전자 접촉기이고 $t_1$=5초, $t_2$=10초로 한다.

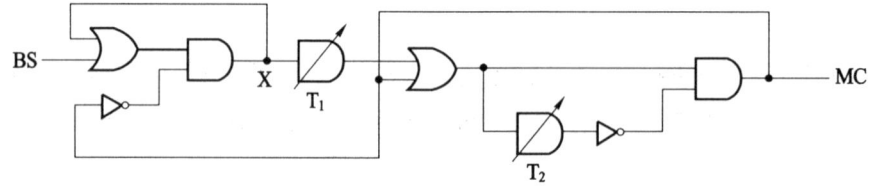

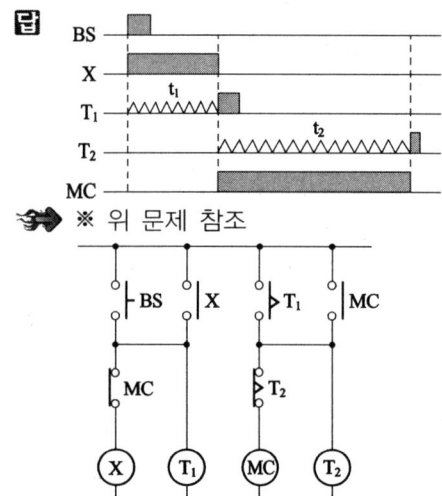

| 번지 | 명령어 | 데이터 | 번지 | 명령어 | 데이터 |
|---|---|---|---|---|---|
| 01 | LOAD | BS | 09 | LOAD | $T_1$ |
| 02 | OR | X | 10 | OR | MC |
| 03 | AND NOT | MC | 11 | AND NOT | $T_2$ |
| 04 | OUT | X | 12 | OUT | MC |
| 05 | LOAD | X | 13 | LOAD | MC |
| 06 | TMR | $T_1$ | 14 | TMR | $T_2$ |
| 07 | DATA | 50 | 15 | DATA | 100 |

**16** 그림에서 SMV는 단안정 IC 타이머 소자이고 FF는 $\overline{RS}$-latch이다. 물음에 답하시오. (공95,99,08)

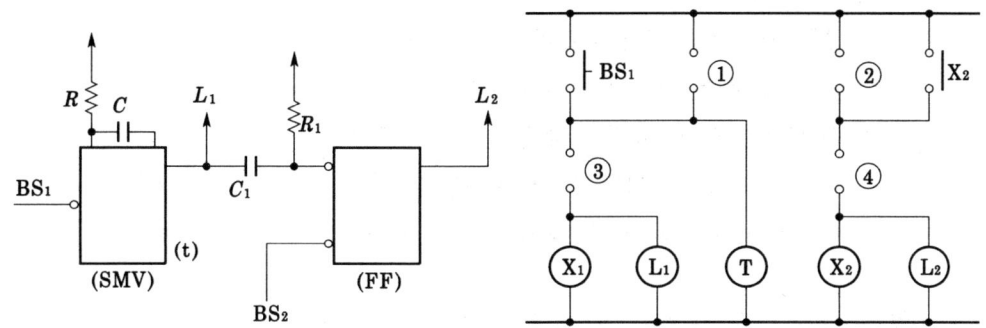

(1) $BS_1$을 ON하면 출력 $L_1$, $L_2$는 어떻게 동작 복구되는가?
   여기서, SMV의 상수는 0.7이고 CR=30초이다.
(2) $C_1$, $R_1$의 회로이름과 사용목적을 간단히 쓰시오.
(3) 이 회로와 같은 기능의 릴레이 시퀀스는 위 그림과 같다. 접점기호와 문자 기호를 적어 넣으시오. 단 타이머는 순시접점이 없고 지연접점은 독립단자로 되어있다.

**답** (1) $L_1$ : $BS_1$을 ON한 후 21초 동안 점등 후 소등
   $L_2$ : $BS_1$을 ON한 후 21초(t=0.7CR)후 점등하고 $BS_2$를 ON하면 소등
(2) 미분회로-동작안정을 위하여 L입력 트리거 펄스를 만든다.
(3)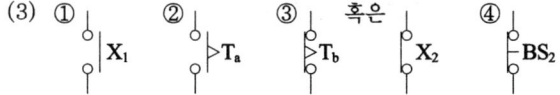

(1) 설정시간 t=0.7CR=21초
(2) 평시 FF set 입력을 H입력으로 유지하고 SMV reset 순간 FF set 입력을 L입력(펄스)으로 바꾸어 동작을 안정하게 한다.
(3) 타이머 지연접점이 독립단자로 되어 있고 로직회로 동작상 $L_1$ 소등 후 $L_2$ 점등이 되므로 Tb접점이 타당하나 $X_2$-b 접점도 가능하다.
(4) 동작 : $BS_1$을 주면 SMV가 셋하여 $L_1$이 점등한다. 21초 후 SMV가 리셋하여 $L_1$이 소등한다. 또 SMV 리셋 순간 미분회로의 L입력으로 FF가 셋하여 $L_2$가 점등한다. $BS_2$로 FF가 리셋하여 $L_2$가 소등한다.

**17** 그림의 타이머회로를 보고 물음에 답하시오. (공92)
  (1) 논리식을 각각 쓰시오.
  (2) 논리회로를 그리시오.
  (3) 회로동작을 읽고 타임차트를 완성하시오.
    ① A를 누르면 R이 동작 유지한다.
    ② 동시에 $T_1$이 여자되고 설정시간 후 $T_1$접점으로 출력이 생기고 $T_2$가 여자된다.
    ③ $T_2$ 설정시간 후 모든 회로는 복구한다.

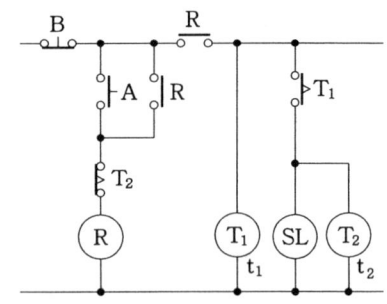

답 (1) $R = \overline{B}(A+R)\overline{T_2}$,  $T_1 = R$,  $SL = RT_1 = T_2$
    (2)

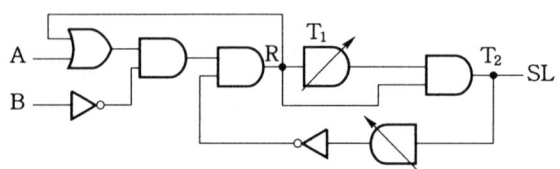

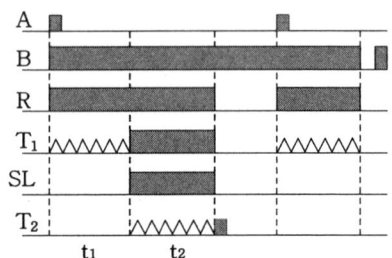

**18** 두 그림에서 출력 $Q_1$, $Q_2$의 동작시간을 예(예 : $t_1 \sim t_3$)와 같이 쓰시오. (공산94, 12) 단, FF는 $\overline{RS}$-latch이고 555는 IC 타이머 소자이다.

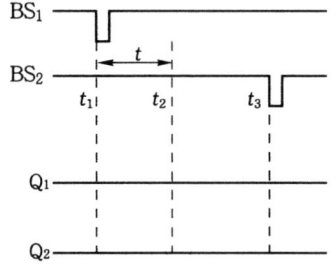

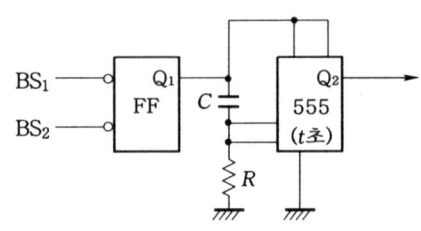

답 $Q_1$은 $t_1 \sim t_3$, $Q_2$는 $t_2 \sim t_3$

➤ $BS_1$로 FF가 셋되면 $t$초 후($t_2-t_1$)에 555가 셋된다. $t_3$초에 $BS_2$로 FF가 리셋되면 555도 리셋된다. 따라서 $Q_1$은 $t_1 \sim t_3$, $Q_2$는 $t_2 \sim t_3$ 동안 동작한다.

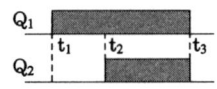

**19** 그림에서 출력($Q - Q_4$)의 타임차트를 완성하시오. (공산96)

단, FF는 $\overline{R}\overline{S}$-latch, SMV는 단안정 IC 소자이고 555는 IC 타이머 소자이다.

(1) 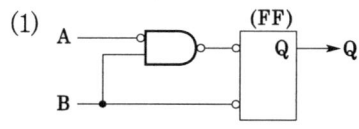　답 (1)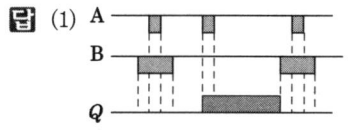

(2) 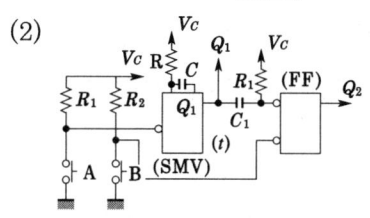　(2)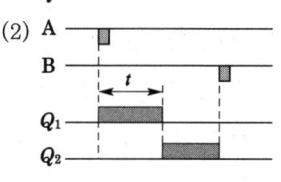

(3) 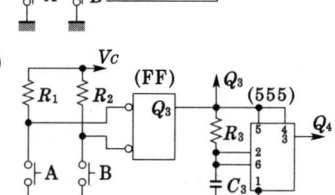　(3)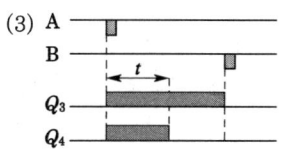

🔥 (1) A-L, B-H에서 set되고 B-L에서 reset된다.
(2) set하면 $Q_1$이 생기고 t초 후 리셋되면 FF 셋하여 $Q_2$가 생긴다.
(3) set하면 $Q_3, Q_4$가 생기고 t초 후 $Q_4$ 리셋되며 FF 리셋하면 $Q_3$이 없어진다.

**20** 다음 회로의 타임차트(출력 Q)를 완성하시오. 여기서 FF는 $\overline{R}\overline{S}$-latch 이고 SMV는 단안정 IC 소자이다. (공96)

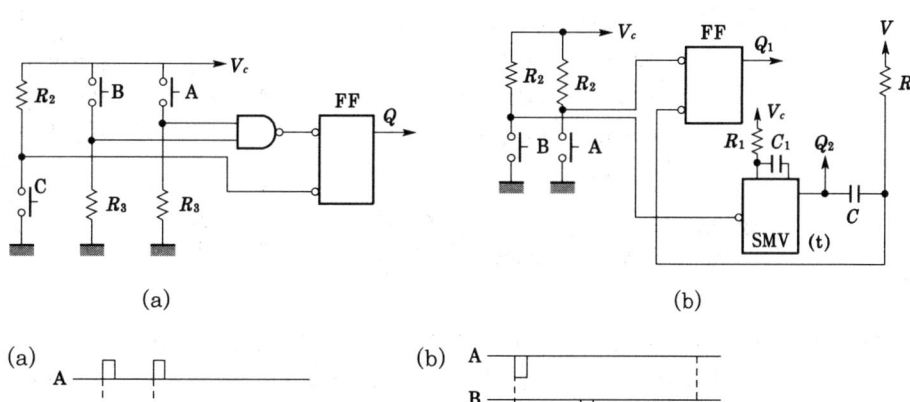

🔥 (a) A, B를 동시에 주면 NAND의 L 레벨로 FF가 Set하여 출력 Q가 생기고 L 입력 C로 리셋된다.

(b) A로 Set하면 $Q_1$이 생기고 B로 Set하면 SMV가 Set하여 t초간 $Q_2$가 생기고 자동 Reset되면 그 L 레벨로 FF도 Reset된다.

**21** 그림의 릴레이회로를 보고 GM형 PLC의 물음에 답하시오.

(1) 입출력 기구의 결선도를 완성하시오. 단 $L_1$의 직접변수는 %QX0.1.0 이다.

(2) 래더 다이어그램(LD)을 그리시오.

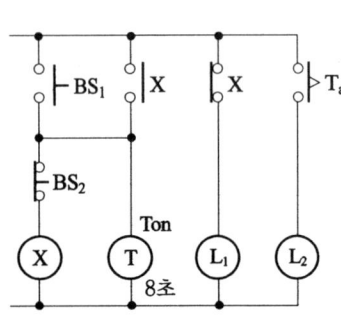
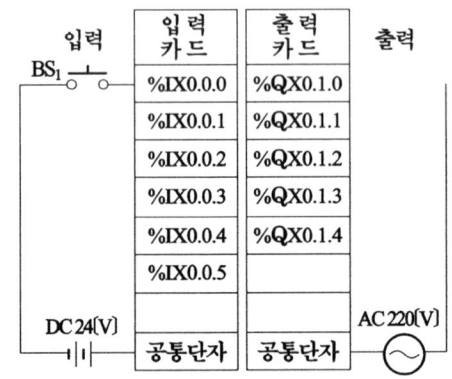

🔥 (1)

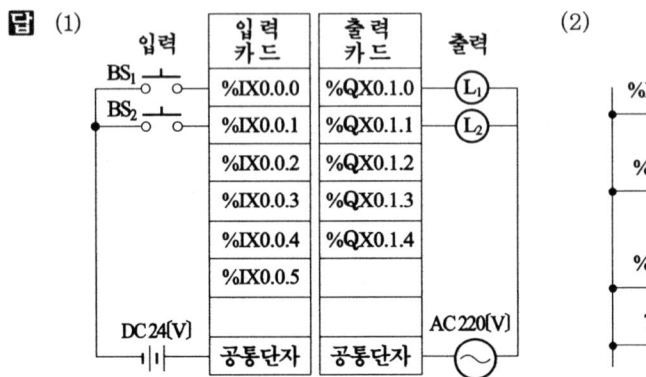

(2)

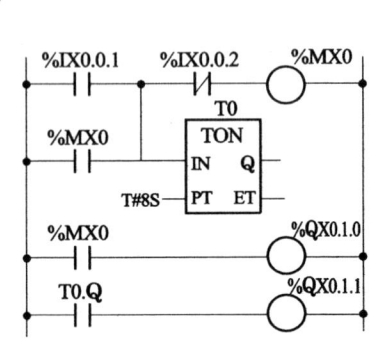

🔥 입출력 결선도는 입출력 기구만 접속하며 차례로 정하면 된다.

보조기구(내부출력) X의 직접변수는 %MX0부터이고, 타이머 T는 임의변수이므로 T, T0, 타이머, 홍길동 등 임의로 정해도 되고 그 접점은 임의변수 .Q로 해야 한다.

# 제3장
## 응용회로

# 3-1. 전동기 운전 회로

### (1) 회로구성

주회로, 제어회로, 감시회로, 경보회로 등으로 구성된다.

### (2) 제어회로

① MCB를 투입하면 정지표시램프 GL이 점등된다.
② 기동입력 BS₁을 주면 출력 MC가 동작유지하고 주회로의 주접점 MC가 닫혀 전동기 M이 기동 운전된다. 동시에 정지표시램프 GL이 소등되고, 운전표시램프 RL이 점등된다.
③ 정지입력 BS₂를 주면 출력 MC가 복구하여 주회로의 MC가 열려 전동기 M이 정지한다. 동시에 GL이 점등되고 RL이 소등된다.
④ 운전중 과전류 등 고장전류가 흐르면 Thr이 트립된다. b접점으로 MC와 전동기를 복구시키고 a접점으로 경보표시램프 OL이 점등되고 경보부저 BZ가 울리며 GL이 점등된다. BS₃을 주면 X가 동작하고 BZ가 정지한다. 고장이 회복되어 Thr이 자동 복귀하거나 수동 복귀시키면 a접점으로 X가 복구하며 OL이 소등된다. 동시에 b접점으로 제어회로에 전원 공급을 준비한다. GL은 계속 점등된다. 여기서 ★GL이 논리상 맞다.

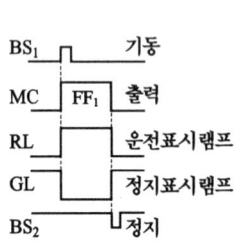
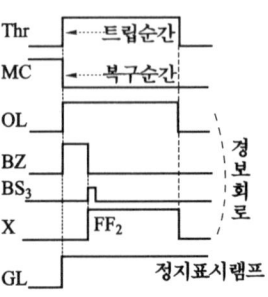

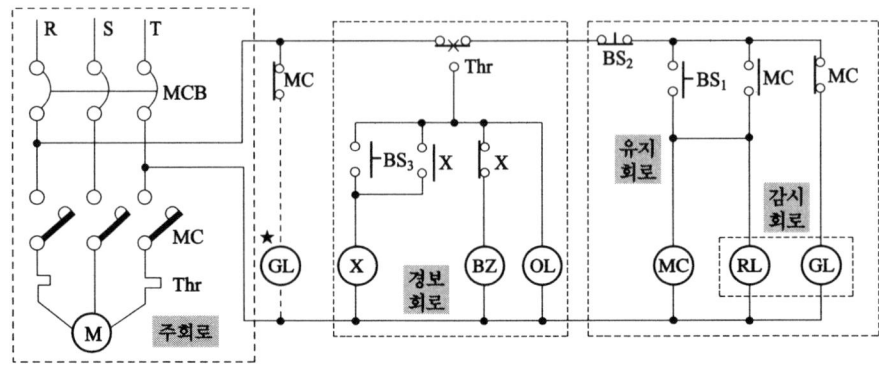

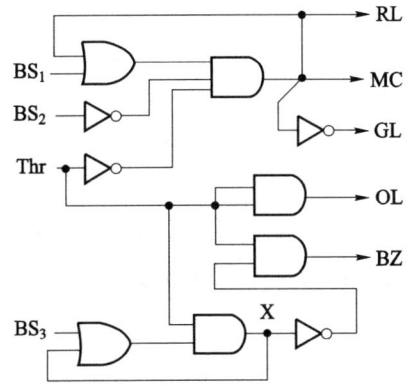

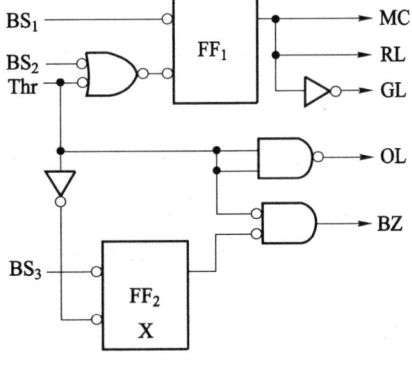

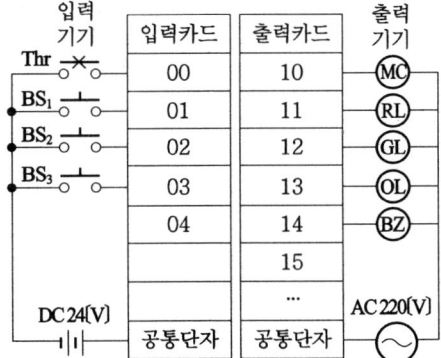

〈입출력 회로 접속〉

〈K형 래더 회로〉

| 스탭 | 명령 | 번지 |
|---|---|---|
| 0 | LOAD | P001 |
| 1 | OR | P010 |
| 2 | AND NOT | P000 |
| 3 | AND NOT | P002 |
| 4 | OUT | P010 |
| 5 | OUT | P011 |
| 6 | LOAD NOT | P010 |
| 7 | OUT | P012 |

| 스탭 | 명령 | 번지 |
|---|---|---|
| 8 | LOAD | P000 |
| 9 | OUT | P013 |
| 10 | AND NOT | M000 |
| 11 | OUT | P014 |
| 12 | LOAD | P003 |
| 13 | OR | M000 |
| 14 | AND | P000 |
| 15 | OUT | M000 |

# 3-1. 전동기 운전 회로 과년도 출제 문제

**1** 아래 동작 설명에 맞은 릴레이회로를 그리고 Thr을 제외한 MC의 논리식과 논리회로를 나타내시오. (전89, 95)

(1) 전자 개폐기 MC로 전동기 M을 제어한다.
(2) PB₁을 ON하면 MC가 동작한 후 자기 유지되고 PB₂에 의하여 정지된다.
(3) 과전류가 흐르면 열동 계전기 Thr에 의하여 전동기가 정지된다.

**답**

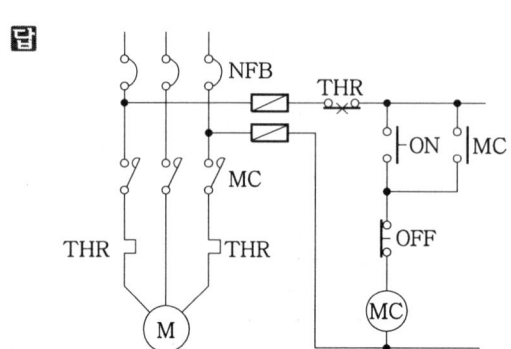 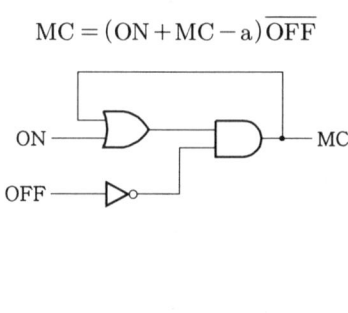

**2** 그림의 접점기호의 명칭은 수동복귀 접점이다. 이 접점의 동작상태를 상세히 설명하시오.
(전산94)

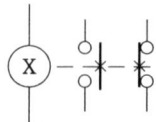

**답** 열동계전기 X(Thr)가 여자되면 a접점은 순시에 닫히고 b접점은 순시에 열린다. 열동계전기 X(Thr)가 무여자되면 접점은 수동 복귀시킨다(자동 복귀 되는 것도 있다).

**3** 그림은 전자개폐기 MC에 의한 시퀀스 회로를 개략적으로 그린 배선도이다. 물음에 답하시오. (전90, 00, 04, 06, 10)

(1) MC의 보조접점을 사용하여 자기유지가 되는 릴레이 시퀀스를 작성하시오.
(2) 시간 $t_3$에 열동 계전기가 작동하고 시간 $t_4$에서 수동으로 복귀한다. 이때의 동작을 타임차트로 표시하시오.

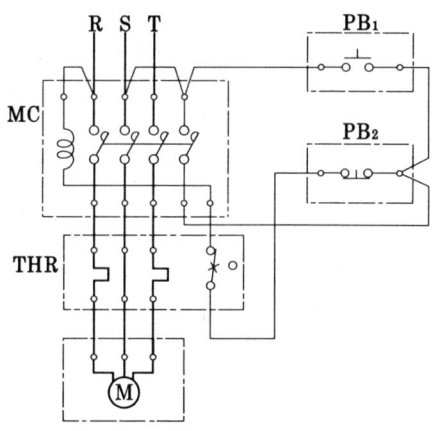

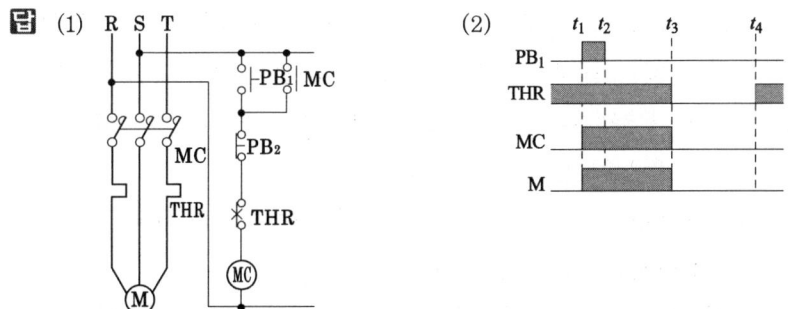

**4** 그림은 3상 유도전동기의 미완성 운전회로이다. 물음에 답하시오. (전97, 02)
(1) 점선 내에 전원표시가 되도록 전원표시용 파일럿 램프를 넣으시오.
(2) 점선 내에 운전용 RL 램프, 정지용 GL 램프를 넣으시오.

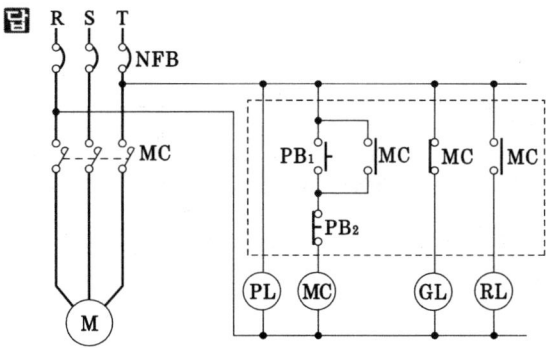

**5** 답지의 그림은 농형 유도전동기의 직입 기동회로이다. 미완성 부분 ①~⑤까지를 완성하시오. (전산95)

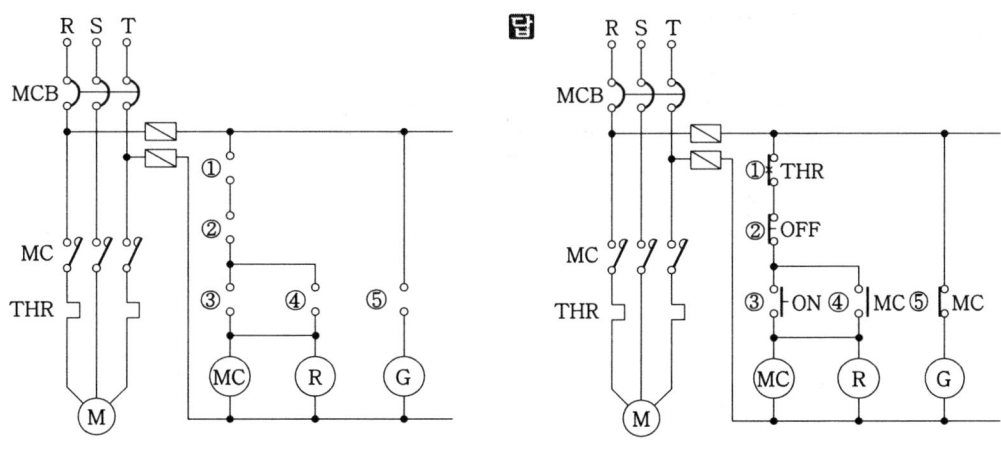

**112**  3장 응용 회로

**6** (1) 도면의 로직회로를 보고 답지의 시퀀스를 완성하고 출력식을 쓰시오.
   (2) 다음 요구사항에 따른 동작이 되도록 회로의 미완성 부분(①~⑥)에 그림기호와 문자기호를 그려 시퀀스를 완성하시오. (전산96, 공산92,93,12)
   · 전원스위치 KS를 넣으면 GL이 점등된다.
   · 누름 버튼스위치를 ON하면 MC가 동작하여 전동기는 운전되고 MC의 보조접점으로 GL은 소등되고 RL은 점등된다.
   · 버튼스위치를 ON에서 손을 떼어도 MC는 계속 동작하여 전동기의 운전은 계속된다.
   · 버튼스위치를 OFF하면 MC와 전동기는 정지, RL은 소등, GL은 점등된다.
   · 전동기 운전 중 사고로 과전류가 흘러 열동계전기가 동작되면 모든 제어회로의 전원이 차단되고 OL이 점등된다.

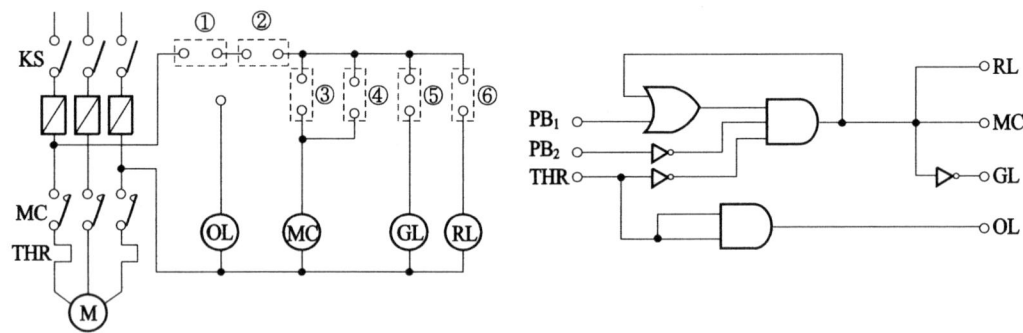

**답** (1) $MC = (PB_1 + MC)\overline{PB_2}\overline{THR}$, $RL = MC$, $GL = \overline{MC}$, $OL = THR$

(2)

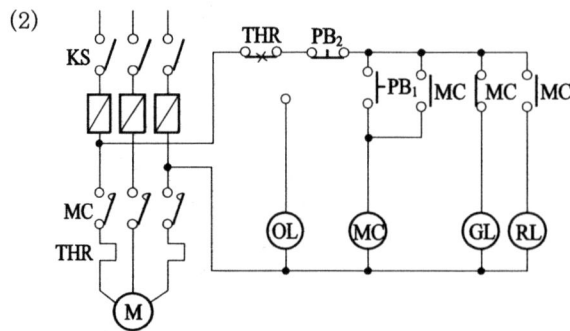

**7** 그림은 전동기 기동 제어회로이다. 물음의 (  )에 적당한 것을 보기에서 골라 넣으시오 (중복 가함). (공산10)

(1) MCCB를 투입하면 램프 (   )이 점등한다.
(2) 스위치 PB₁을 누르면 MC가 (   )되어 주접점 (   )가 닫혀 전동기 Ⓜ이 기동한다.
(3) 이때 램프 (   )은 점등되고 (   )은 소등된다.
(4) 전동기 운전 중 PB₀을 누르면 MC가 (   )되어 주접점 (   )가 복구하고 전동기 Ⓜ이 정지한다.
(5) 전동기 운전 중 과전류 등의 고장전류가 흐르면 (   )이 트립되어 전동기 Ⓜ이 (   )한다.
(6) 도면에서 접점 ①은 (   )기능이다.
(7) Thr 접점의 명칭은 (   )이고 MC의 명칭은 (   )이다.
(8) 기동용 스위치는 (   )이고 정지용 스위치는 (   )이다.

[보기] MC, 여자, 소자, PB₁, PB₀, M, Thr, 자기유지, 인터록, 기동, 정지, RL, GL, 점등, 소등, 릴레이, 수동복귀접점, 자동복귀접점, 전자 접촉기, 전자 계산기

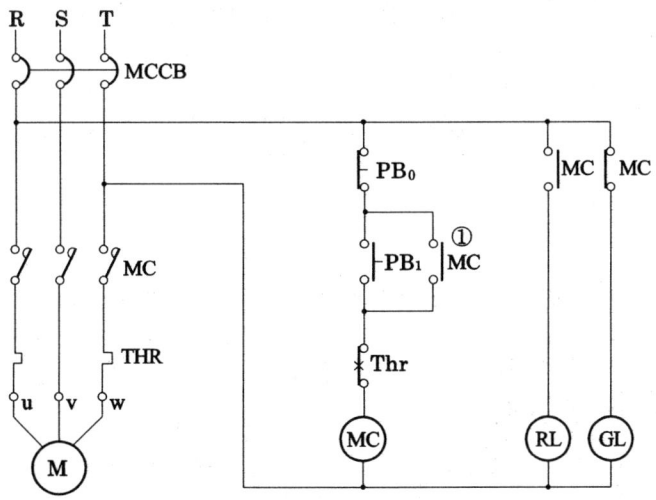

**답** (1) GL  (2) 여자(동작), MC  (3) RL, GL  (4) 소자(복구), MC
(5) Thr, 정지  (6) 자기유지  (7) 수동복귀접점, 전자 접촉기  (8) PB₁, PB₀

🐝 일반적으로 운전표시램프 RL, 정지표시램프 GL로 표시한다.
Thr은 일반적으로 전압선 앞자리에 결선하며 자동복귀접점도 있다.

**8** 보기를 이용하여 유도전동기의 직입 기동 주회로 및 릴레이 시퀀스를 그리시오. 운전 중에 녹색표시등이 점등되고 과부하시 열동 계전기가 동작할 때 벨과 적색표시등으로 경보회로를 그리시오. (전산88, 97, 00)

[보기] M : 전동기,   MC : 전자개폐기(3상 주접점과 2a, 2b)
　　　 NFB : 배선용 차단기,   PB : 푸시버튼 스위치×3(정지용/기동용/경보회로용)
　　　 A : 경보 릴레이(2a, 1b),   B : 경보 정지 릴레이(1a, 1b),   ⌐▷ : 경보벨
　　　 GL : 녹색표시등,   RL : 적색표시등,   Thr : 열동계전기(1a)
※ 회로 작성상 필요하면 보조접점의 수는 증감해도 좋다.

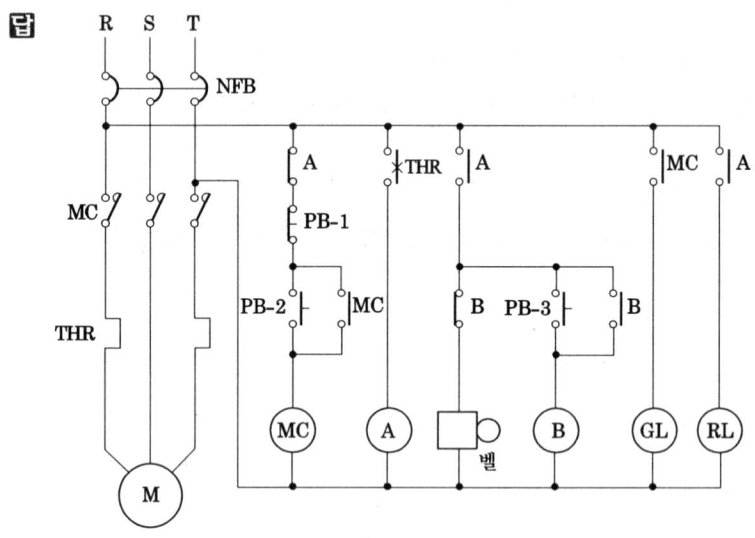

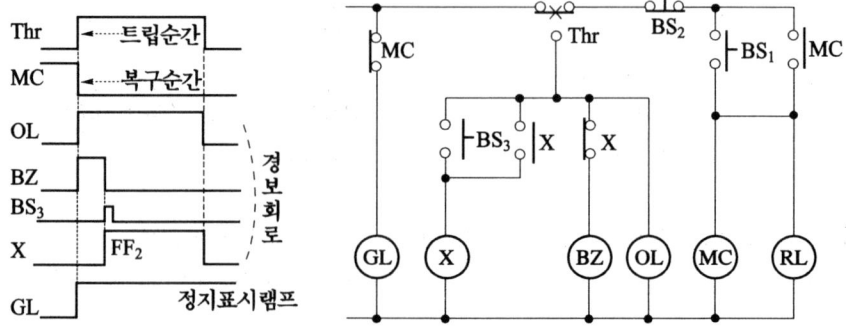 일반적으로 아래와 같이 그리며 RL, GL은 감시회로이다.

**9** 주어진 그림과 동작설명을 보고 물음에 답하시오. (전산02)

[**동작설명**] ① 버튼 스위치 PB를 누르면 릴레이 $Ry_1$이 여자되어 MC를 여자 시켜 전동기가 기동 운전되며 PB에서 손을 떼어도 전동기는 계속 운전된다.
② 다시 PB를 누르면 릴레이 $Ry_2$가 여자되어 MC가 복구하여 전동기는 정지된다.
③ 다시 PB를 누름에 따라 ①과 ②의 동작을 반복하게 된다.

(1) ㉮, ㉯의 접점이 작용하는 기능이 무슨 역할을 하는가? (단답형)
(2) 운전 중 과전류로 Thr이 트립되면 점등되는 램프는?
(3) 점선부 MC(RL제외)의 논리식을 쓰고 논리회로를 그리시오.
(4) PB가 주어진 타임차트를 완성하시오.
(5) ①②③④에 맞은 접점기호와 문자기호를 넣으시오.

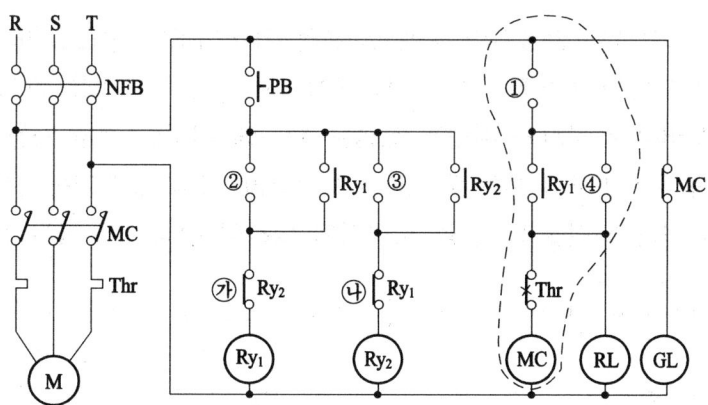

**답** (1) 인터록 회로   (2) GL램프

(3) $MC = (Ry_1 + MC)\overline{Ry_2}\,\overline{Thr}$   (4)

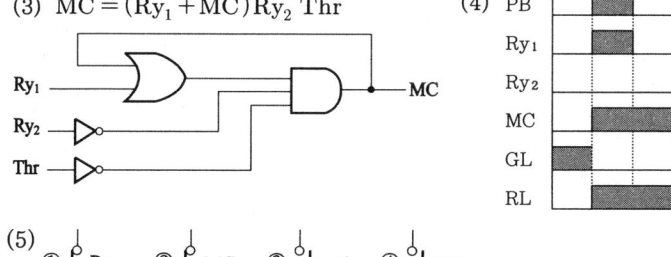

🔎 버튼 스위치 하나로 전동기의 기동과 정지가 되는 전동기 운전회로이다.
PB를 누르면-$Ry_1$↑-MC↑, RL↑-GL↓, PB를 놓으면 $Ry_1$↓
다시 PB를 누르면-$Ry_2$↑-MC↓, RL↓-GL↑, PB를 놓으면 $Ry_2$↓

**10** 송풍기용 유도전동기의 운전을 현장인 전동기 옆에서도 할 수 있고 멀리 떨어져 있는 제어실에서도 할 수 있는 시퀀스회로를 완성하시오. (전96, 전산93, 94, 98, 03, 08)

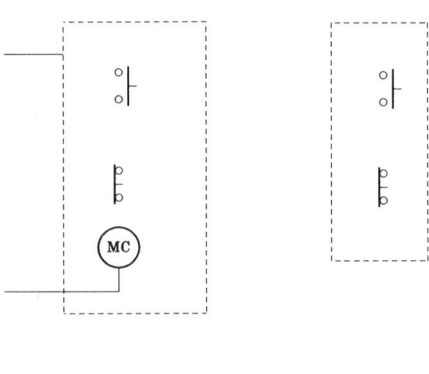

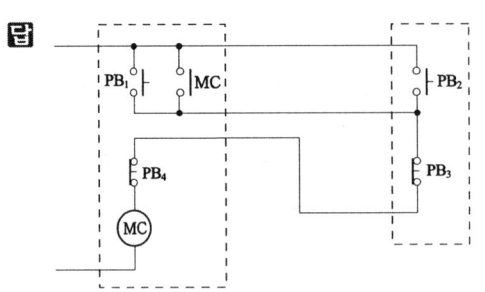

> 유지회로 : 기동스위치와 유지접점은 병렬로, 정지스위치는 직렬로 한다.

**11** 그림은 3상 유도전동기의 운전 및 촌동 제어회로의 미완성 도면이다. (공산04) 운전과 촌동이 확실하도록 도면의 점선 □ 내에 회로를 완성하시오.
- 푸시버튼 스위치와 계전기 접점은 보기에 제시한 것을 사용한다.
- 기동 푸시버튼과 촌동 푸시버튼이 동시에 조작되지 않는 것으로 한다.
- 과부하가 되었을 때 열동 계전기에 의하여 전동기가 정지되도록 한다.

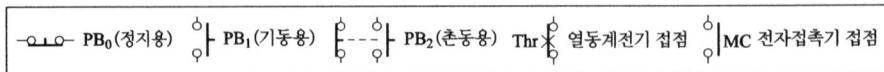

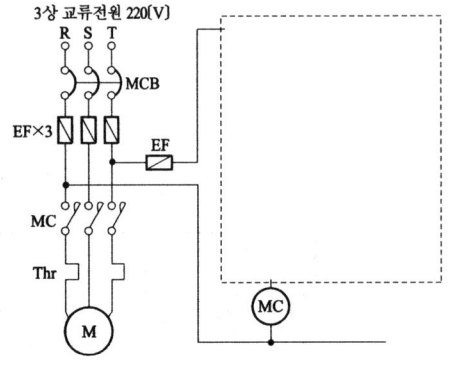
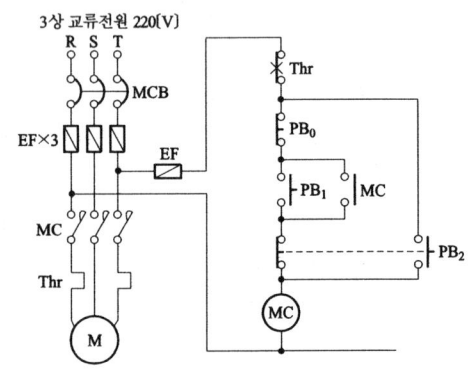

> 촌동운전
> 일순간만 전동기를 기동시키는 것. 즉 $PB_2$를 누르고 있을 때에만 전동기가 운전되는 회로이고 전동기의 회전방향 조사, 공작기계의 위치조정 등에 사용된다.
> 이 회로는 MC 유지접점으로 동작이 불안할 수 있으므로 다음 문제와 같이 보조릴레이를 사용하는 것이 안전하다.

**12** 로직회로를 보고 물음에 답하시오.
(공산10)

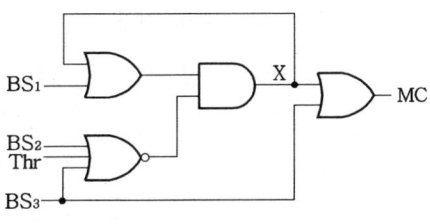

(1) 미완성 릴레이회로를 완성하시오.

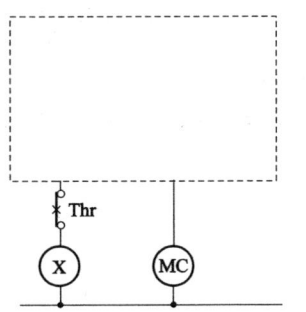

(2) Thr접점 명칭을 쓰시오.
(3) 촌동 운전이란 무엇인가?
(4) $BS_1-BS_3$ 중 촌동용 스위치는?

**답** (1)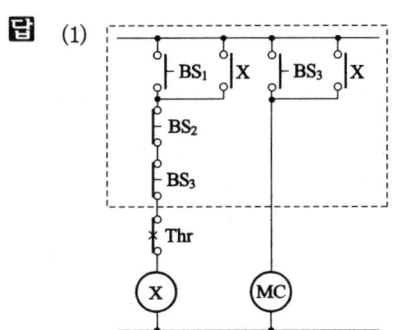

(2) 열동 계전기 b접점
(3) 촌동운전 - 일순간만 전동기를 기동시키는 것. 즉, BS를 누르고 있을 때에만 전동기가 운전되는 회로이고 전동기의 회전방향 조사, 공작 기계의 위치조정 등에 사용된다.
(4) $BS_3$

**13** 그림은 전동기 제어회로에서 정지시에 $BS_3$을 잠간 동안 눌렀다 놓으면 전동기 (MC)의 동작상태는? 또 회로이름을 쓰시오. (공93)

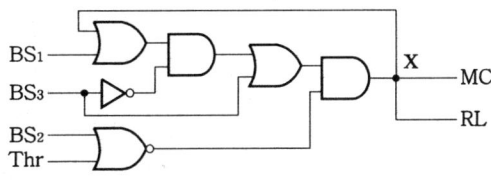

**답** $BS_3$을 누르는 동안만 동작하는 촌동 운전회로이다.

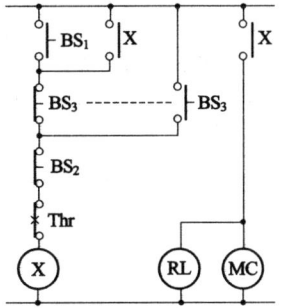

**14** ① 그림은 BS₁ 스위치를 ON 후 일정시간이 지나면 MC가 동작하여 전동기 M이 운전되는 회로이다. 전동기가 회전하면 타이머가 복구되도록 회로를 고치시오(점선①). 단, MC의 보조a접점과 b접점은 1개씩만 사용한다. (전91, 98, 12)

② 그림은 기동입력 BS₁을 준 후 일정시간이 지난 후 전동기 M이 기동 운전되는 회로의 일부이다. 전동기 M이 기동하면 릴레이 X와 타이머 T가 복구되고 램프 RL이 점등, GL이 소등되며 Thr이 트립되면 OL이 점등되도록 회로의 점선 ②부분을 아래 수정된 회로에 완성하시오. (전09, 전산94)

(단, MC의 보조접점(2a, 2b)을 모두 사용한다.)

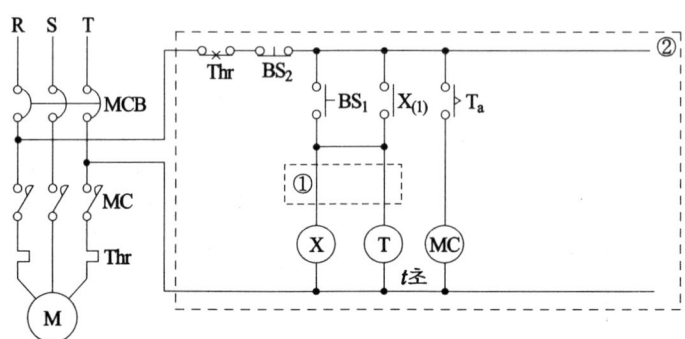

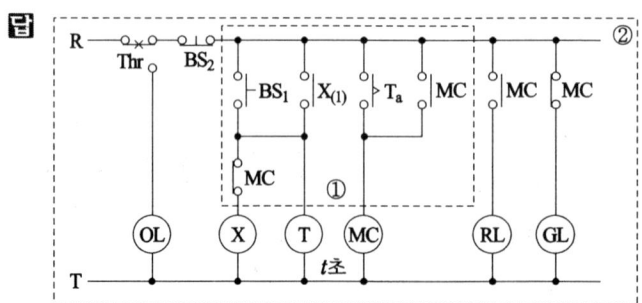

🐟 X는 T의 유지회로 기능이고 MC 작동 후 MC b접점으로 복구시키고, MC는 유지접점으로 유지시킨다.
운전표시램프 RL은 MC a접점으로 점등시키고 정지표시램프 GL은 MC b접점으로 소등시키며 고장표시램프 OL은 Thr a접점으로 점등시킨다.

**15** 아래 요구사항에 따른 동작이 되도록 회로의 미완성 부분(①~⑦)에 접점 기호를 그리시오. (전98, 09)

[요구사항]
- 전원이 투입되면 GL이 점등된다.
- 누름 버튼스위치(PB-ON)를 누르면 MC가 동작하여 전동기는 운전되고 MC의 보조접점으로 GL은 소등되고 RL은 점등된다.
- 누름 버튼스위치(PB-ON)에서 손을 떼어도 MC는 계속 동작하여 전동기의 운전은 계속된다.
- 타이머 T의 설정시간이 지나면 MC가 복구하여 전동기는 정지, RL은 소등 GL은 점등된다.
- 타이머 T의 설정시간 전이라도 누름 버튼스위치(PB-OFF)를 누르면 전동기는 정지, RL은 소등, GL은 점등된다.
- 전동기 운전 중 사고로 과전류가 흘러 열동계전기가 동작되면 모든 제어회로의 전원이 차단된다.

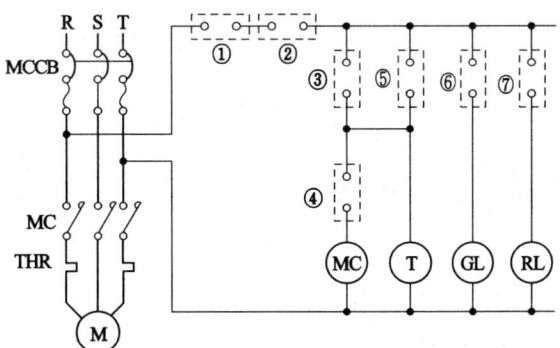

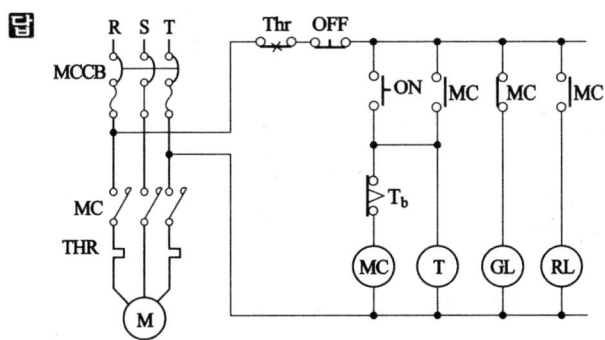

타이머 b접점 $T_b$로 MC를 복구시킨다.

**16** 그림은 전동기 시한 동작회로이다. 물음에 답하시오. (공91, 99)

(1) 답지의 타임차트를 완성하시오.
(2) 답지의 PLC 프로그램(6~12번)을 완성하시오.
(3) 답지의 무접점 회로를 완성하시오.
(4) T, M, GL, RL의 각각의 식을 쓰시오.

단, STR : 입력 a접점    STRN : 입력 b접점
　　AND : AND a접점   ANDN : AND b접점
　　OR : OR a접점     ORN : OR b접점
　　OUT : 출력        OB : 병렬 접속점
　　X : 외부입력신호   Y : 내부입력신호
　　END : 끝          W : 각 번지 끝

**답** (1)

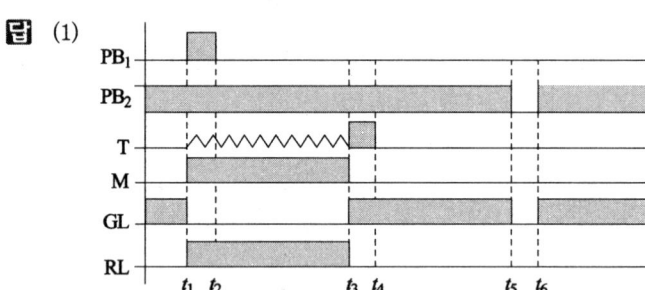

(2)

| 프로그램번지 (어드레스) | 명령어 | 번지 | 비고 | 프로그램번지 (어드레스) | 명령어 | 번지 | 비고 |
|---|---|---|---|---|---|---|---|
| 01 | STR | X PB1 | W | 08 | ANDN | Y T | W |
| 02 | STR | Y M | W | 09 | OUT | Y M | W |
| 03 | OB |  | W | 10 | STRN | Y M | W |
| 04 | OUT | Y T | W | 11 | OUT | Y GL | W |
| 05 | STR | X PB1 | W | 12 | STR | Y M | W |
| 06 | STR | Y M | W | 13 | OUT | Y RL | W |
| 07 | OB |  | W | 14 | END |  | W |

(3)

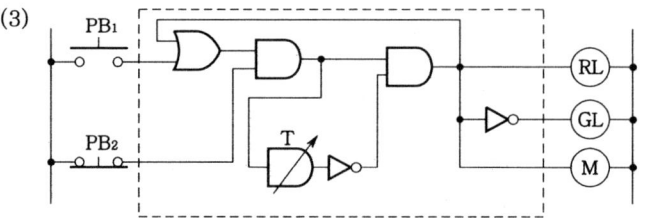

(4) $M = \overline{PB_2}(PB_1 + M)\overline{T}$　　$T = \overline{PB_2}(PB_1 + M)$, 혹은 $T = M$

$RL = M$, $GL = \overline{M}$

**17** 다음 로직시퀀스는 전동기 조작회로이다. 물음에 답하시오. (공92, 97)

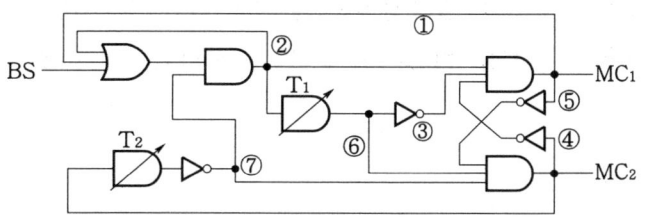

(1) 답란의 주어진 ( )안에 알맞은 번호를 그림에서 찾아 쓰시오.
   ㉠ 유지회로 접점 기능 : ( ) ( )
   ㉡ 인터록 회로 접점 기능 : ( ) ( )
   ㉢ 타이머 a접점 기능 : ( ) 및 b접점 기능 : ( ) ( )

(2) 답란에 주어진 릴레이 시퀀스를 그리고 번호 ①~⑦을 해당 접점에 표시하시오.

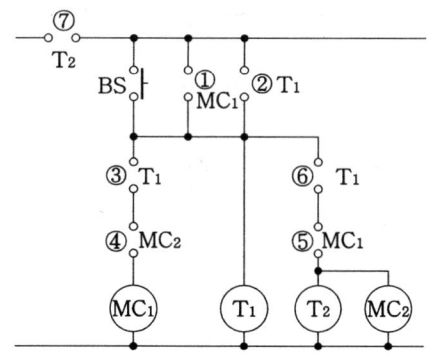

**답** (1) ㉠ : ①, ②
　　　㉡ : ④, ⑤
　　　㉢ : ⑥, ③, ⑦

(2)

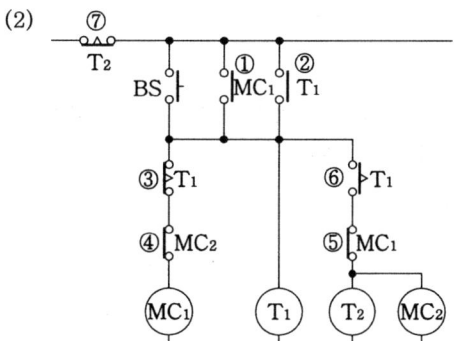

BS를 주면 $T_1$이 동작유지(타이머 순시접점②)하고 $MC_1$이 동작유지①한다.
$t_1$초 후에 $T_1$접점 ③으로 $MC_1$이 복구하고 ⑥으로 $MC_2$가 동작하고 $T_2$가 여자 된다.
$t_2$초 후에 $T_2$접점 ⑦로 $T_1$, $MC_2$, $T_2$가 복구한다. ④, ⑤는 인터록이다.

**18** 그림에서 고장표시접점 F가 닫혀있을 때는 부저 BZ가 울리나 표시등 L은 켜지지 않으며 스위치 24에 의하여 벨이 멈추는 동시에 표시등 L이 켜지도록 SCR의 gate와 스위치 등을 접속하여 회로를 완성하시오. 또한 저항이 필요하면 사용하시오. (전06,10)

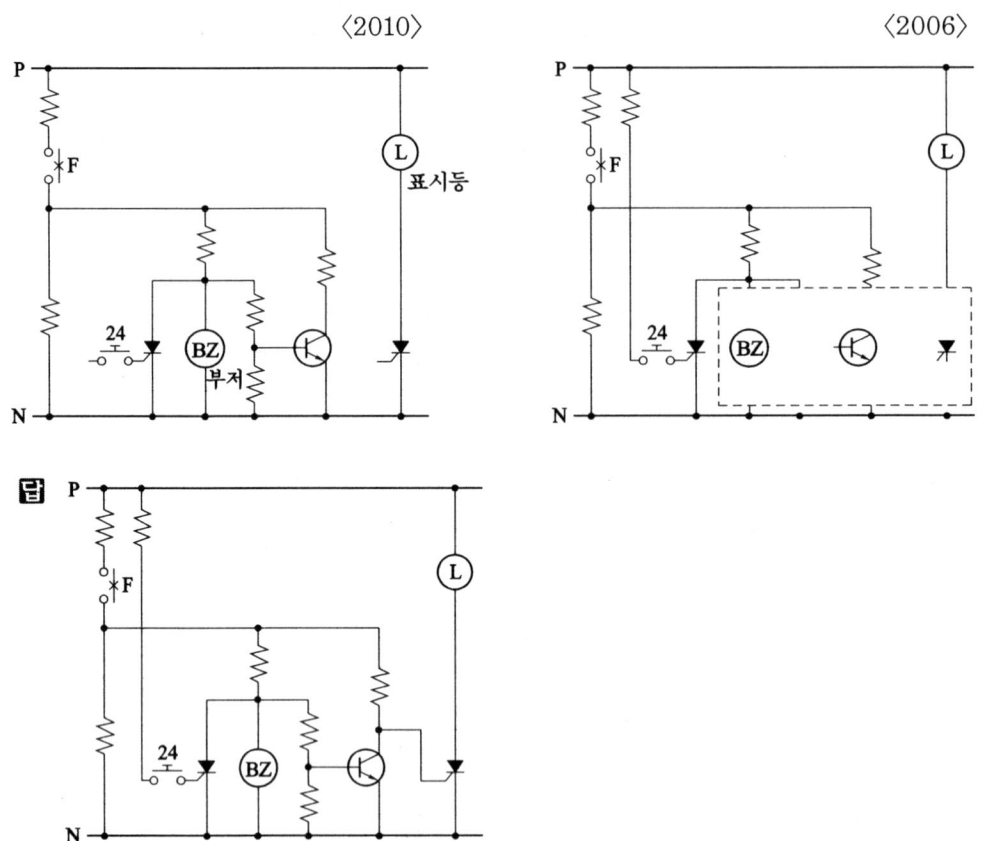

➤ 24의 트리거 펄스로 SCR이 통전하여 BZ를 단락시키고 동시에 Tr의 컬렉터 펄스로 SCR이 통전하여 램프 L이 점등한다.

# 3-2. 정·역 운전 회로

① 전동기의 정·역회전은 회전자장의 방향을 바꾸는데 MC 2개를 사용하며 인터록 회로가 필요하다.
　단상은 기동권선의 접속을 바꾸며 3상은 전원의 3단자 중 2단자의 접속을 바꾸는데 보통 R, T선의 접속을 바꾼다.

② 그림에서 $MC_1$이 동작하면 회전자장 RST의 정상으로 전동기가 정회전하고 $MC_2$가 동작하면 회전자장 TSR의 역상으로 전동기가 역회전한다.

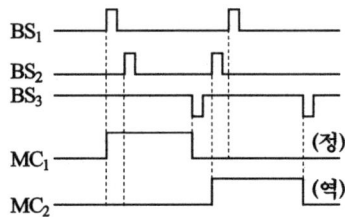

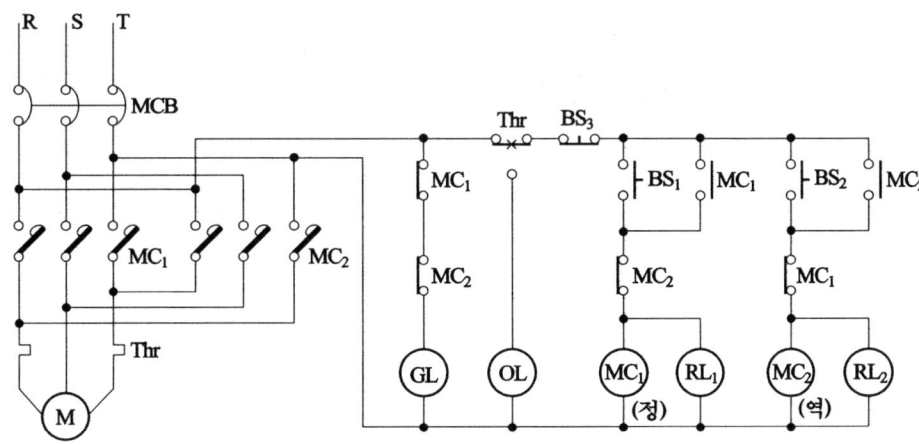

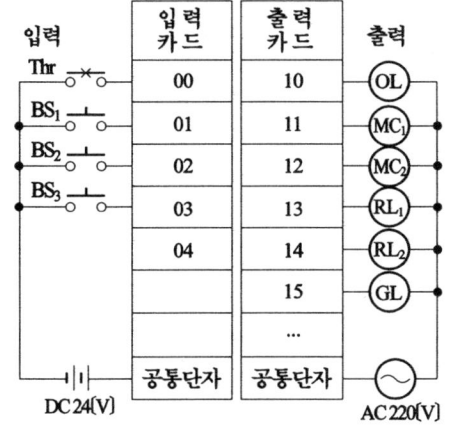

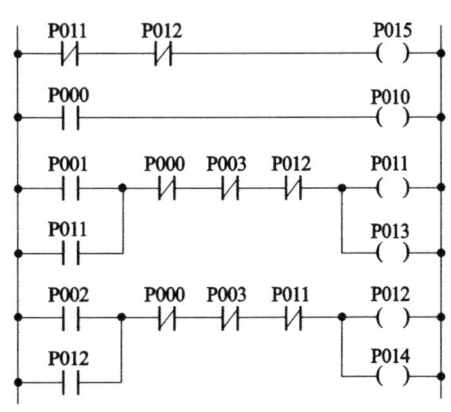

| 스텝 | 명 령 | 번지 | 스텝 | 명 령 | 번지 | 스텝 | 명 령 | 번지 |
|---|---|---|---|---|---|---|---|---|
| 0 | LOAD NOT | P011 | 7 | AND NOT | P000 | 14 | AND NOT | P000 |
| 1 | AND NOT | P012 | 8 | AND NOT | P003 | 15 | AND NOT | P003 |
| 2 | OUT | P015 | 9 | AND NOT | P012 | 16 | AND NOT | P011 |
| 3 | LOAD | P000 | 10 | OUT | P011 | 17 | OUT | P012 |
| 4 | OUT | P010 | 11 | OUT | P013 | 18 | OUT | P014 |
| 5 | LOAD | P001 | 12 | LOAD | P002 | 19 | – | |
| 6 | OR | P011 | 13 | OR | P012 | 20 | | |

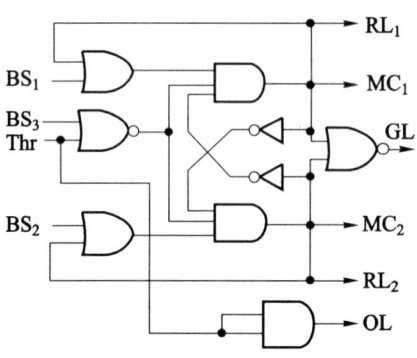
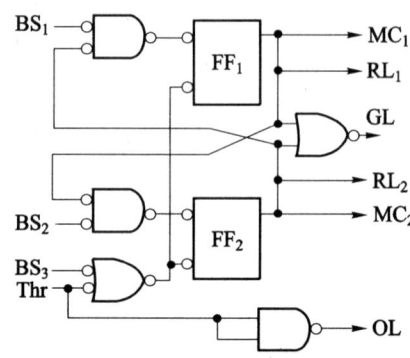

# 3-2. 정·역 운전 회로 과년도 출제 문제

**1** 그림은 3상 유도전동기의 정·역회로의 일부를 그린 것으로 출력회로 등은 생략한 것이다. 물음에 답하시오. 단 GL은 정지표시램프이다. (공95,96,99)

(1) 유지회로의 기능을 갖는 로직소자는 1~6번 중 어느 것인가? (공산96,98,01)

(2) 인터록 기능을 갖는 로직소자는 1~6번 중 어느 것인가?

(3) OL 램프가 점등중이라면 H레벨 출력이 되는 소자는 1-6번 중 3개가 있다. 1개만 써라.

(4) Thr이 작동하였을 때 H레벨 출력이 생기는 기구 2개중 1개만 써라.

(5) $MC_1$ 혹은 $MC_2$가 동작하면 GL은 소등된다. (6)의 로직기호를 그려라.

(6) $MC_1$이 동작중이다. A~G중에서 H레벨인 4곳이 있다. 1개만 써라.

(7) $BS_3$을 누르고 있을 때 C점은 H레벨인가, L레벨인가?

(8) 그림(b)에서 b는 $BS_3$, c는 Thr을 나타낸다면 a와 d는 각각 무엇을 나타내는가? 문자 기호로 표시하고 기능을 한마디로 쓰시오.

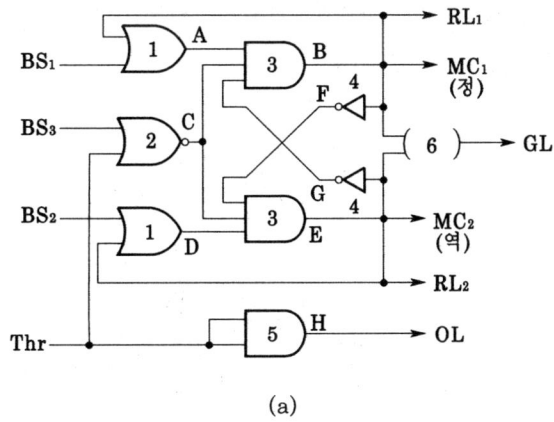

(a)

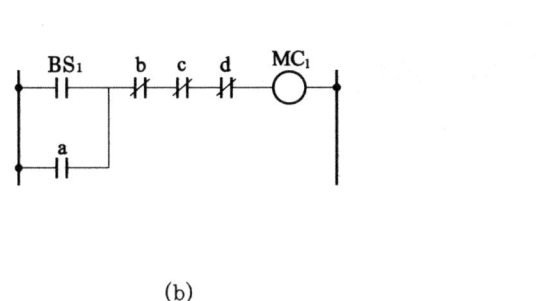

(b)

(c)

**답** (1) ①　(2) ④　(3) ⑤(④, ⑥)　(4) OL(GL)　(5) ⊐D⟩‾
(6) A, B, C, G　(7) L레벨　(8) A-MC₁, 유지, D-MC₂, 인터록

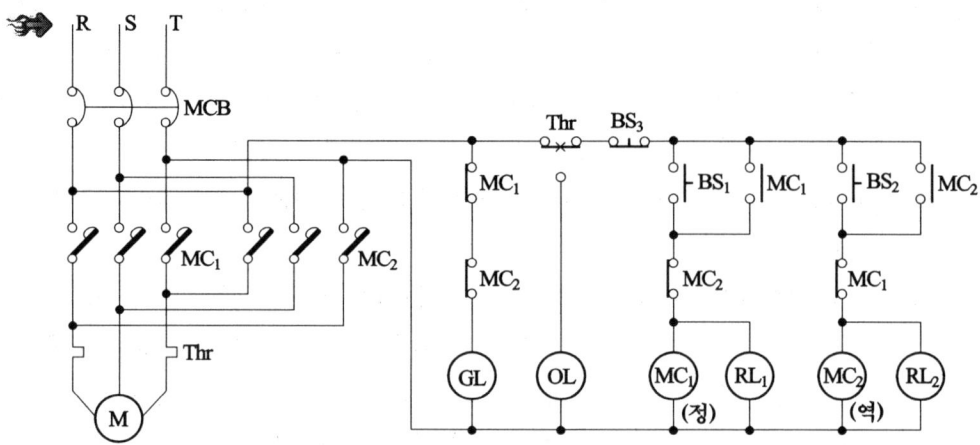

**2** 그림은 $\overline{RS}$-latch(FF) 2개를 사용한 전동기($MC_1$, $MC_2$)의 정역회로의 일부이다. $MC_2$가 동작 중에 $BS_1$이 눌려있었다. A 회로①~④의 상태표시( )의 레벨(L-접지, H-전압)을 차례로 쓰시오. (공98)

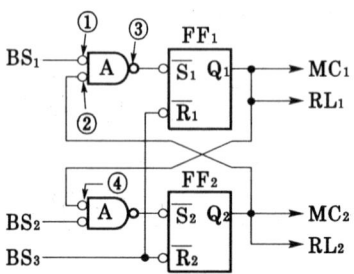

**답** 차례로 H, L, H, H

🔥 $\overline{RS}$-latch는 L입력형이고, 인터록 회로와 같다.

**3** 그림은 단상 콘덴서 전동기의 주회로이다. 회로 이름은? (공89,94, 공산94)

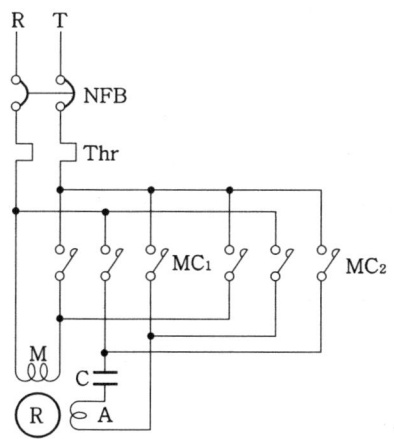

**답** 정·역 운전회로

기동(보조)권선 A의 접속을 MC₂로 변경하여 역회전시킨다. 아래 그림은 MC 1개, 릴레이 1개로 정·역 운전하는 회로의 예이다.

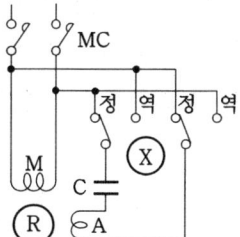

**4** 유도전동기 IM을 정·역 운전하기 위한 시퀀스를 그리고자 한다. 주어진 조건을 이용하여 회로를 그리시오. (전05)

- 기구는 누름 버튼 스위치 PBS ON 2개, OFF용 1개, 정·역전용 전자 접촉기 MCF와 MCR 각 1개, 열동 계전기 1개를 사용한다.
- 접점의 최소수를 사용하고 접점의 명칭을 쓴다.
- 과전류가 발생할 때 열동 계전기가 동작하여 전동기가 정지한다.
- 정회전과 역회전의 방향은 고려하지 않는다. 그 외는 생략한다.

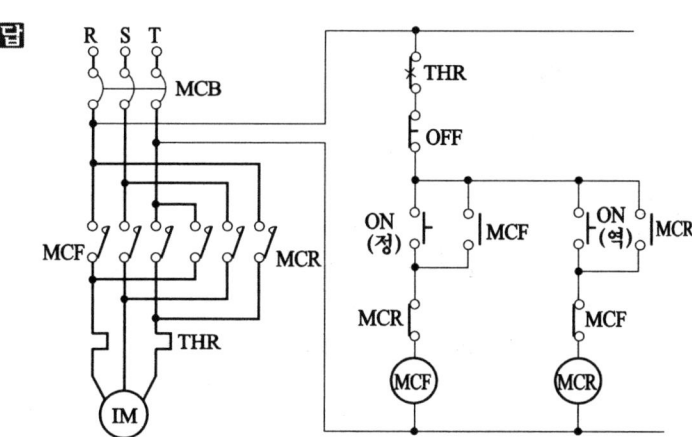

주회로는 MCR로 RT선의 접속을 바꾸고 MCB와 열동 계전기를 넣는다. 제어회로는 정역회전 유지회로 2개에 인터록 회로로 구성된다.

**5** 다음은 3상전동기의 정·역 제어회로의 동작순서와 미완성 회로도이다. 각 접점의 명칭을 기입하고 미완성 회로도를 완성하시오. (공10)

〈동작순서〉

1. 정회전 기동용 스위치 $PB_1$을 ON하면 전동기는 정회전한다(자기유지). 운전 중에는 역회전 스위치 $PB_2$를 ON해도 전동기는 역회전하지 않는다.
2. 역회전시키려면 정지용 스위치 PB-off를 눌러 정지시켜 복귀시킨 후에 역회전 스위치 $PB_2$를 누르면 된다.
3. 과부하시 Thr 작동으로 전동기 운전을 정지한다.

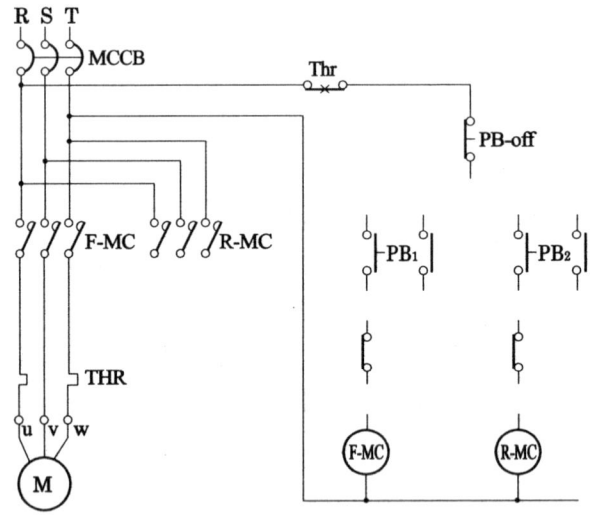

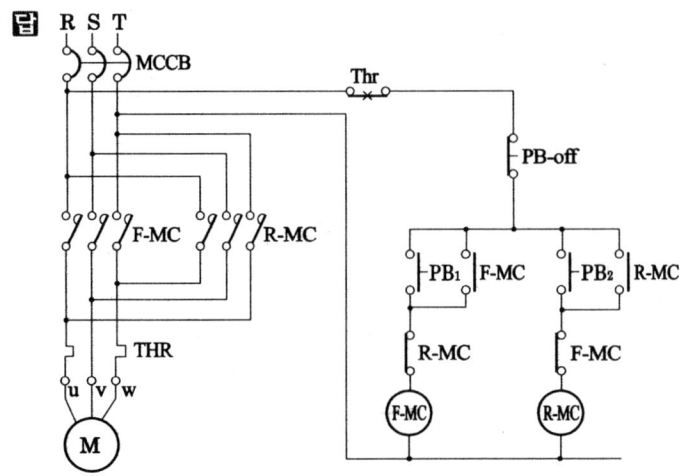

🐾 a접점은 유지용이고 b접점은 인터록이다.

**6** 아래의 그림은 전동기의 정·역 운전회로의 일부분이다. 동작설명과 미완성 도면을 이용하여 주회로와 보조회로 부분을 완성하시오. (전산98,01,05)

[동작설명]
- NFB를 투입하여 전원을 인가하면 ⓖ등이 점등되도록 한다.
- 누름 버튼 스위치 ON(정)을 ON하면 MCF가 여자되며, 이때 ⓖ등은 소등되고 ⓡ등은 점등되도록 하며 또한 전동기는 정회전한다.
- 누름 버튼 스위치 OFF를 OFF하면 전동기는 정지한다.
- 누름 버튼 스위치 ON(역)를 ON하면 MCR이 여자되며
  이때 ⓖ등은 소등되고 ⓨ등은 점등되도록 하며 또한 전동기는 역회전한다.
- 과부하시 열동계전기 49가 동작되어 b접점이 개방되어 전동기는 정지된다.

※ 위와 같은 사항으로 동작되며 특이한 사항은 MCF나 MCR 어느 하나가 여자되면 나머지 하나는 전동기가 정지 후 동작시켜야 동작이 가능하다.

※ MCF, MCR의 보조접점으로는 각각 a접점 2개, b접점 2개를 사용한다.

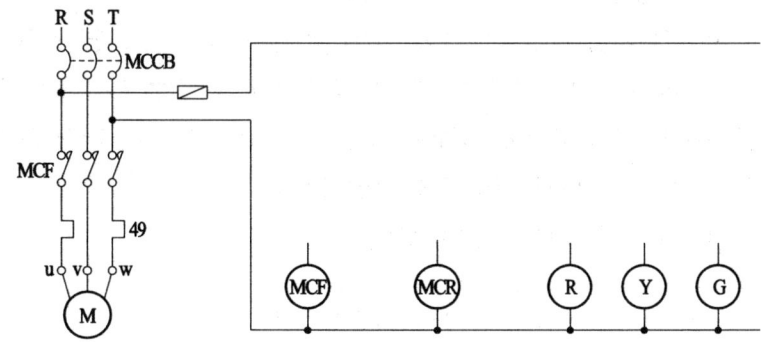

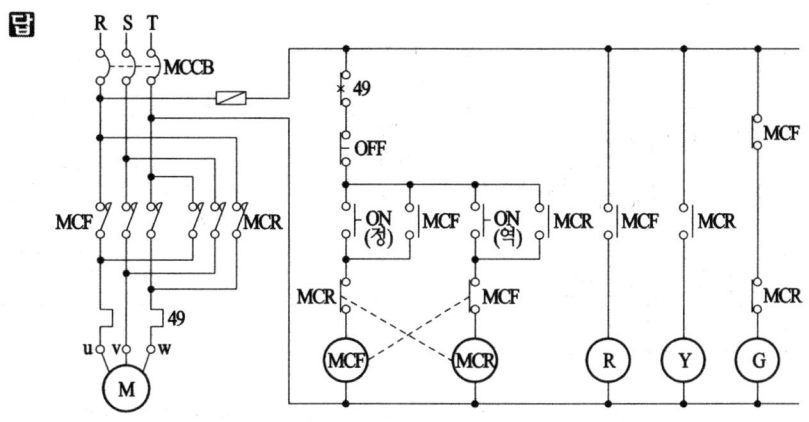

운전표시램프는 a접점, 정지표시램프는 b접점을 사용한다.

**7** 다음은 전동기의 정·역회전 회로도이다. 회로를 보고 물음에 답하라. (공10, 공산93)

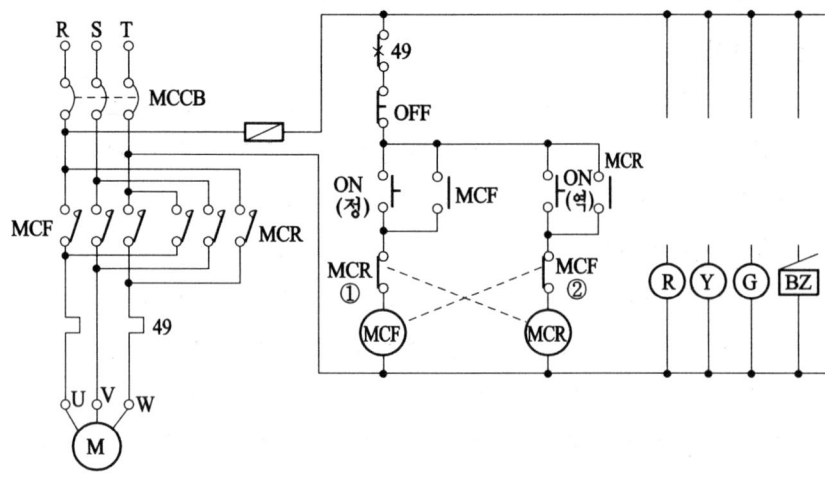

(1) ①, ②의 접점의 목적은?
(2) 49의 명칭은?
(3) 전동기 정지상태에서 ON(정), ON(역)을 동시에 누르면 전동기 회전은?
(4) 정회전에 Ⓡ, 역회전에 Ⓨ, 정 역 모두 정지시 Ⓖ램프가 동작되고 전동기가 운전 중 과전류 등의 고장에 의하여 Thr(49)가 트립되어 전동기가 정지되고 경보용 Bz가 작동되도록 문제의 회로도를 완성하시오.
(5) 답란의 타임차트를 완성하시오.

**답** (1) 정회전과 역회전의 동시투입 방지용-인터록 접점
   (2) 열동 계전기
   (3) 회전하지 않는다.
   (4)

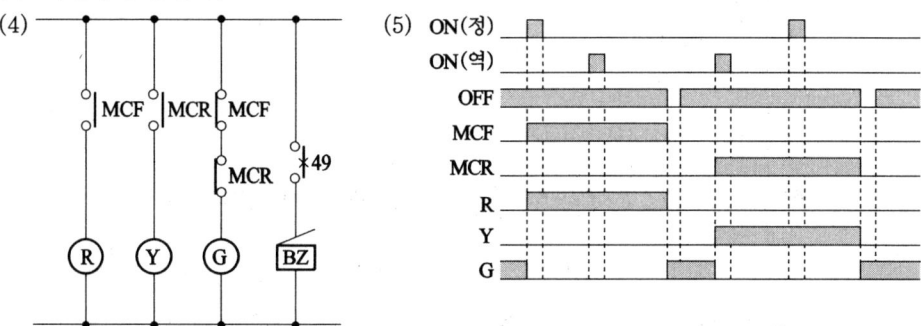

※ 운전램프는 a접점, 정지램프는 b접점, 경보용은 Thr a접점을 사용한다.

**8** 그림은 전동기의 정역 운전회로이다. 물음에 답하시오. (전93, 공01, 03)

(1) 그림에서 MCF(or MCR)가 ON일 때 실수로 MCR(or MCF)을 ON하여도 MCR(or MCF)이 ON되지 않도록 하려면 접점 ①②에 넣어야 할 접점은?

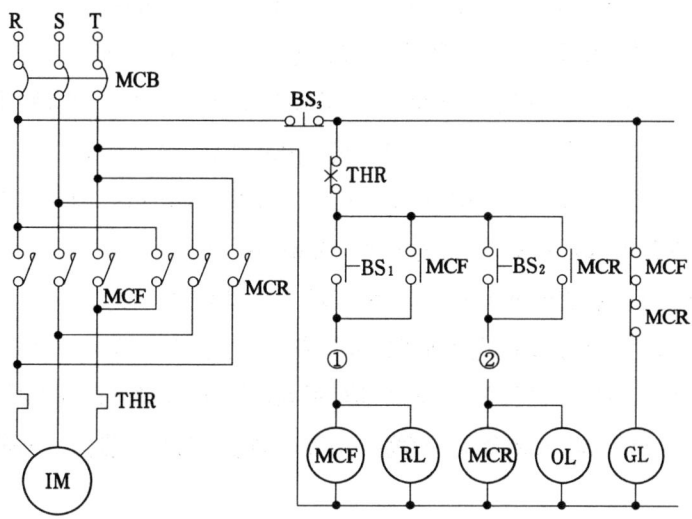

(2) MCF와 MCR의 논리식을 쓰시오.
(3) 논리회로 중 ③④를 완성하시오.

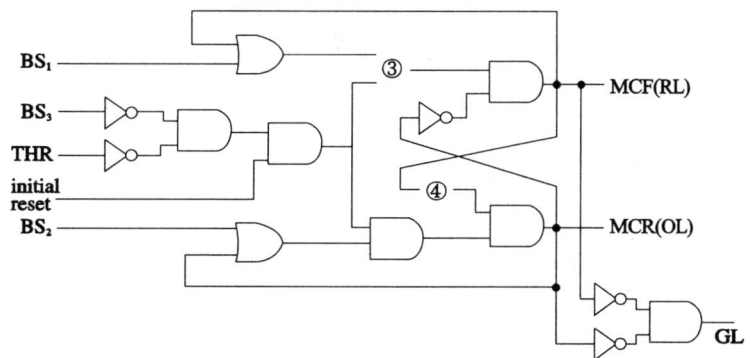

**답**

(1) ① ┤MCR   ② ┤MCF   (3) ③ ⟝AND   ④ ⟝NOT

(2) $MCF = \overline{Thr}\,\overline{BS_3}(BS_1 + MCF)\overline{MCR}$
$MCR = \overline{Thr}\,\overline{BS_3}(BS_2 + MCR)\overline{MCF}$

➤ ①, ②, ④는 인터록 논리이고 자기 b접점으로 상대회로를 차단한다.

**9** 아래의 그림은 전동기의 정·역 운전회로의 일부분이다. 동작설명과 미완성 도면을 이용하여 주회로와 보조회로 부분을 완성하시오. (전04, 08)

[동작설명]
- NFB를 투입하여 전원을 인가하면 ⓖ등이 점등되도록 한다.
- 누름 버튼 스위치 $PB_1$(정)을 ON하면 MCF가 여자되며
  이때 ⓖ등은 소등되고 ⓡ등은 점등되도록 하며 또한 전동기는 정회전한다.
- 누름 버튼 스위치 $PB_0$을 OFF하면 전동기는 정지한다.
- 누름 버튼 스위치 $PB_2$(역)를 ON하면 MCR이 여자되며, 이때 ⓖ등은 소등되고 ⓨ등은 점등되도록 하며 또한 전동기는 역회전한다.
- 과부하시 열동계전기 Thr이 동작되어 b접점이 개방되어 전동기는 정지된다.
※ 위와 같은 사항으로 동작되며 특이한 사항은 MCF나 MCR 어느 하나가 여자되면 나머지 하나는 전동기가 정지 후 동작시켜야 동작이 가능하다.
※ MCF, MCR의 보조접점으로는 각각 a접점 1개, b접점 2개를 사용한다.

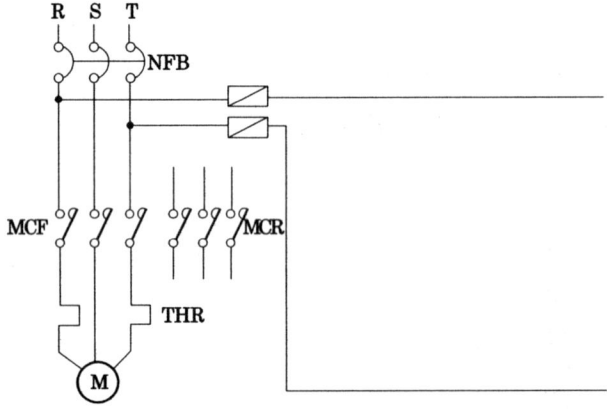

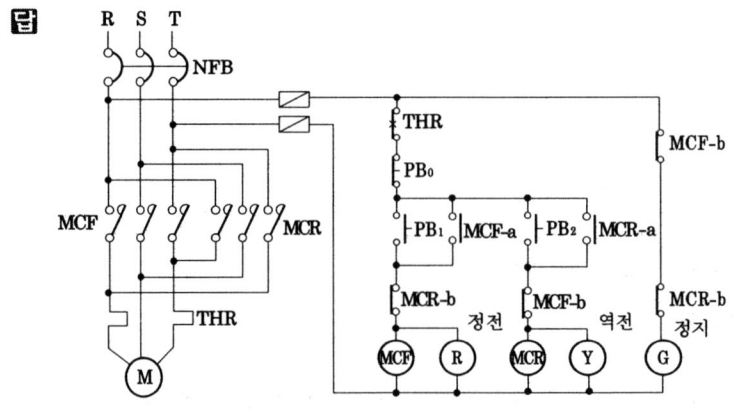

**10** 그림은 유도전동기의 정·역 운전회로의 일부이다. 주어진 조건을 이용하여 주회로와 보조회로를 완성하고 보조접점 ①, ②의 기능을 쓰시오. 단 전자 접촉기의 보조 a,b접점에는 전자접촉기의 기호도 함께 표시하시오. (전10)

[조건]
- Ⓕ는 정회전용, Ⓡ은 역회전용 전자접촉기이다.
- 정회전을 하다가 역회전을 하려면 전동기를 정지시킨 후 역회전시킨다.
- 역회전을 하다가 정회전을 하려면 전동기를 정지시킨 후 정회전시킨다.
- 정회전시 정회전용 램프 Ⓦ가 점등되고 역회전시 역회전용 램프 Ⓨ가 점등되며 정지시 정지용 램프 Ⓖ가 점등되도록 한다.
- 과부하시 전동기는 정지되고 정회전용 램프와 역회전용 램프가 소등되며 정지용 램프만 점등되도록 한다.
- 누름버튼 스위치 ON용 2개를 사용하고 전자접촉기의 보조 a접점은 F-a 1개 R-a 1개, b접점은 F-b 2개, R-b 2개를 사용한다.

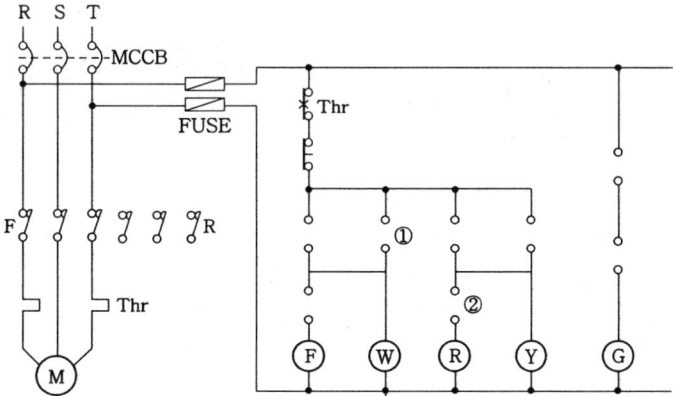

**답** ①은 유지접점, ②는 인터록접점

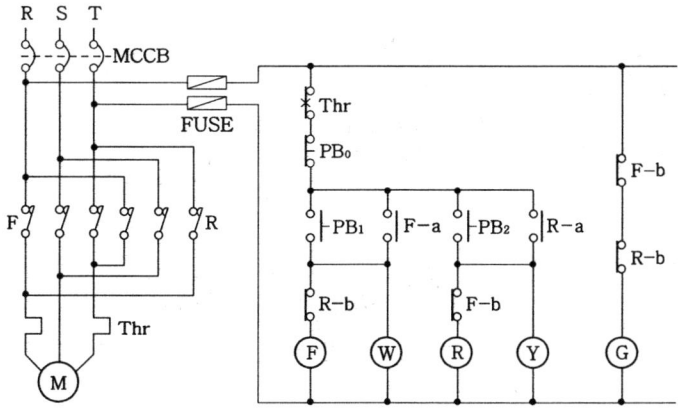

**11** 그림은 전동기의 정·역 운전회로의 일부분이다. 물음에 답하시오. (전96)
  (1) 미완성 부분 ①~⑥을 완성하고 ⑦, ⑧의 명칭을 쓰시오. (전산94,96,98, 01,05,06)
  (2) 자기유지 접점을 도면의 번호로 답하시오.
  (3) 인터록 접점을 도면의 번호로 답하고 인터록에 대하여 설명하시오.
  (4) 전동기의 과부하 보호는 무엇이 하는가?
  (5) $PB_1$을 ON하여 전동기가 정회전하고 있을 때 $PB_2$를 ON하면 전동기는 어떻게 되는가?

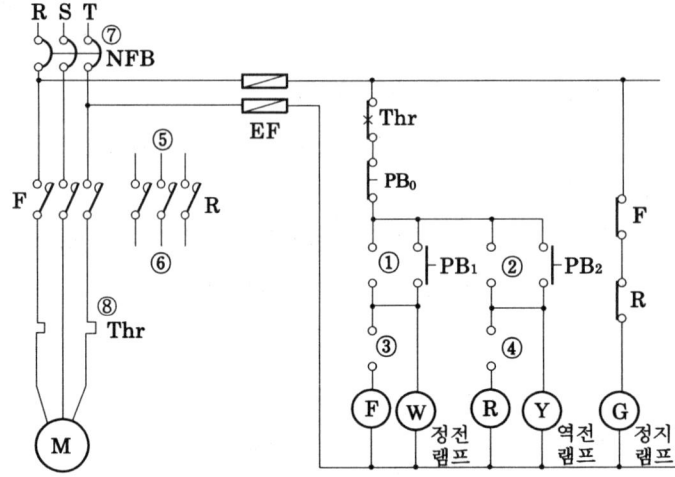

**답** (1) ⑦ 배선용 차단기  ⑧ 열동계전기  (2) ①, ②
  (3) ③, ④ F와 R의 동시동작 금지 즉 F가 먼저 동작하면 R이 동작하지 못하고, 또 R이 먼저 동작하면 F가 동작하지 못하게 하는 회로(접점)
  (4) Thr  (5) 계속 정회전 한다. (역회전 불가-인터록)

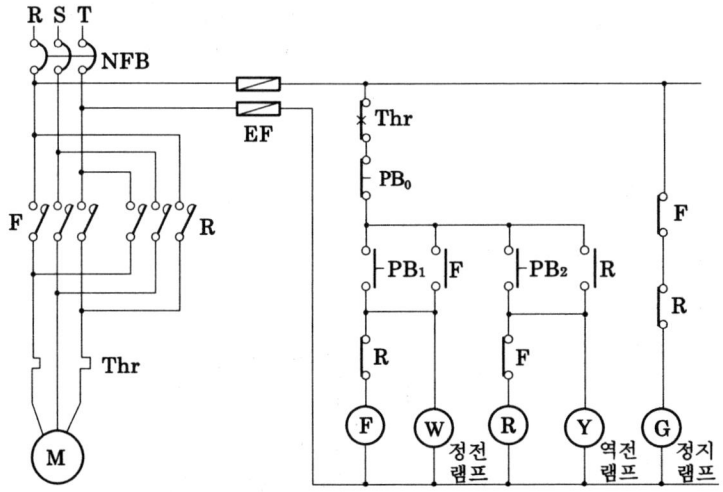

**12** 답안지의 도면은 유도전동기 M의 정·역회전 회로의 미완성 도면이다. 물음에 답하시오. 단, 주 접점 및 보조접점을 그릴 때에는 해당되는 접점의 명칭도 함께 쓰도록 한다. (전산99, 01, 05, 11)

(1) 도면의 ①, ②에 대한 우리말 명칭(기능)은 무엇인가?
(2) 정회전과 역회전이 되도록 주 회로의 미완성 부분을 완성하시오.
(3) 정·역회전이 되도록 아래 동작조건을 이용하여 보조회로를 완성하시오.

[동작조건]
- NFB를 투입한 다음
- 정회전용 버튼 스위치를 누르면 전동기 M은 정회전하고 GL 램프가 점등한다.
- 정지용 버튼 스위치를 누르면 전동기 M은 정지한다.
- 역회전용 버튼 스위치를 누르면 전동기 M은 역회전하고 RL 램프가 점등한다.
- 과부하시에는 ─o╱o─ 접점이 떨어져서 전동기가 멈추게 된다.

※ 정회전 또는 역회전 중에 회전방향을 바꾸려면 전동기를 정지시킨 다음 회전방향을 바꾸어야 한다.
※ 누름 버튼 스위치를 누르는 것은 눌렀다가 즉시 손을 떼는 것을 의미한다.

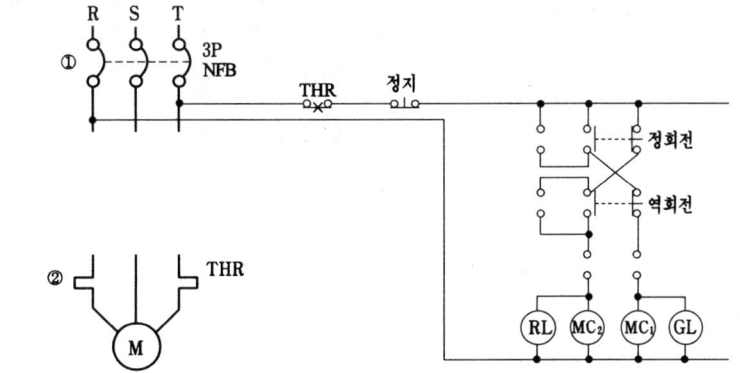

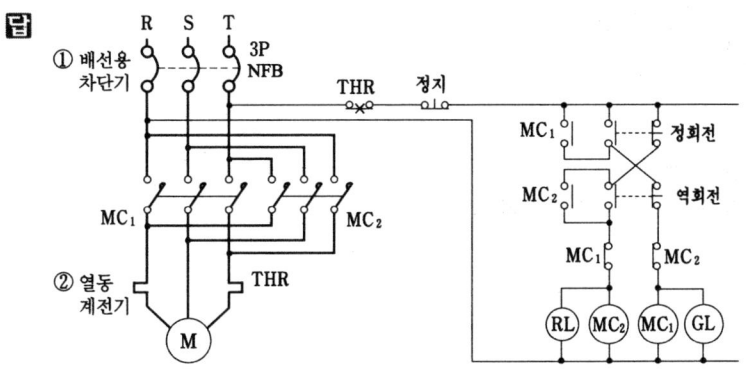

연동BS는 누르면 b접점이 열리면서 a접점이 닫힌다.

**13** 그림은 유도전동기와 2개의 전자개폐기 MS₁, MS₂를 사용하여 정회전(MS₁)과 역회전(MS₂)이 되도록 한 회로도이다. 물음에 답하시오. (전산90, 97, 11)

(1) 전동기 운전 중 버튼 스위치 Stop을 누르면 어떤 램프가 점등하는가?
(2) ①, ②번 접점의 역할이 어떤 회로라 하는지 간단한 용어로 답하시오.
(3) 전자개폐기 MS₂의 주 접점회로를 완성하시오.
(4) 주회로의 미완성 부분을 완성하시오.
(5) Thr의 명칭과 기능을 쓰시오.

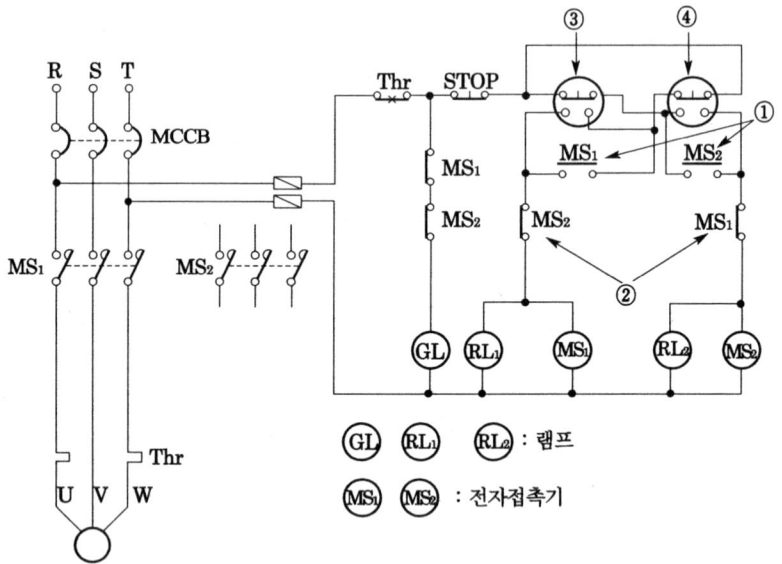

**답** (1) GL   (2) ① 자기유지, ② 인터록   (3) ③
(4)
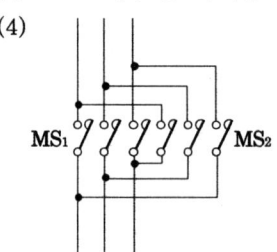

(5) 명칭 : 열동 계전기
　　용도 : 과전류로부터 전동기의 소손방지

**14** 도면은 유도전동기의 정회전, 역회전용 운전의 단선 결선도이다. 다음 각 물음에 답하시오. 단 52F와 52R은 각각 정·역회전용 전자 접촉기이다. (전91, 97, 04, 09)

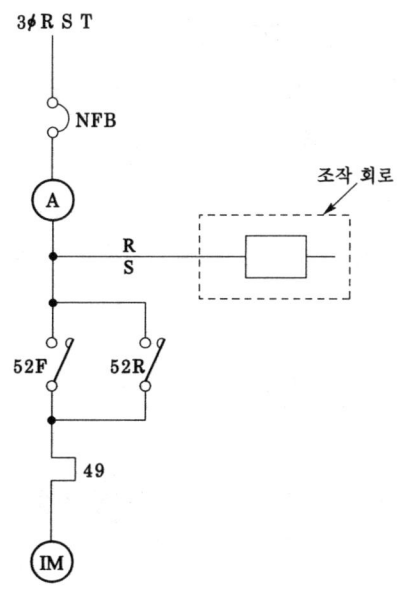

(1) 단선도를 이용하여 3선 결선도를 그리시오.
(2) 정·역회전을 할 수 있도록 조작회로를 그리시오. 단, OFF버튼 2(3)개, ON버튼 2개(연동 가능) 및 정·역회전 표시 Lamp RL, GL을 사용한다.

**답**

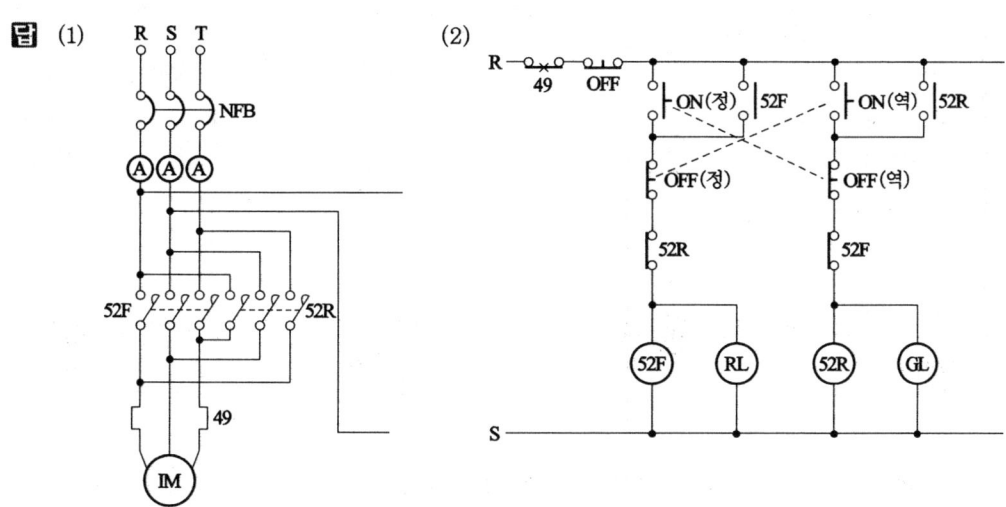

➦ 연동 BS 2개 사용의 유지회로와 2중 인터록 회로

**15** 타임차트와 같이 $BS_1$을 누르면 $MC_1$이 동작하여 전동기가 정회전한다. 연동 $BS_2$를 주면 $MC_1$이 복구하여 전동기는 정지하고 타이머 T가 여자된다. t초 후 $MC_2$가 동작하여 전동기가 역회전하며 T는 복구한다. 릴레이회로를 그리시오. 타임차트에 표시된 이외의 기구는 사용하지 않는다. (공산98)

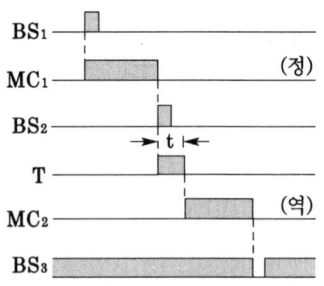

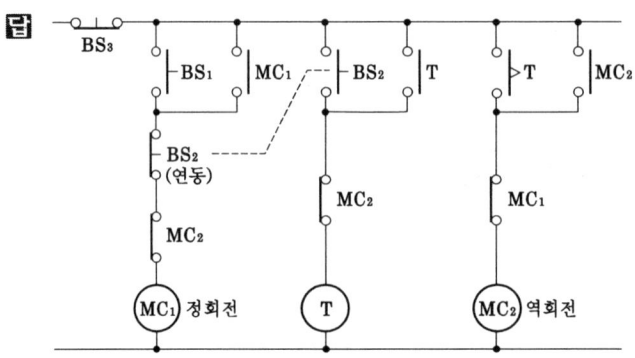

**16** 그림의 PLC 시퀀스는 전동기의 정·역 운전 회로의 일부를 그린 것으로 번지는 편의상 문자기호로 하였다. 버튼스위치 3개, MC 2개, 타이머 릴레이 1개를 사용하여 릴레이회로를 그리시오. (공98)

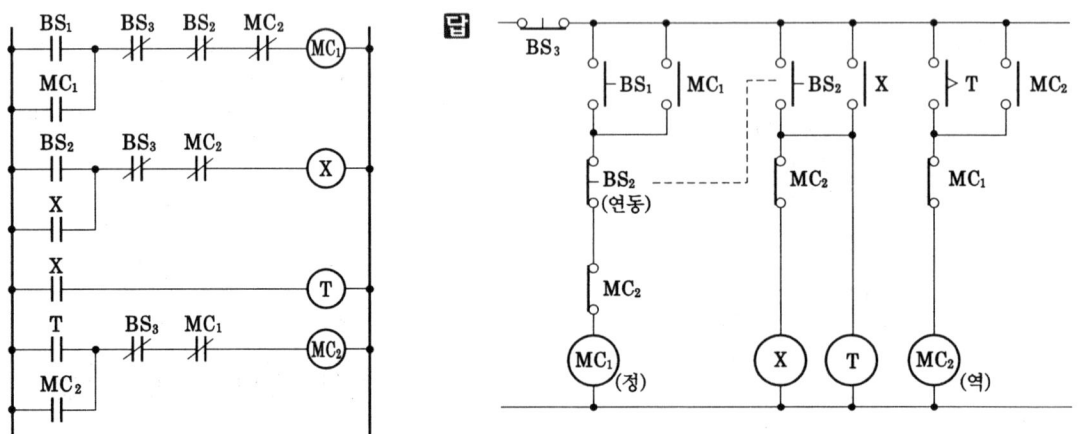

➥ 로직이나 PLC에서 타이머 유지접점이 없으므로 유지용 내부출력 X가 필요하다. 위 15번과 아래 17번 문제와 비교 참조.

**17** 그림의 로직 시퀀스는 전동기의 정·역 운전 회로의 일부를 그린 것이다. 타임차트를 그린 후 릴레이 시퀀스를 그리시오 기타는 무시한다. (공98,99)

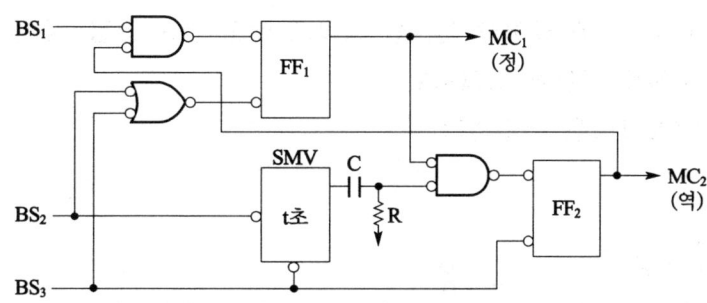

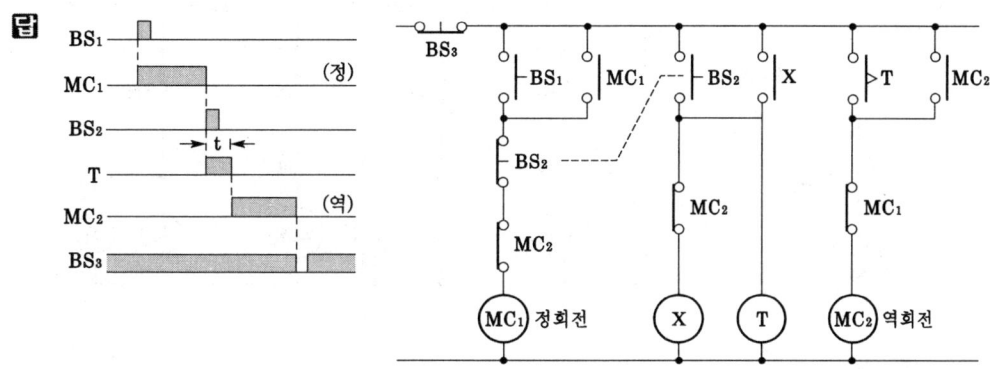

▶ 15번과 같이 보조릴레이를 생략해도 된다.(동작 설명 참조)
16번 래더 회로를 아래와 같이 해도 된다.

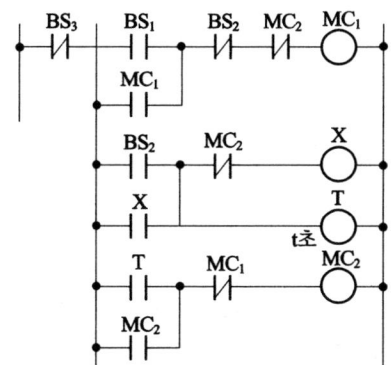

**18** 다음 회로는 전동기의 정·역 변환 시퀀스회로이다. 전동기는 기동 중 정·역을 곧바로 바꾸면 과전류와 기계적 손실이 오기 때문에 지연 타이머로 지연시간을 주도록 하였다. 물음에 답하시오. (전산98, 99, 01, 03, 05, 08)
(1) ⓐⓑⓒⓓ에 들어갈 접점을 그리고 접점 옆에 접점기호를 표시하시오.
(2) 주회로 부분을 그리시오.
(3) 약호 Thr은 무엇인가?

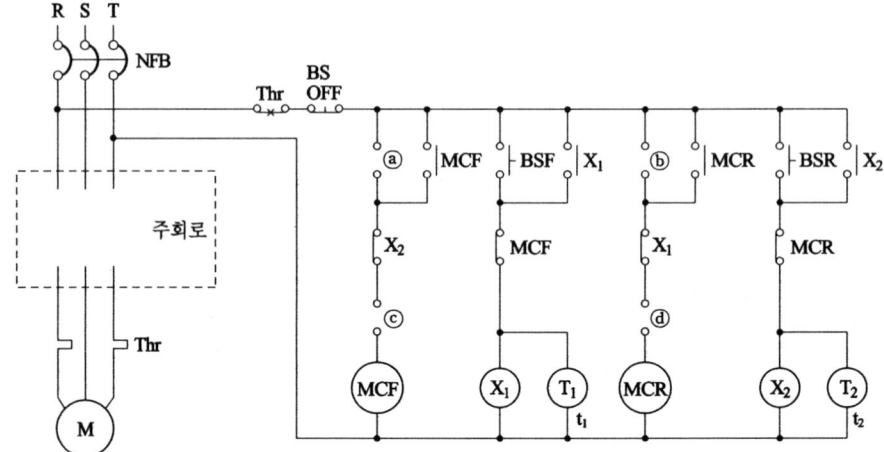

답 (1) ⓐ ─T₁   ⓑ ─T₂   ⓒ MCR-b   ⓓ MCF-b

(2)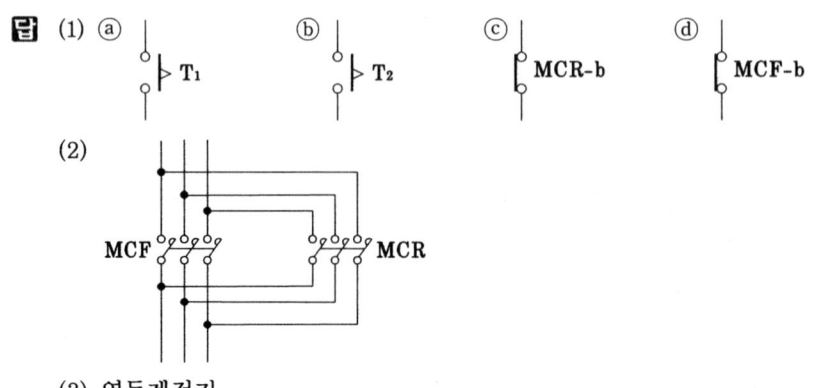

(3) 열동계전기

☞ BSF를 주면 $X_1$이 동작하여 MCR이 복구하고 $t_1$초 후 MCF가 동작한다.
또 BSR을 주면 $X_2$가 동작하여 MCF가 복구하고 $t_2$초 후 MCR이 동작한다.

**19** 다음 동작설명을 읽고 답지의 미완성 회로( )를 완성하시오. (공산93, 97)

(1) 전자 개폐기 MC₁과 MC₂로 전동기 M을 정·역운전한다.
(2) NFB를 투입하면 PL₁이 점등하고 MC₁이나 MC₂가 동작하면 소등한다.
(3) SS(H) 수동상태에서
  (가) PB₂를 누르면 MC₁(PL₂ 점등)이 동작하여 전동기는 정회전하고 PB₁을 누르면 정지한다.
  (나) PB₄를 누르면 MC₂(PL₃ 점등)가 동작하여 전동기는 역회전하고 PB₃을 누르면 정지한다.
(4) SS(A) 자동상태에서
  (가) PB₅를 누르면 X₁과 T₁이 동작, T₁으로 유지하며 X₁접점으로 MC₁이 동작, 전동기는 정회전하고 설정시간 후 X₁, T₁, MC₁이 복구하여 M이 정지한다.
  (나) PB₆을 누르면 X₂와 T₂가 동작, T₂로 유지하며 X₂접점으로 MC₂가 동작, 전동기는 역회전하고 설정시간 후 X₂, T₂, MC₂가 복구하여 M이 정지한다.
(5) 어느 경우나 운전의 안정을 위하여 인터록 회로를 사용한다.
(6) 전동기 과부하로 Thr이 트립되면 PL₀과 BZ가 동작되고 PL₁은 점등한다.

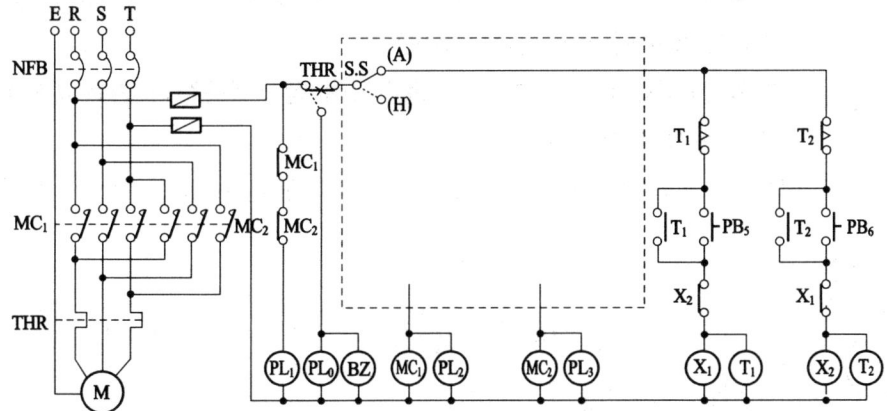

답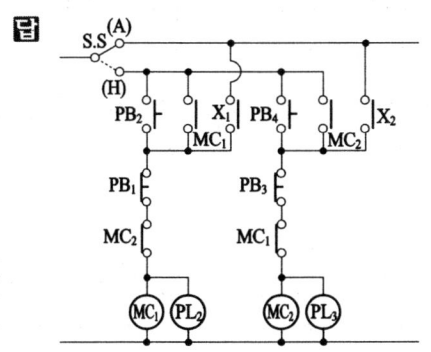

**20** 그림은 전동기의 정·역회전 회로이다. 답지의 제어회로를 완성하시오. (공93, 98, 12)

(1) NFB를 on하고 $f_1$과 $f_2$를 통하여 $PL_1$이 점등한다. $MC_1$이나 $MC_2$가 동작하면 소등한다.

(2) 셀렉터 스위치 수동(H) 위치에서

① $PB_2$를 누르면 $PL_2$가 점등, $MC_1$이 동작 유지되며 모터는 정회전한다.
$PB_1$을 누르면 $PL_2$가 소등, $MC_1$이 복구되며 모터는 정지한다.

② $PB_4$를 누르면 $PL_3$이 점등, $MC_2$가 동작 유지되며 모터는 역회전한다.
$PB_3$을 누르면 $PL_3$이 소등, $MC_2$가 복구되며 모터는 정지한다.

※ $MC_1$과 $MC_2$에 인터록 회로를 넣어 운전의 안정성을 높인다.

(3) 셀렉터 스위치 자동(A) 위치에서

① $PB_5$를 누르면 $T_1$과 $X_1$이 동작 유지하고, $X_1$접점으로 $MC_1$이 동작 정회전 한다. 이 때 $T_4$회로에서 $X_1$접점은 off된다.

② $T_1$의 설정시간 60초 후 $T_2$와 $X_2$가 동작 유지하고, $X_2$접점으로 $X_1$이 복구하여 $MC_1$이 복구되어 모터가 정지한다.

③ $T_2$의 설정시간 5초 후 $T_3$과 $X_3$이 동작 유지하고, $X_3$접점으로 $MC_2$가 동작, 모터는 역회전한다. 이 때 $T_2$회로에서 $X_3$접점으로 $T_2$과 $X_2$이 복구된다.

④ $T_3$의 설정시간 60초 후 $T_4$와 $X_4$가 동작 유지하고, $X_4$접점으로 $X_3$이 복구하여 $MC_2$가 복구되어 모터가 정지한다.

⑤ $T_4$의 설정시간 5초 후 $X_1$이 동작하여 정·역운전이 반복되며 $PB_6$을 누르면 모든 동작이 복구된다.

(4) 과부하로 Thr이 트립되면 모든 동작이 복구되고 $PL_1$, $PL_0$이 점등된다.

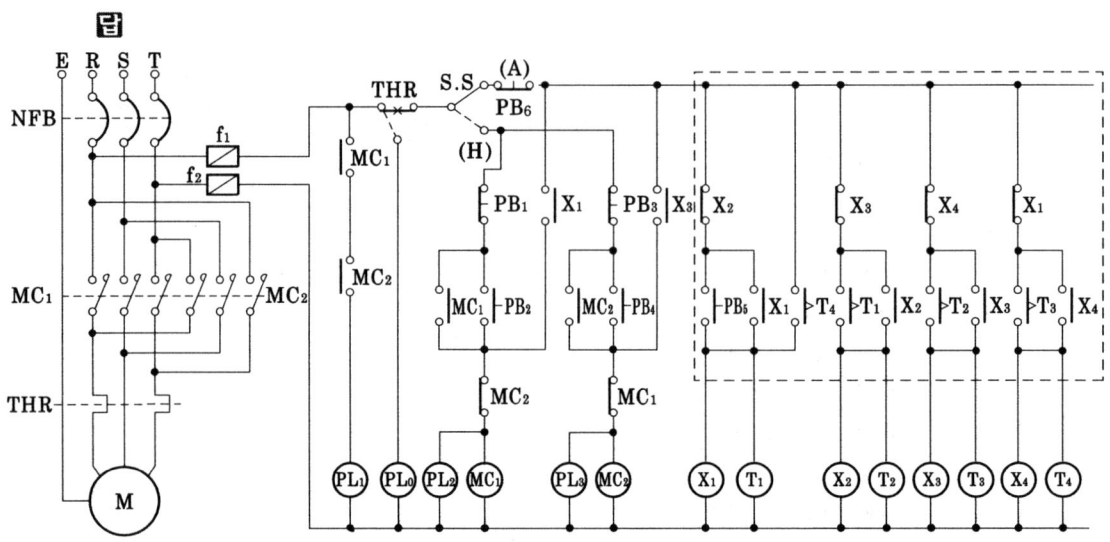

## 3-3. 전동기 기동과 제어 회로

① 3상 유도전동기의 전전압 기동은 기동전류가 정격전류의 6배 정도로 커서 전력계통과 기기에 영향을 주므로 소형 이외는 입력 전압을 낮추어 기동한다.
　저전압 기동법에는 Y-Δ 기동법, 리액터 기동법, 저항 기동법, 기동 보상기법 등이 있다.
② Y-Δ 기동은 10[kW] 정도의 농형 유도 전동기의 기동법으로 사용되며 Y기동시 기동전류와 기동 토크가 1/3로 준다.
③ 그림(c)에서 $MC_1$로 모선을 접속하고 $MC_2$로 Y결선 기동하며 수 초 후 $MC_3$으로 Δ 결선 운전하며 인터록이 필요하다.
④ 그림(d)의 릴레이회로는 연동 버튼 스위치를 사용한 수동 기동법의 일 예이다.

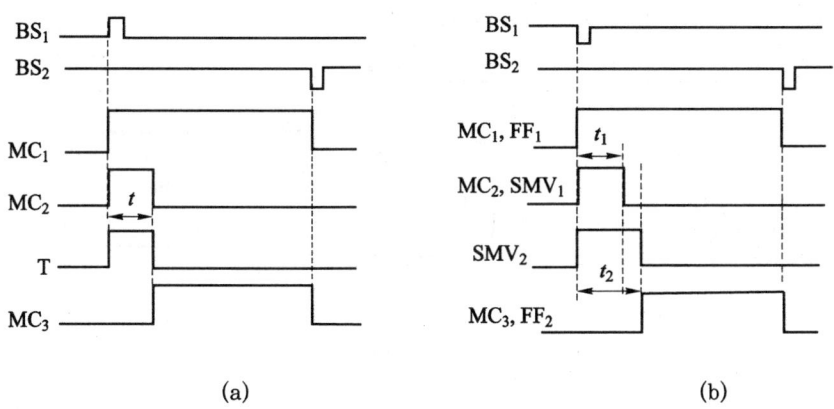

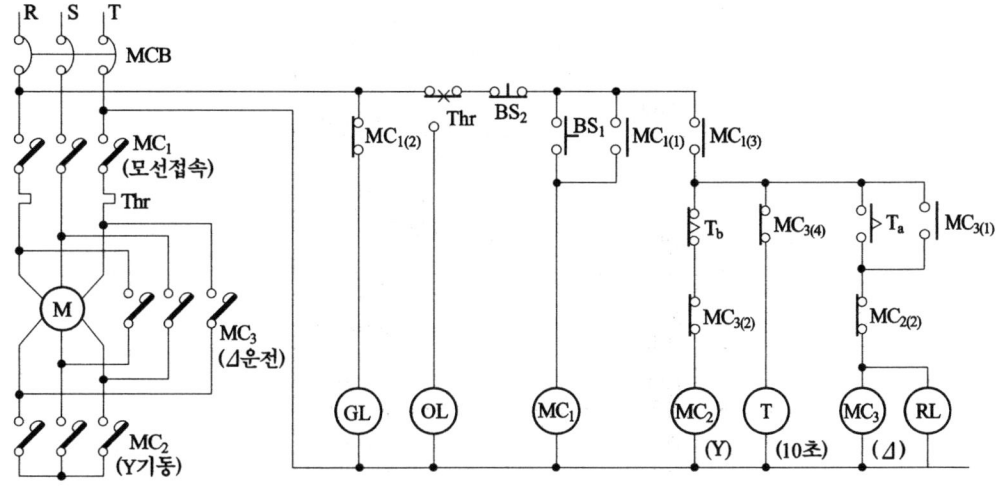

**144** 3장 응용 회로

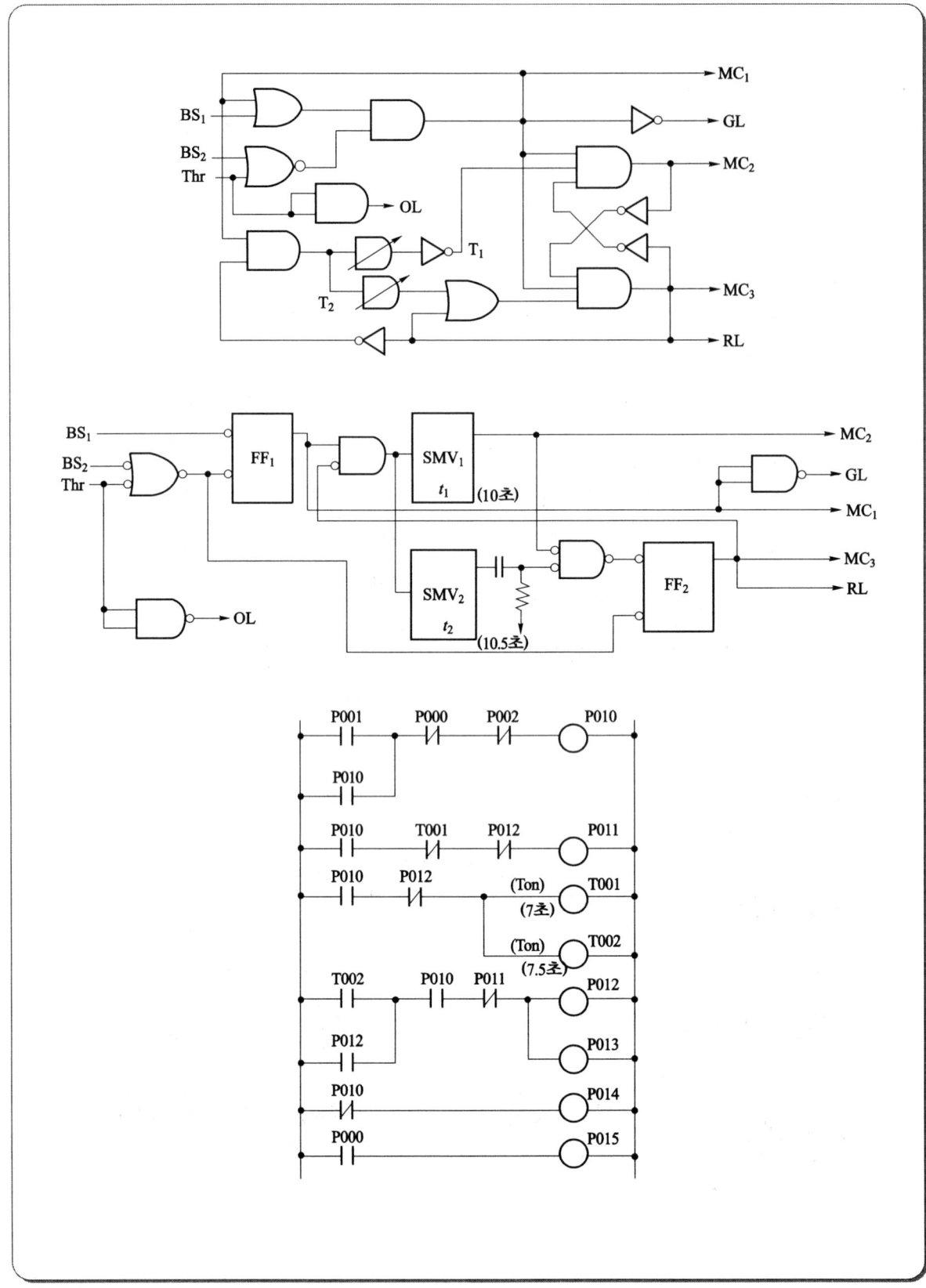

| step | 명 령 | 번 지 |
|---|---|---|
| 0 | LOAD | P001 |
| 1 | OR | P010 |
| 2 | AND NOT | P000 |
| 3 | AND NOT | P002 |
| 4 | OUT | P010 |
| 5 | LOAD | P010 |
| 6 | AND NOT | T001 |
| 7 | AND NOT | P012 |
| 8 | OUT | P011 |
| 9 | LOAD | P010 |
| 10 | AND NOT | P012 |
| 11 | TMR | T001 |
| 12 | 〈DATA〉 | 00070 |

| step | 명 령 | 번 지 |
|---|---|---|
| 14 | TMR | T002 |
| 15 | 〈DATA〉 | 00075 |
| 17 | LOAD | T002 |
| 18 | OR | P012 |
| 19 | AND | P010 |
| 20 | AND NOT | P011 |
| 21 | OUT | P012 |
| 22 | OUT | P013 |
| 23 | LOAD NOT | P010 |
| 24 | OUT | P014 |
| 25 | LOAD | P000 |
| 26 | OUT | P015 |
| 27 | END | |

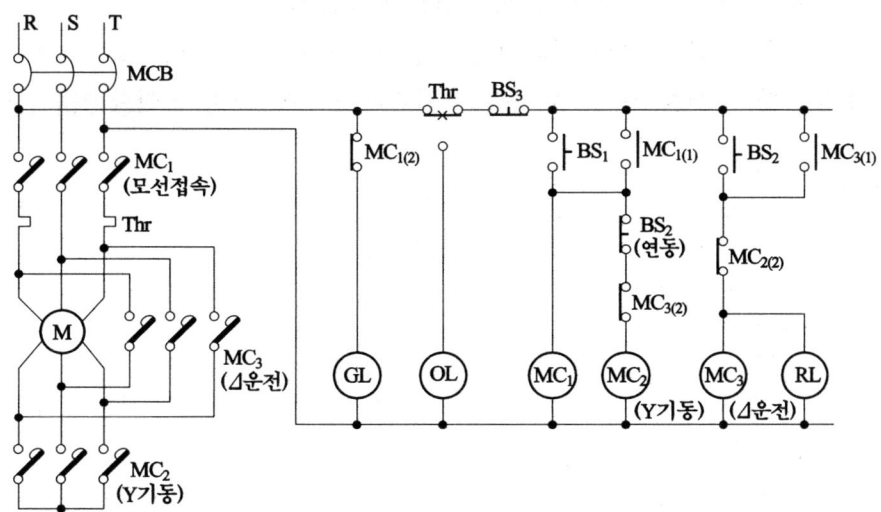

(d)

# 3-3. 전동기 기동과 제어 회로 과년도 출제 문제

**1** 그림의 회로는 Y-△ 기동방식의 주회로 부분이다. 물음에 답하시오. (전96,04,06)

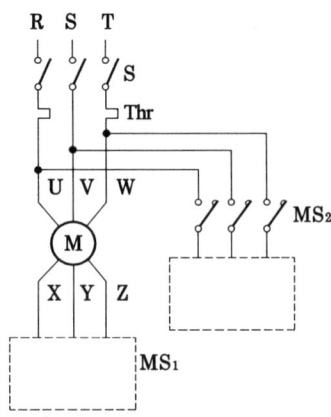

(1) 주회로 부분의 미완성 회로의 결선을 완성하시오.
(2) Y-△ 기동시와 전전압 기동시의 기동전류를 비교 설명하시오.
(3) 전동기를 운전할 때 Y-△ 기동의 기동과 운전에 대한 조작요령을 설명하시오.

**답** (1) 

(2) Y결선의 상전압이 △결선 상전압의 $1/\sqrt{3}$ 이므로 Y-△ 기동전류(선전류)는 전전압 때의 ⅓배이다.
(3) Y결선으로 기동 후 설정시간(정상속도에 육박하는)후 △결선으로 운전한다. MS₁과 MS₂ 사이에 인터록이 필요하다.

Y결선은 3권선을 1점에 묶으면 되고 △결선은 U-Y, V-Z, W-X로 묶는다.

**2** 농형 유도전동기의 기동방식에서 Y-Δ 기동, 리액터 기동회로도를 전기적으로 그리시오. (공98,03,07) 또, 리액터 기동방식에 대하여 상세히 설명하시오. (전90)

**답** 리액터 기동은 그림과 같이 전원측에 직렬로 리액터를 접속하여 그 전압 강하에 의하여 기동전압을 낮추어 기동전류를 줄이며 기동 후 MC로 단락한다.

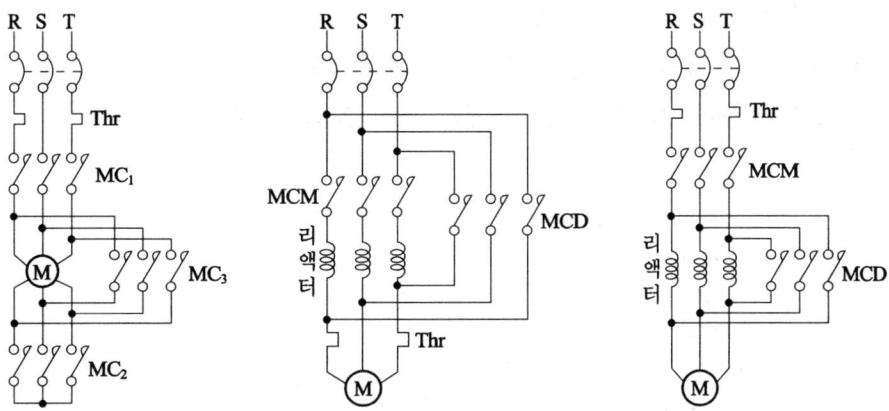

**3** 그림은 3상 유도전동기의 Y-Δ 기동법을 나타내는 결선도이다. 물음에 답하시오. (전산08)

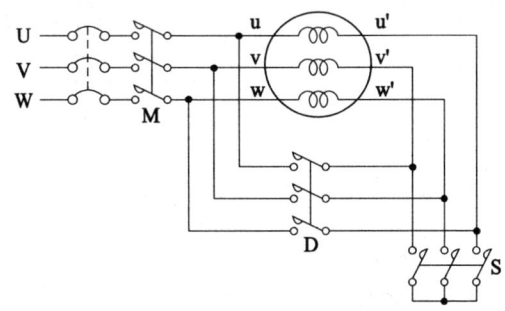

(1) 답란의 표의 빈칸( ☐ )에 기동시와 운전시의 전자개폐기 접점의 ON, OFF 상태 및 접속상태(Y결선, Δ결선)를 쓰시오.
(2) 전전압 기동과 비교하여 Y-Δ 기동법의 기동시 기동전압, 기동전류, 기동토크는 각각 어떻게(몇 배) 되는가?

**답** (1)

| 구 분 | 전자개폐기 접점상태(ON,OFF) | | | 접속상태 |
|---|---|---|---|---|
| | S | D | M | |
| 기동시 | ON | OFF | ON | Y 결선 |
| 운전시 | OFF | ON | ON | Δ 결선 |

(2) Y결선의 상전압이 Δ결선의 $1/\sqrt{3}$ 이고 기동전류와 기동토크는 1/3이다.

**4** 그림은 농형 유도전동기의 Y-Δ 기동, 정지의 미완성 시퀀스이다. 물음에 답하시오.
(전96, 98, 00)

(1) 주회로 부분을 완성하시오.
(2) 누름 버튼 스위치와 Thr접점, 유지접점 등을 사용하여 제어회로를 완성 하시오.
(단 약호(문자기호)도 병기한다.)
(3) ①~③에 해당하는 전자접촉기 접점의 약호는 무엇인가?
(4) 전자접촉기 MCS는 운전 중에는 어떤 상태로 되는가?

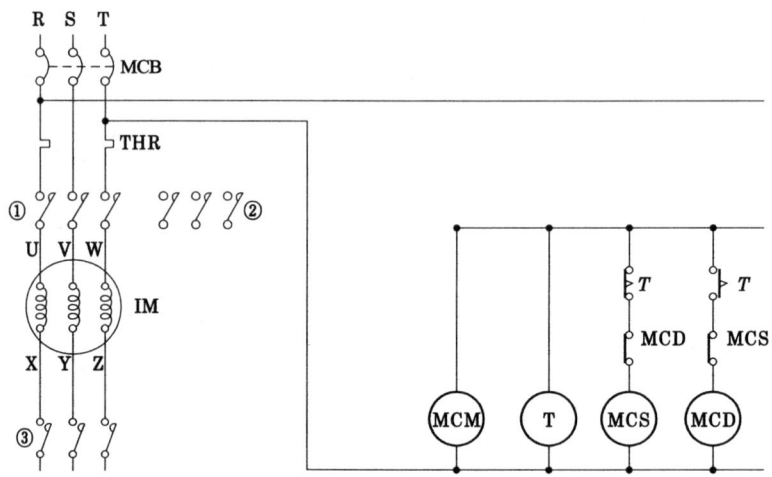

답 (1), (2)

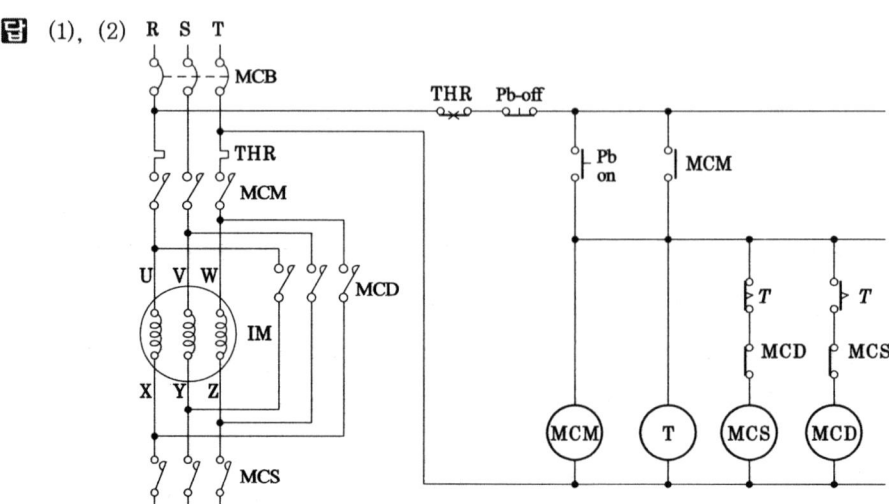

(3) ① MCM  ② MCD  ③ MCS  (4) 복구(무여자)

① MCM은 모선접속과 회로유지용
② MCD는 계속 동작하므로 Δ결선용
③ MCS는 수초동안만 동작하므로 기동 Y결선용이다.

**5** 그림은 어떤 공장의 3상 220[V] 10[HP] 유도전동기의 Y-Δ 기동장치이다. 결선도와 동작설명을 보고 물음에 답하시오. (공90)

[동작설명]
㉮ 나이프 스위치 KS를 투입하면 표시등 GL이 점등한다.
㉯ 기동 버튼스위치를 누르면 Y결선으로 기동하고, 설정시간 후에 자동으로 Δ결선으로 전환 운전된다. 정지 버튼을 누르면 정지한다.
㉰ Y기동 시 표시등 GL은 소등되고 RL은 점등되며 Δ운전 시 GL과 RL은 소등되고 WL만 점등된다.

(1) 그림의 ①~⑥으로 표시된 부분의 접점을 표시하시오.
(2) ⑦로 표시된 기구의 명칭은 무엇인가?
(3) ⑧로 표시된 접지공사의 종류는?

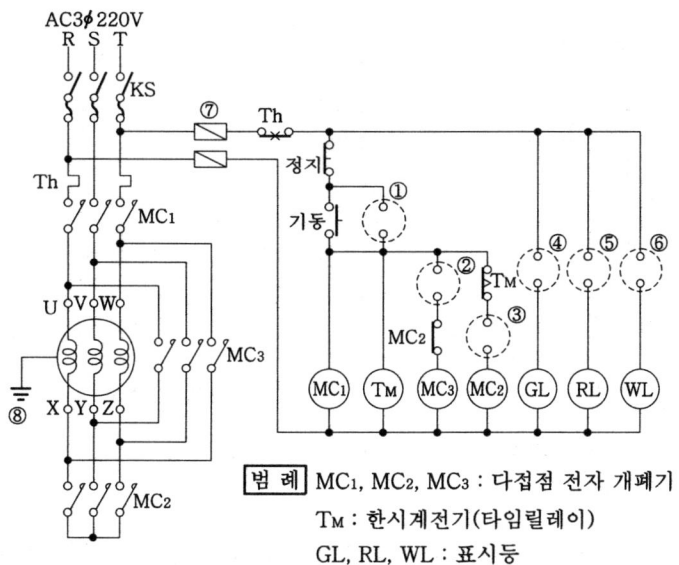

**답**

(1)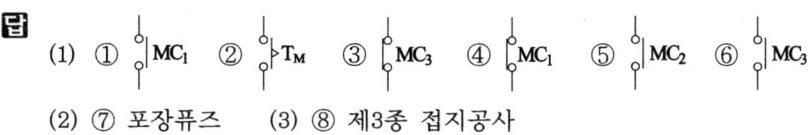

(2) ⑦ 포장퓨즈   (3) ⑧ 제3종 접지공사

➤ ①은 유지, ②는 t초 후 기동, ③은 인터록, ④는 정지표시램프, ⑤는 Y기동 표시램프, ⑥은 Δ운전 표시램프이다.

**6** 그림은 전동기의 Y-Δ 기동회로의 시퀀스이다. 도면의 점선 안의 틀린 것을 바르게 고치시오. (전96)

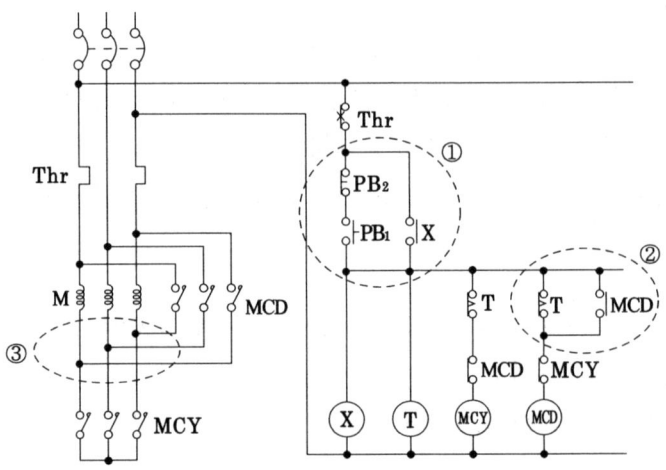

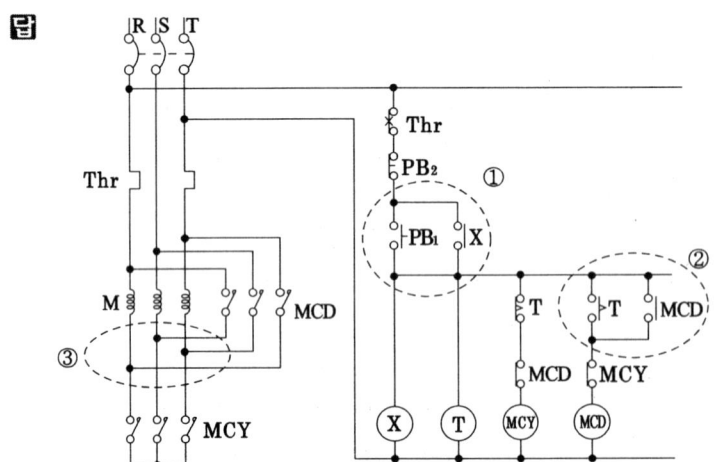

➤ ①은 유지회로이므로 PB₂가 밖으로 나와야 정지신호의 역할을 한다.
②는 MCD 동작의 기동신호이므로 지연 a접점이어야 한다.
③은 MCD로 Δ결선하므로 R-S, S-T, T-R로 접속해야 한다.

**7** 그림은 Y-Δ 기동회로의 미완성 회로이다. 타이머, MCY, MCΔ, Thr 등의 접점과 문자 기호를 사용하여 도면을 완성하시오. (전95, 97, 99)

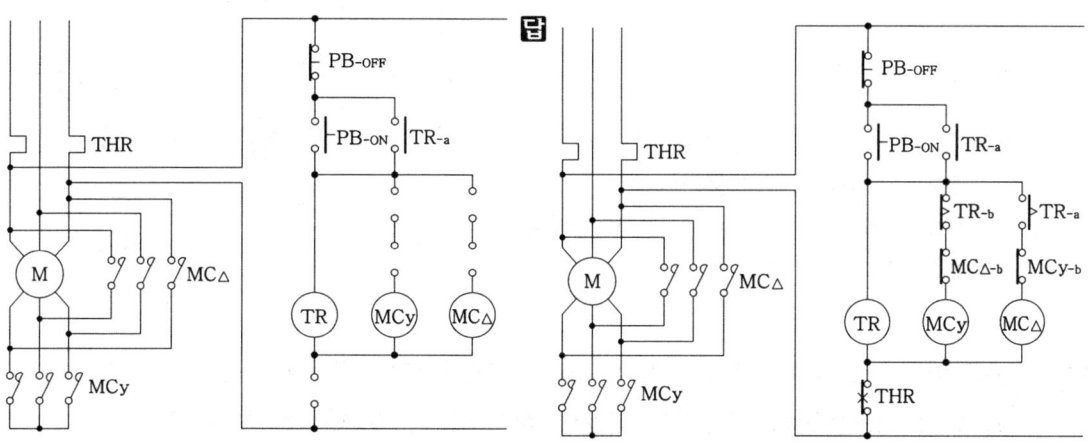

**8** 그림은 Y-Δ 기동회로의 시퀀스이다. ①~⑦까지 표를 완성하시오. (전산96)

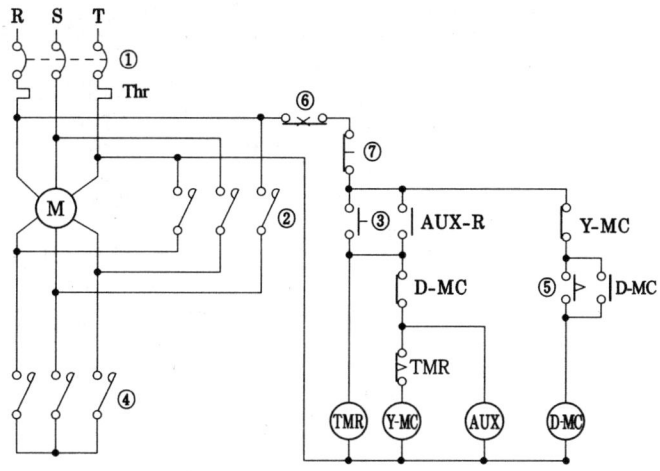

답

| 번호 | 기호 | 명칭 |
|---|---|---|
| 1 | MCCB | 배선용 차단기 |
| 2 | DMC-a | Δ운전용 전자 접촉기 주접점 |
| 3 | PB-ON | 기동용 누름 버튼 스위치 a접점 |
| 4 | YMC-a | Y기동용 전자 접촉기 주접점 |
| 5 | TMR-a | 시한 동작 순시복귀 a접점 |
| 6 | THR-b | 열동 계전기 b접점 |
| 7 | PB-OFF | 정지용 누름 버튼 스위치 b접점 |

AUX는 타이머 유지용이고, b접점은 인터록이다.

**9** 다음 결선도는 유도전동기의 무슨 기동방식인가? (공산94)

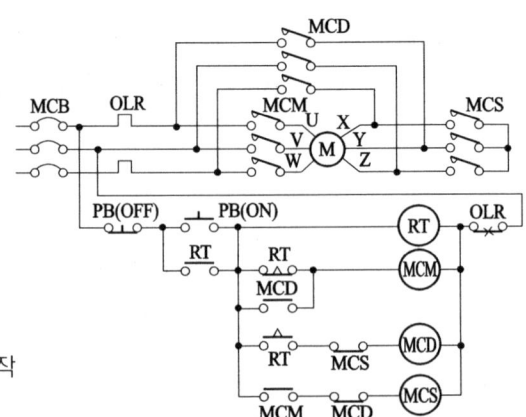

**답** Y-Δ 기동방식

ON하면 RT가 동작유지 MCM으로 모선접속 MCS로 Y기동한다.
t초 후 MCM 복구-MCS복구-MCD동작 -MCM 재 동작으로 Δ운전한다.

**10** 전동기의 Y-Δ 기동운전회로이다. 물음에 답하시오. (공산90, 공89,90,95,11)
(1) Y-Δ 기동운전이 가능하고 역률이 개선되도록 결선을 완성하시오.
(2) 타임차트를 완성하시오.
(3) 기동시 동작하는 MC와 운전시 동작되는 MC를 쓰시오.

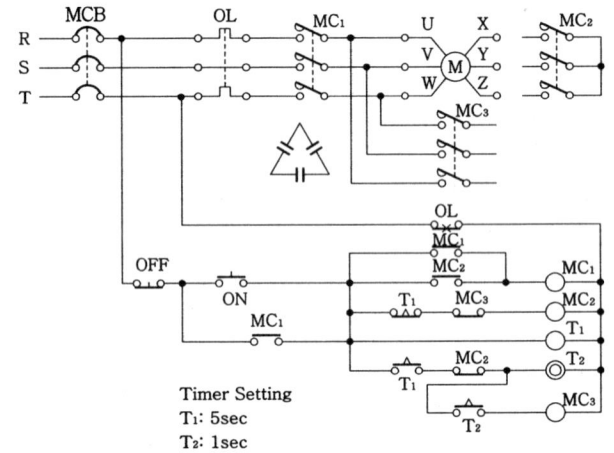

**답** (1) 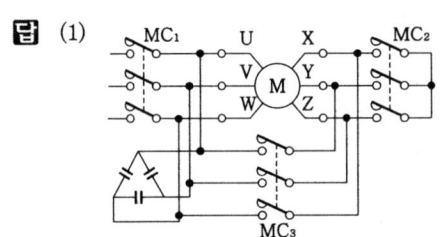 (2)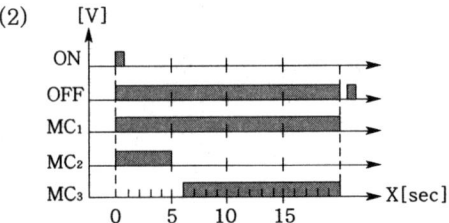

(3) 기동시 $MC_1$, $MC_2$, 운전시 $MC_1$, $MC_3$.

ON하면 $MC_2$로 Y결선되고 $MC_1$로 모선 접속되며 역률 개선용 콘덴서가 연결된다. 5초 후 $T_1$로 Y결선 완료, 1초 후 $MC_3$으로 Δ결선 운전된다.

**11** 그림은 3상 유도전동기의 Y-Δ 기동방식의 시퀀스이다. 물음에 답하시오. (전94,01)
(1) 미완성 부분의 회로를 완성하시오.
(2) 타이머의 설정시간을 t로 할 때 타임차트를 완성하시오.
(3) Y-Δ 기동에 대하여 설명하시오.
(4) $Pb_1$을 ON할 때 동작과정을 각 기구와 접점을 이용하여 상세히 설명하시오.

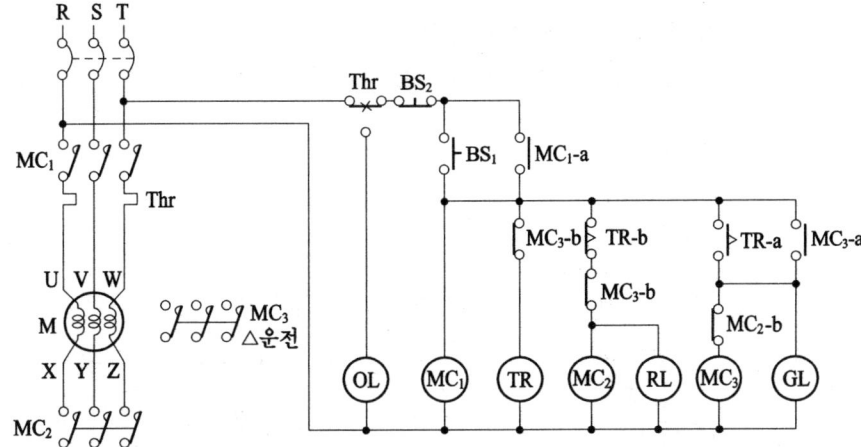

**답** (1)

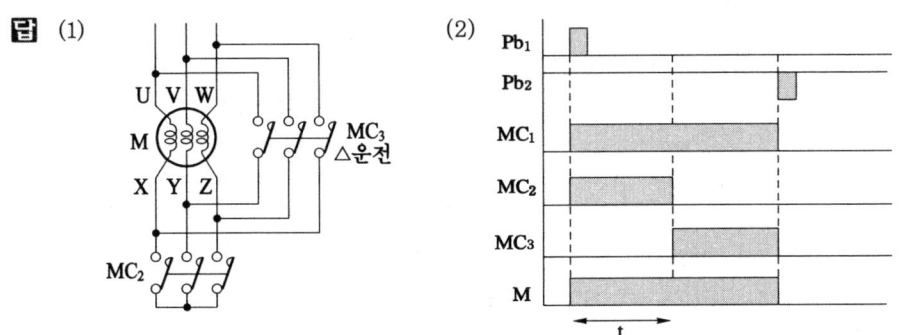

(3) Y결선으로 기동한 후 Δ결선으로 운전하는 방식으로 Y결선으로 기동하면 기동전압이 $1/\sqrt{3}$이 되므로 기동전류를 1/3로 줄이게 된다.

(4) $PB_1$을 누르면 $MC_1$이 동작하여 주접점 $MC_1$으로 모선접속하고 T가 여자되며 $MC_2$가 동작하여 주접점 $MC_2$로 Y결선으로 전동기가 기동하며 RL이 점등한다. t초후 타이머 접점 Tb가 열려 $MC_2$가 복구하여 Y결선 기동이 끝나고 RL이 소등되며 접점 Ta가 닫혀 $MC_3$이 동작 주접점 $MC_3$으로 Δ결선 운전되고 GL이 점등된다. 과부하시 열동계전기 Thr이 트립되어 회로는 복구하고 전동기는 정지되며 OL램프만 점등한다. 고장이 회복되면 Thr접점이 자동 혹은 수동 복구하여 OL이 소등된다.

**12** 그림은 Y-Δ 기동회로이다. 물음에 답하시오. (전산07)

가. 작동설명의 ( )에 알맞은 내용을 쓰시오.

기동스위치 PBS-ON을 누르면 (①)이 여자되고 (②)가 여자되면서 일정시간 동안 (③)와 (④)접점에 의해 $MC_2$가 여자되어 $MC_1$, $MC_2$가 작동하여 (⑤)결선으로 전동기가 기동된다. 일정시간 후에 (⑥)접점에 의해 회로가 열려 (⑦)가 소자되고 (⑧)와 (⑨)접점에 의해 $MC_3$이 여자되어 $MC_1$, (⑩)이 작동 (⑪)결선에서 (⑫)결선으로 변환되어 전동기가 정상 운전된다.

나. 주어진 기동회로에 인터록 회로를 점선으로 표시하시오.

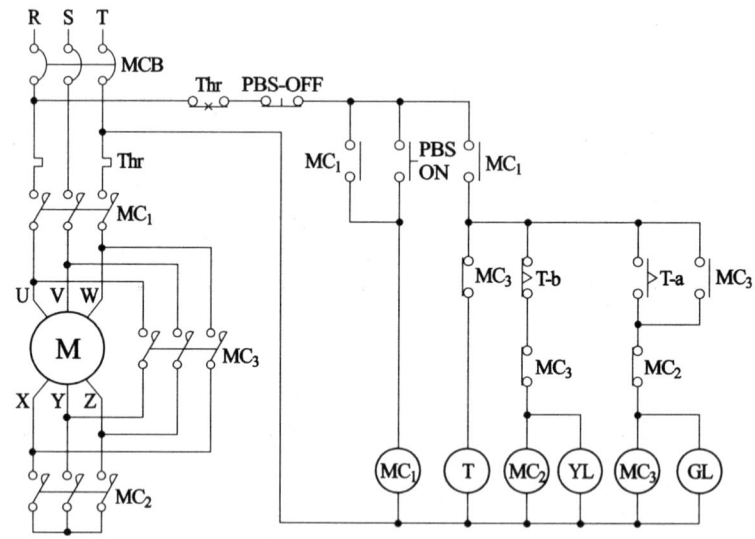

**답** 가. ① $MC_1$  ② T  ③ Tb  ④ $MC_3$  ⑤ Y  ⑥ Tb
⑦ $MC_2$  ⑧ Ta  ⑨ $MC_2$  ⑩ $MC_3$  ⑪ Y  ⑫ Δ

나.

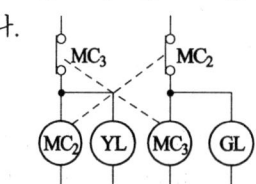

앞 11번과 비교하면 접점 $MC_1$은 전동기 M에 개방전압을 가하여 과도현상을 줄이는 효과가 있다.
$MC_1$로 모선접속하고 회로를 유지하며 $MC_2$로 Y기동하며 t초 후 $MC_3$으로 Δ운전하며 b접점은 인터록이다.

**13** 답지의 그림은 유도전동기의 Y-Δ 기동회로이다. 주어진 운전조건에 맞도록 점선 안에 회로를 그리시오 단 그림기호와 문자기호를 병기한다. (전99)

① 버튼 스위치를 ON하면 유도전동기 IM은 Y 결선되어 기동된다.
② 타이머의 설정시간이 지나면 유도전동기 IM은 Δ결선되어 운전된다.
③ 이 때 타이머 전원은 OFF된다.
④ 유도전동기가 운전 중 과전류로 인하여 열동계전기가 동작하면 전동기 전원과 제어 회로 전원도 차단된다.
⑤ 정상운전 중일 때도 버튼 스위치를 OFF하면 유도전동기는 정지한다.
⑥ 표시등 GL은 전원스위치를 투입하면 점등되고 운전 중에는 소등된다.
⑦ 표시등 WL은 Y결선 운전시, RL은 Δ결선 운전시 점등된다.
⑧ MCY와 MCΔ는 서로 인터록 된다.
※ T는 타이머, R은 릴레이, MCY와 MCΔ는 기동용과 운전용 전자접촉기이다.

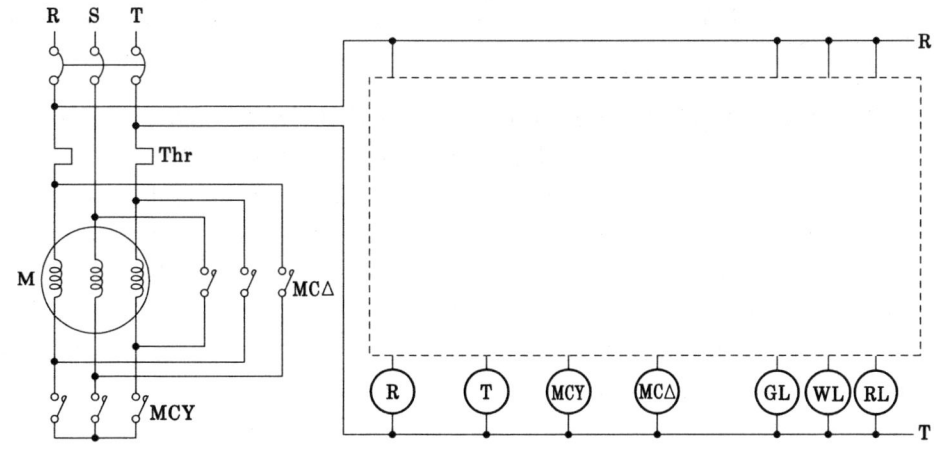

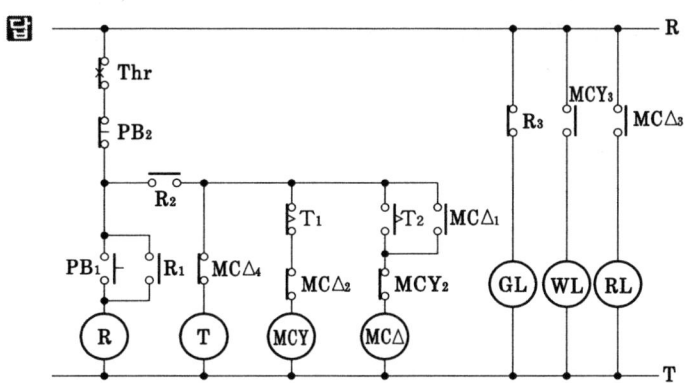

👉 보조 릴레이 R로 회로를 유지하고 MC는 2개 사용한 회로이다.

**14** 그림은 3상 유도전동기의 Y-Δ 기동방식의 시퀀스이다. 물음에 답하시오. (전94)

(1) ①②③의 접점이름과 기능을 각각 설명하시오.

(2) $PB_1$을 ON하였을 때 전동기의 동작과정을 설명하시오.

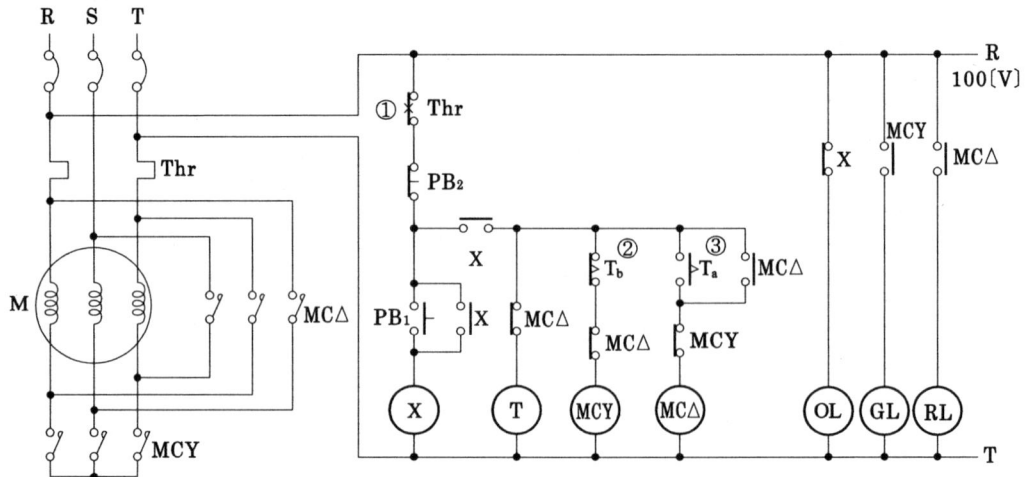

**답** (1) ① 열동계전기 b접점-과전류가 흐르면 트립되어 전동기를 복구시킨다.
② 타이머 시한동작 b접점-설정시간 후 MCY를 복구시킨다.
③ 타이머 시한동작 a접점-설정시간 후 MCΔ를 동작시킨다.

(2) $PB_1$을 ON하면 X가 동작 유지하고 T여자와 동시에 MCY를 동작시켜 전동기가 Y기동하며 GL이 점등한다. 설정시간이 지나면 Tb로 MCY가 복구하여 기동이 끝나고 이어 Ta로 MCΔ가 동작하여 전동기가 정상 운전되며 GL이 소등, RL이 점등된다. 과부하 시 Thr이 트립되어 전동기를 복구시키고 OL이 점등된다. 고장이 회복되면 Thr b접점은 수동 혹은 자동 복귀된다.

👉 보조 릴레이 X로 회로를 유지하고 MCY로 Y결선 기동하고 수 초 후 Δ결선 운전하는 회로이고 운전 중 타이머는 복구된다. OL은 고장표시램프가 아니고 정지표시램프이다.

**15** 그림은 Y-Δ 기동회로이다. 물음에 답하시오. (전산84, 89, 94)

(1) PB₁을 누르면 어느 램프가 점등하는가?
(2) M₁이 동작상태에서 PB₂를 누르면 어느 램프가 점등하는가?
(3) M₁이 동작상태에서 PB₃을 누르면 어느 램프가 점등하는가?
(4) 전동기가 Δ운전하기 위해서는 어떤 버튼을 누르면 되는가?
(5) 전동기가 Y기동하기 위해서는 어떤 버튼을 누르면 되는가?
(6) OL은 무엇을 나타내는가?

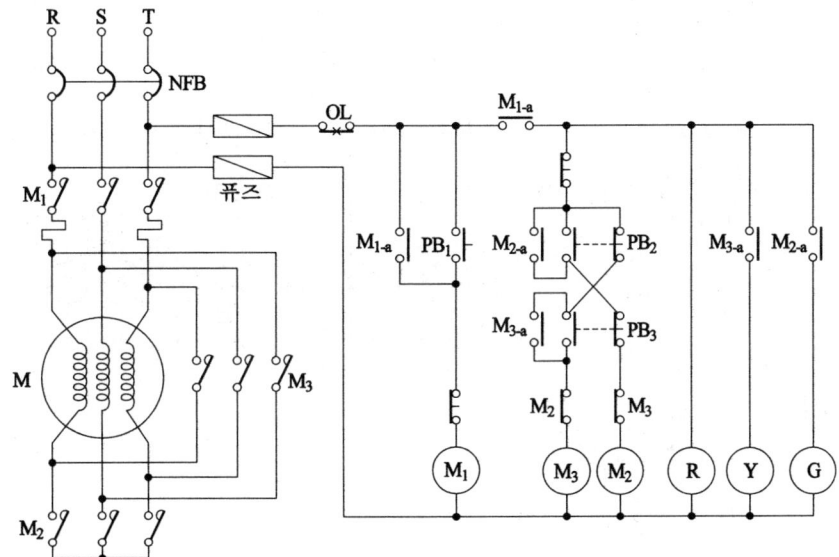

답 (1) R, (2) G, (3) Y (4) PB₃ (5) PB₂ (6) 열동계전기(Thr)

PB₁로 M₁동작 모선접속하고, PB₂로 M₂동작 Y기동하며, PB₃으로 M₃동작 Δ운전된다. 수동 연동 버튼 스위치를 사용하고 b접점은 인터록이다.

**16** 그림은 유도전동기의 Y-Δ 기동의 미완성 회로이다 물음에 답하시오. (공산11)
  (1) 미완성 회로부분을 완성하시오. (주회로 부분)
  (2) 기동 완료시 열려(open)있는 접촉기는 무엇인가?
  (3) 기동 완료시 닫혀(close)있는 접촉기는 무엇인가?
  (4) 제어회로(A),(B)에 접점과 문자기호을 그리시오.

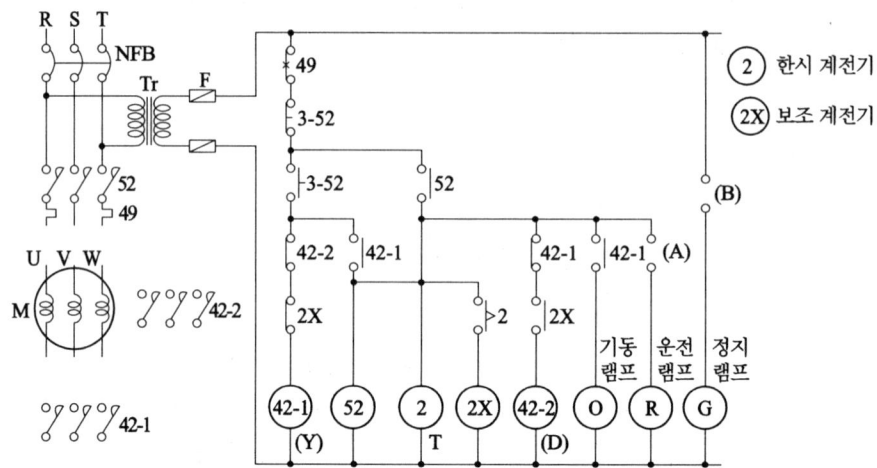

**답** (1) [U V W 전동기 주회로 그림: 42-2, 42-1 접점]

  (2) 42-1
  (3) 52, 42-2
  (4) (A) ㅗ|42-2  (B) ┳52

▶ 기동용 버튼스위치 3-52를 누르면 Y기동용 MC 42-1이 동작하고 그 접점으로 모선접속용 MC 52가 동작 유지하여 Y기동하며 타이머 2가 여자된다.
이때 정지표시램프 G가 소등하고 기동표시램프 O가 점등한다. T초 후 타이머 보조릴레이 2X가 동작하여 42-1을 복구시켜 기동이 끝나고 O가 소등하며 이어 Δ운전용 MC 42-2가 동작하여 전동기는 Δ결선 운전되며 운전표시램프 R이 점등한다. 운전 중에는 52, 42-2, 2, 2X가 동작 중이고 R이 점등 중이다. 정지용 버튼스위치 3-52를 누르면 모두 복구하고 G가 점등한다.

**17** 도면을 보고 물음에 답하시오. (공산95)

(1) 주회로의 복선도를 그리시오.
(2) 회로에 표시된 기구번호의 명칭을 정확히 한글로 답하시오.

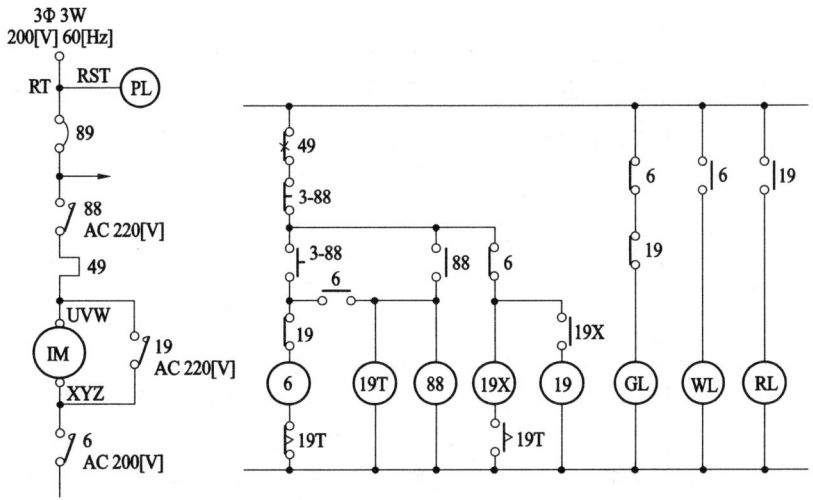

**답** (1)

(2) 6, 19, 88 : 전자 접촉기(MC)
  19T : 타이머(T)
  19X : 보조 릴레이(X)
  49 : 열동 계전기(Thr)
  89 : 단로기(MCB, NFB)
  3-88 : 푸시 버튼 스위치(PBS)

🔥 기동용 3-88을 누르면 Y기동용 MC 6이 동작하고 그 접점으로 모선접속용 MC 88이 동작 유지하여 Y기동하며 타이머 19T가 여자된다. 이때 정지표시램프 GL이 소등하고 기동표시 램프 WL이 점등한다. T초 후 타이머 19T가 동작하여 MC 6을 복구시켜 기동이 끝나고 WL이 소등한다. 이어 보조릴레이 19X가 동작하면 Δ운전용 MC 19가 동작하여 전동기는 Δ결선 운전되며 운전표시램프 RL이 점등한다. 운전 중에는 88, 19, 19T, 19X가 동작 중이고 RL이 점등 중이다. 정지용 버튼스위치 3-88을 누르면 모두 복구하고 GL이 점등한다.

**18** 답란의 그림은 농형 유도전동기의 Y-Δ 기동회로도이다. 미완성 부분인 ①~⑩까지 완성하시오. 단, 접점 등에는 접점기호를 반드시 쓰고 MCΔ, MCY, MCL은 전자접촉기, Ⓞ, Ⓡ, Ⓖ는 각 경우의 표시등이다. (전97,05)

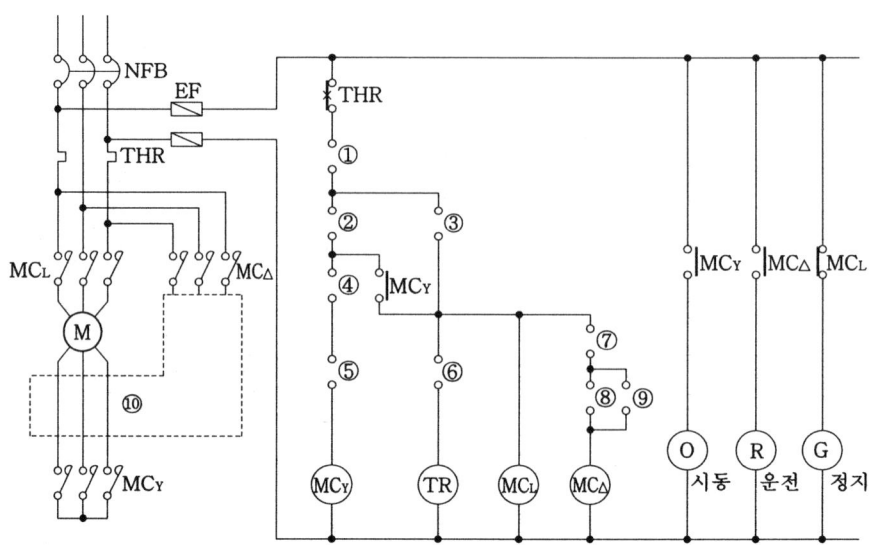

**답**

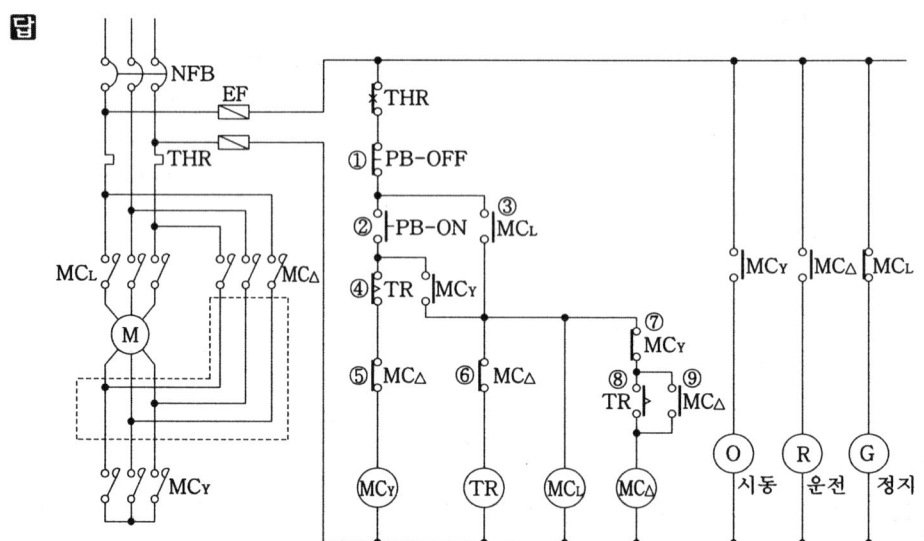

PB-ON하면 MCY 동작하고 MCL이 동작유지하며 Y기동한다.
동시에 TR이 여자되며 O램프도 점등하며 G램프는 소등한다.
T초 후 타이머로 MCY 복구 MCΔ 동작하여 Δ결선 운전한다.
O램프는 소등하며 R램프는 점등한다.
PB-OFF로 모두 복구하고 G램프는 점등한다.
단, 타이머는 독립접점으로 한다.

**19** 그림은 3상 유도전동기의 클로즈드식 Y-Δ 기동회로도이다. 이 방식은 오픈방식의 Y-Δ 기동기에 저항기와 이것을 단락하는 전자접촉기를 추가하여 전원과 전동기를 개방시키지 않고 전환하는 방식이다. 물음에 답하시오. (공91)

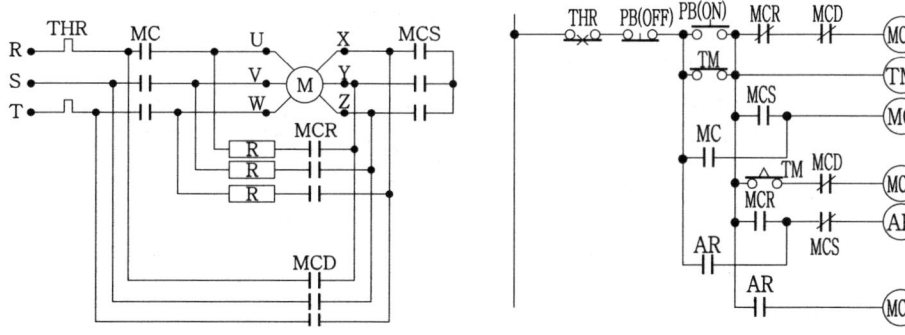

(1) 회로와 플로차트를 이해하고 다음 결선이 플로차트의 어느 위치에서 이루어지는지 위치를 번호로 쓰시오.

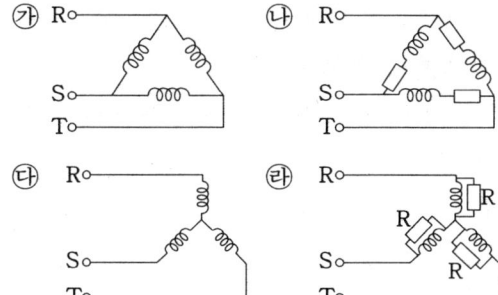

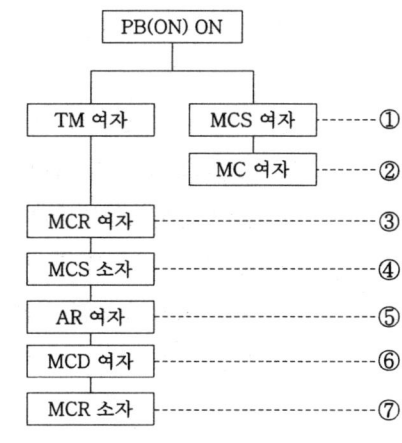

(2) 전동기 운전 중에 $PB_0$을 off하였을 때 여자 중 소자되는 기구를 모두 쓰시오.

(3) MC와 MCD의 정격전류는 0.58In이고 MCS의 정격전류는 0.33In인 전자접촉기를 선정한다면 200[V] 30[kW] 전부하 전류 In=125[A]인 3상 유도 전동기일 경우 정격전류 몇[A]인 전자접촉기를 선정해야 하는가? 단 10 이하는 절상한다.

**답** (1) ㉮-⑦, ㉯-④, ㉰-②, ㉱-③    (2) TM, AR, MC, MCD

(3) MC/MCD : 0.58In=0.58×125=72.5--80[A]
MCS : 0.33In=0.33×125=41.25--50[A]

👉 $PB_1$ ON하면 MCS 여자-MC 여자되어 Y결선 기동②-㉯, t초 후 MCR이 여자되면 전동기 권선과 저항이 병렬로 접속③-㉱된다. 이어 MCS가 소자되면 직렬로 접속④-㉯이 변경된다. 이어 AR여자-MCD가 여자되면 저항은 단락되어 Δ운전㉮-⑥-⑦되고 이어 MCR이 소자되어 저항이 개방된다.

**20** 그림은 유도전동기의 Y-Δ 기동회로이다. 물음에 답하시오. (전산97).

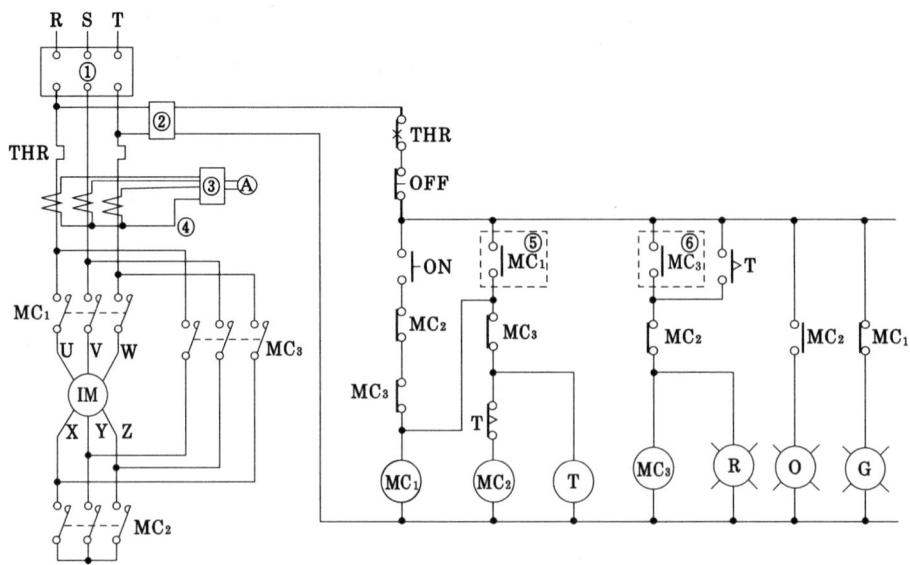

(1) Y-Δ 기동회로를 사용하는 이유는?
(2) 회로에서 ①의 배선용 차단기 기호를 3상 복선도로 그리시오.
(3) 회로에서 ②의 포장 퓨즈의 기호를 그리시오.
(4) 회로에서 ③에 들어갈 장치를 단선도용 기호로 그리고 명칭을 쓰시오.
(5) 회로에서 Thr은 어떤 때 동작하는 계전기이며 그 명칭은 무엇인가?
(6) 회로에서 MC₂가 동작할 때 MC₃은 동작할 수 없으며 MC₃이 동작할 때 MC₂는 동작할 수 없다. 이러한 회로를 무슨 회로라 하는가?
(7) 회로에서 표시등 R, O, G의 용도는 각각 무엇인가?
(8) 회로에서 ⑤ ⑥번 접점으로 이루는 회로를 자기유지회로라 한다. 다음 회로를 무접점 회로로 바꾸시오. 단 OR, AND, NOT 회로를 각 1개씩 사용한다.

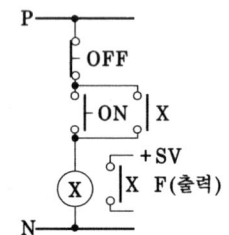

**답** (1) 기동전류를 줄이기 위하여

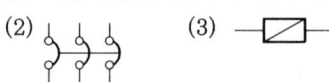

(4) ⊝, 전류계용 전환 개폐기
(5) 열동계전기 : 전동기 과부하시 트립되어 전동기 보호
(6) 인터록
(7) R : 운전표시등, O : 기동표시등, G : 정지표시등

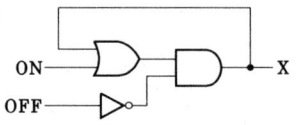

➡ MC₁로 모선접속하고 MC₂로 Y결선 기동 후 MC₃으로 운전한다.

**21** 아래 결선도는 자·수동 Y-Δ 배기팬 MOTOR 결선도와 제어회로이다. 물음에 답하시오. (전11)

(1) ①~⑤의 미완성 부분을 완성하고 타임차트를 완성하시오.

(2) ─o˜o─ 의 접점명칭을 쓰시오.

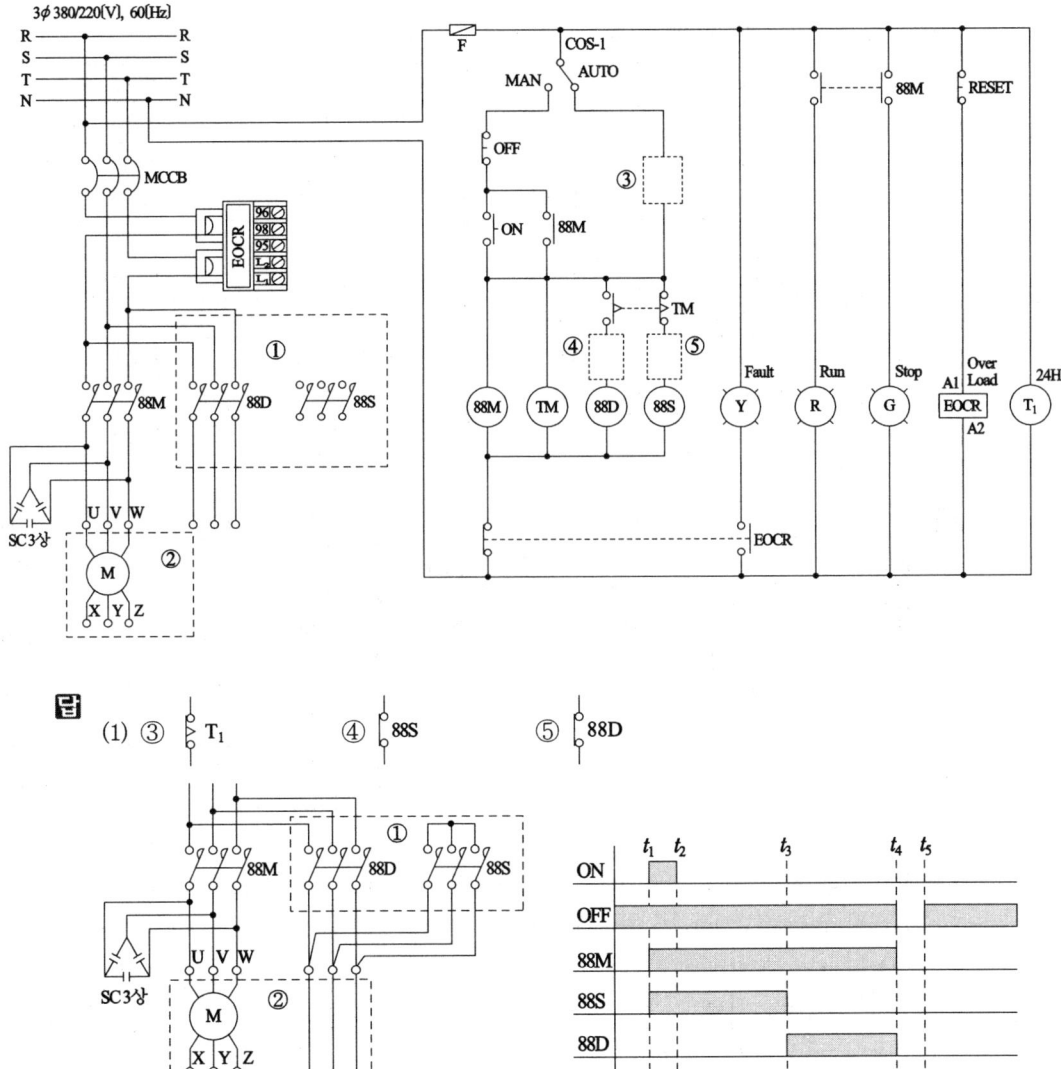

(2) 한시동작 순시복귀 b접점

수동(MAN)시 ON 혹은 자동시(AUTO)에 MC 88M, 88S가 동작하여 Y기동하고 t초 후 88S가 복구하고 88D가 동작하여 Δ운전한다. T₁접점 혹은 OFF로 복구한다. EOCR은 Thr 대신에 사용한다.

**22** 아래의 PLC 프로그램은 전동기 운전회로의 일부이다. 래더 다이어그램을 그리시오. 또, AND, OR, NOT 기호와 타이머 로직기호를 사용한 로직회로를 그리시오. 3입력 AND 기호를 사용하면 회로가 간단해진다. (공98,00,02, 공산98)

여기서, P001, P002 : 버튼 스위치, P010-P012 : 전자 접촉기, T000 : 타이머를 나타낸다. 명령어는 시작 입력 LOAD, 출력 OUT, 타이머 TMR, 설정시간 DATA, 직렬 AND, 병렬 OR, 부정 NOT를 사용한다.

| 명령 | 번지 | 명령 | 번지 |
|---|---|---|---|
| LOAD | P001 | LOAD | P010 |
| OR | P010 | AND NOT | T000 |
| AND NOT | P002 | AND NOT | P012 |
| OUT | P010 | OUT | P011 |
| LOAD | P010 | LOAD | T000 |
| AND NOT | P012 | OR | P012 |
| TMR | T000 | AND NOT | P011 |
| (DATA) | 80 | AND | P010 |
|  |  | OUT | P012 |

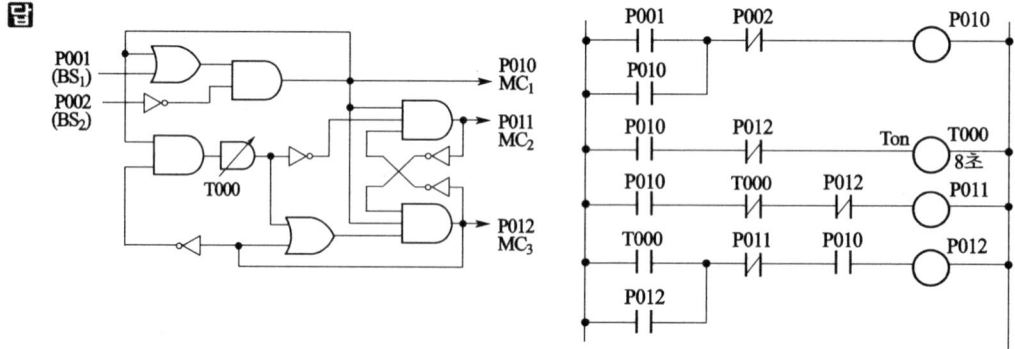

➤ Y-Δ기동 운전회로의 일부이다. 로직이나 PLC에서 참고도와 같이 타이머 2개를 사용하여 인터록 인터벌(100msec 이상)을 주어야 한다.

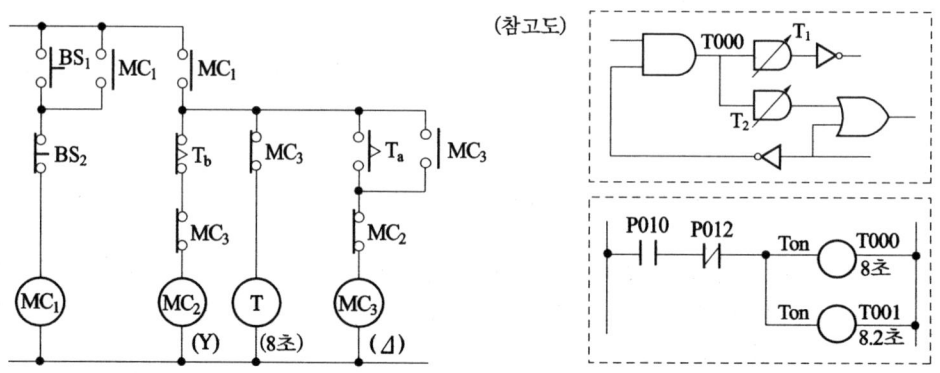

**23** 그림은 Y-Δ 기동회로의 일부인데 P010은 모선접속, P011은 Y기동용이며, 7초 후 P012로 Δ운전되며 운전 시 타이머 기구는 복구한다. 여기서, BS₁ 기능은 P001이다. 물음에 답하시오. (공산96,99,02)

(1) A~H에 알맞은 번지를 쓰시오.
(2) 가~마에 알맞은 명령어를 쓰시오.
(3) A~H 중 유지기능으로 사용된 것 2개를 쓰시오.
(4) A~H 중 인터록 기능으로 사용된 것 2개를 쓰시오.
(5) A~H 중 정지 기능으로 사용된 것 2개를 쓰시오.
(6) A~H 중 P001과 같이 기동기능이 있는 것 1개만 쓰시오.
(7) 회로 전체를 정지시킬 수 있는 기능의 기구를 2개만 쓰시오.
(8) ─╫─ 과 같은 기능의 타이머 접점을 그리고 또 릴레이회로를 그리시오.
    T000
(9) AND, OR, NOT 기호 및 타이머 로직기호를 사용한 로직회로를 그리시오.

| 스탭 | 명 령 | 번지 | 스탭 | 명 령 | 번지 |
|---|---|---|---|---|---|
| 생략 | LOAD | P001 | 생략 | LOAD | C |
|  | 가 | A |  | AND NOT | D |
|  | AND NOT | P002 |  | 다 | T000 |
|  | AND NOT | P000 |  | 라 | P011 |
|  | OUT | P010 |  | LOAD | E |
| 생략 | 나 | P010 | 생략 | OR | F |
|  | AND NOT | B |  | 마 | G |
|  | TMR | T000 |  | AND NOT | H |
|  | 〈DATA〉 | 70 |  | OUT | P012 |

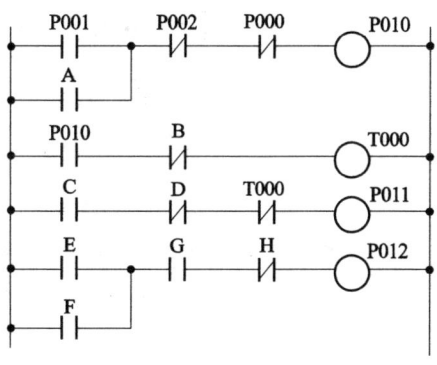

**답** (1) A-P010  B-P012  C-P010  D-P012  E-T000  F-P012  G-P010  H-P011
(2) 가 OR  나 LOAD  다 AND NOT  라 OUT  마 AND
(3) A, F  (4) D, H  (5) B, G  (6) E  (7) P002, P000
(8) ─o⌒o─                                (9)

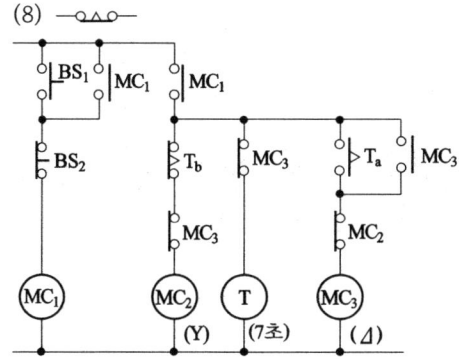

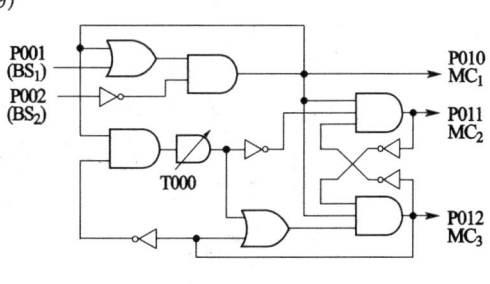

🔥 앞 문제 참고

**24** 아래의 PLC 프로그램은 유도전동기의 Y-Δ기동 운전회로의 일부를 나타낸 것이다. 2입력 AND, OR, NOT소자를 이용하여 로직회로를 그리시오. 또, Y기동용과 Δ운전용의 MC는 어느 것인지 그림 상에 (Y기동), (Δ운전)으로 표시하시오. (공98, 02, 04, 06, 08)

| 차례 | 명 령 | 번지 | 차례 | 명 령 | 번지 |
|---|---|---|---|---|---|
| 생략 | STR | 14 | 생략 | OUT | 32 |
|  | OR | 31 |  | STR | 15 |
|  | AND NOT | 16 |  | OR | 33 |
|  | OUT | 31 |  | AND NOT | 16 |
|  | STR | 31 |  | AND NOT | 32 |
|  | AND NOT | 15 |  | OUT | 33 |
|  | AND NOT | 33 |  |  |  |

**답**

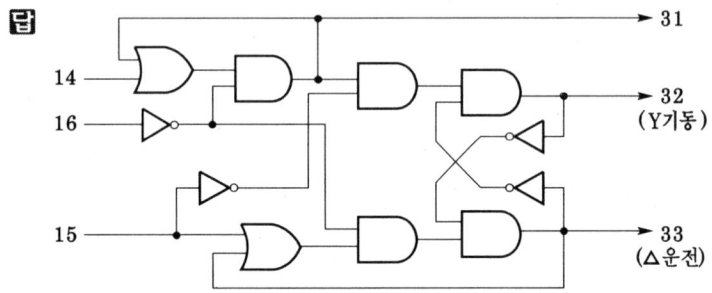

아래 회로의 일부로서 31로 모선접속하고 32로 Y기동하며 33으로 Δ운전한다. 15는 연동 버튼 스위치 BS₂이고 16은 BS₃이다.

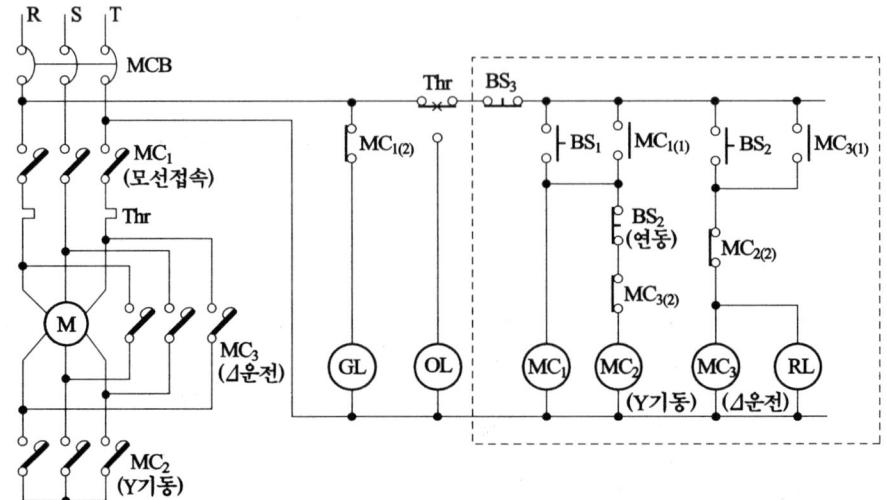

**25** 그림은 3상 유도전동기의 Y-Δ기동 운전회로의 일부이다. (공95,97,00,04,06)
BS는 H입력형이고 RL과 GL은 LED로 대체하고 입출력회로 기타는 생략한다.
$BS_1$을 주면 $MC_1$이 동작, Y기동하고 타이머기구 동작, t초 후에 $MC_1$이 복구하면 $MC_2$ (RL)가 동작하여 Δ운전된다. 운전 중에는 $MC_2$(RL)만 작동하고 있다.
물음에 보기의 내용으로 답하시오.

[보기] : 기동, 유지, 정지, 인터록, 소스, 싱크.
(1) ①~④의 기능을 쓰시오.
(2) ⑤에 알맞은 논리기호를 그리시오. (보기와 관계없음)
(3) LED(RL)에 흐르는 전류를 무슨 전류라 하는가?

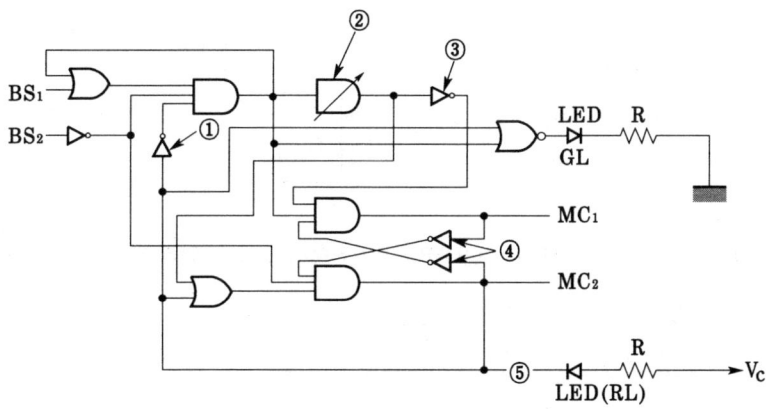

**답** (1) ① 정지  ② 기동  ③ 정지  ④ 인터록
(2) ─▷○─
(3) 싱크 전류

🔸 아래 회로와 같이 운전 중 X를 복구시킨 회로이다.

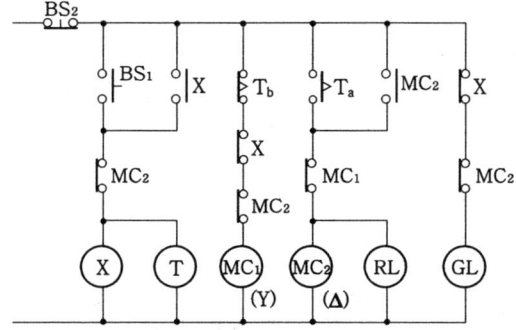

**26** 그림은 유도전동기의 Y-Δ기동의 로직시퀀스이다. BS는 L입력형이고 FF는 $\overline{R}\overline{S}$-latch 이다. 물음에 답하시오. (공95, 03)

(1) $BS_1$을 주면 (①)과 (②)가 동작하여 Y결선 기동하고, $BS_2$를 주면 (③)이 복귀한 후 (④)가 동작하여 Δ운전한다. ①-④에 $MC_1$, $MC_2$, $MC_3$ 중에서 골라 넣어라.
(2) 그림에서 A와 B의 기능을 한마디로 쓰시오.
(3) 그림에서 A에 알맞은 회로를 그리시오. [예 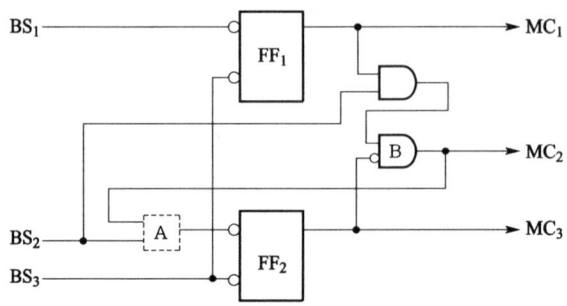]
(4) 타임차트의 $MC_1$, $MC_2$, $MC_3$을 그려 넣으시오.

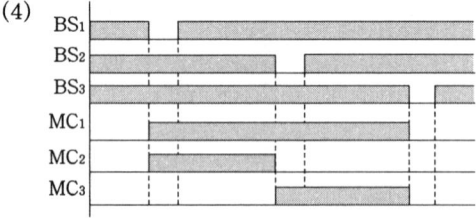

**답** (1) ① $MC_1$, ② $MC_2$, ③ $MC_2$, ④ $MC_3$ (2) 인터록 (3)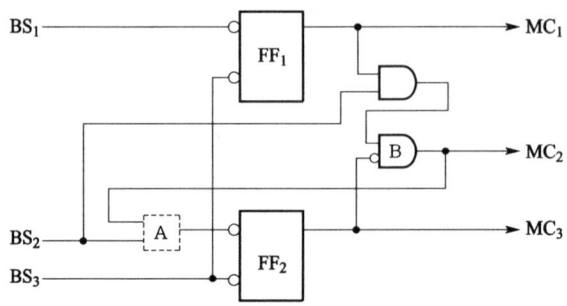

(4) [타임차트]

➜ $BS_1$을 주면 $MC_1$과 $MC_2$가 동작하여 Y결선 기동하고, 연동 $BS_2$를 주면 $MC_2$가 복귀한 후 $MC_3$이 동작하여 Δ운전한다. A와 B는 인터록이다.

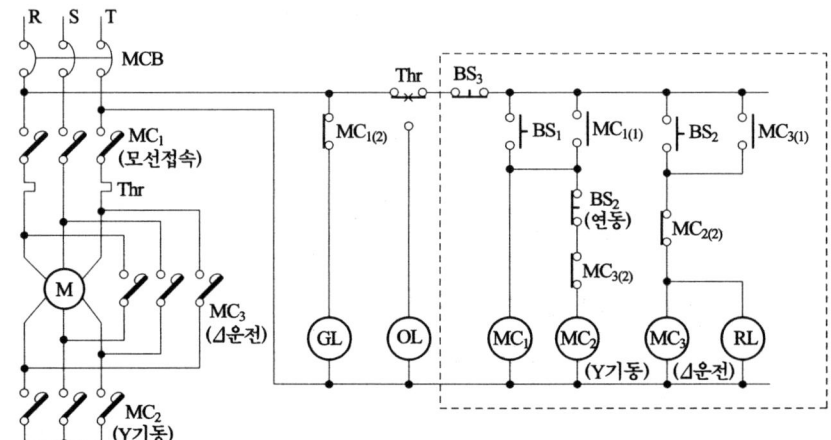

**27** 그림은 전자개폐기 2개와 보조릴레이 1개를 사용한 Y-Δ기동 운전의 릴레이 시퀀스를 로직화한 것이며 기타는 생략한다. 릴레이 시퀀스를 그리시오. (공93,96,99,02)

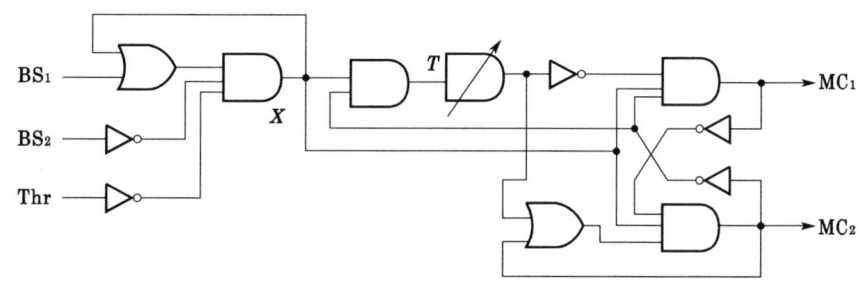

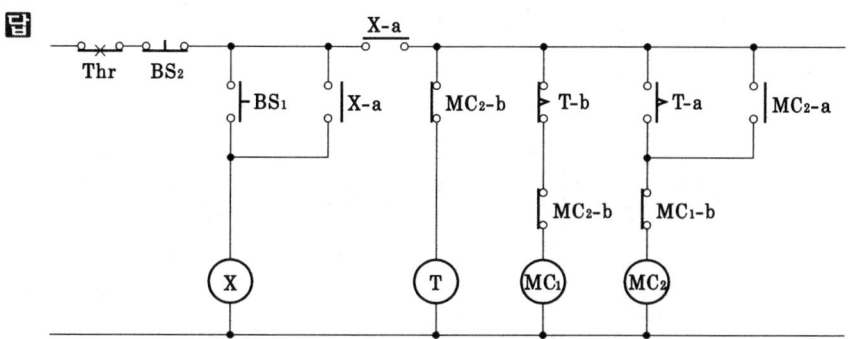

PB₁을 ON하면 X가 동작 유지하고 T여자와 동시에 MC₁이 동작하여 전동기가 Y기동한다. 설정시간이 지나면 Tb로 MC₁이 복구하여 기동이 끝나고 이어 Ta로 MC₂가 동작하여 전동기가 정상 운전되며 운전 중 타이머는 복구된다. 아래 로직회로는 SMV₁로 Y결선용 MC₁을 동작시킨 회로이다.

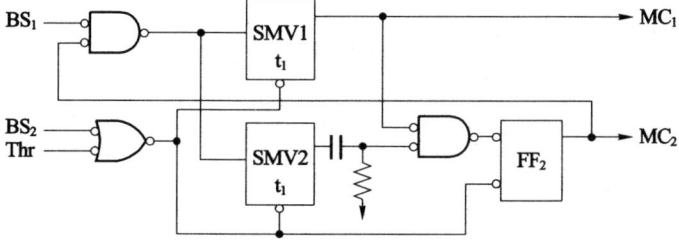

**28** 그림은 Y-Δ 기동회로의 일부이다. $BS_1$을 주면 $MC_1$로 Y결선 기동하고 t초 후에 $MC_2$로 Δ결선 운전되며 $BS_2$(Thr)로 정지된다. SMV는 단안정 소자, FF는 $\overline{RS}$-latch이고 L입력형이다. 프로그램을 완성하고 (마)에 알맞은 회로를 보기와 같이 그리시오. (공산03)

([보기] ⟶▷∘⟶ )

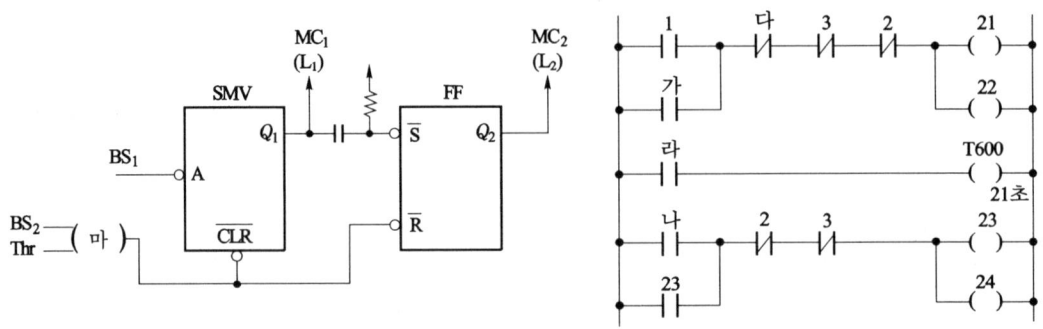

| 차례 | 명령 | 번지 | 차례 | 명령 | 번지 |
|---|---|---|---|---|---|
| 생략 | STR | 1 | 생략 | TIM | 600 |
| | (A) | (가) | | – | 21 |
| | AND NOT TIM | (다) | | STR TIM | (나) |
| | AND NOT | 3 | | OR | 23 |
| | AND NOT | 2 | | (D) | 2 |
| | OUT | 21 | | AND NOT | 3 |
| | (B) | 22 | | (E) | 23 |
| | (C) | (라) | | OUT | 24 |

**답** 가-21, 나-600, 다-600, 라-21, 마-⟶⊃∘⟶
  A-OR, B-OUT, C-STR, D-AND NOT, E-OUT

이 문제는 인터록이 생략되어 있으므로 릴레이 회로는 아래와 같이 된다.

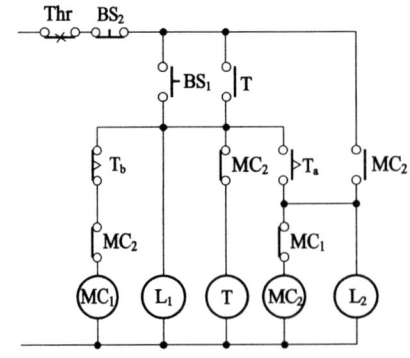

## 29
그림은 3상 유도전동기의 정·역회전의 Y-Δ기동회로이다. (공산89)

(1) 답지의 주회로의 미완성 부분 ☐을 완성하시오.
(2) 답지의 타임차트를 완성하시오.
(3) 릴레이회로의 동작을 플로차트로 설명하는데 보기에서 찾아 완성하시오.
(4) 릴레이회로에서 $PB_1$을 눌러 정회전 운전중일 때 ①~⑨의 접점 중 폐로상태인 접점을 모두 쓰시오.
(5) $PB_2$를 누르는 동시에 폐로인 접점은 ①~⑨ 중 어느 것인가?
(6) Y결선과 Δ결선을 만들어 주는 전자 접촉기는 각각 어느 것인가?
(7) 타이머 T회로부를 무접점회로로 표시하고 논리식을 쓰시오.

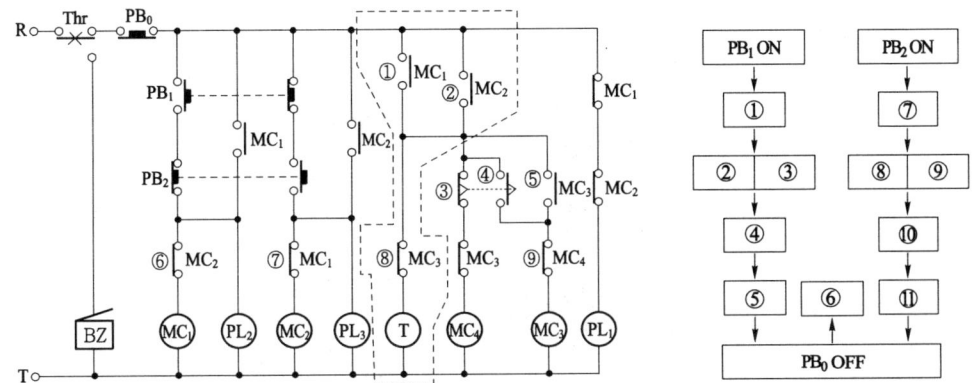

[보기] 전동기 정지, 전동기 정전운전, 전동기 역전운전, T통전,
$MC_1$여자, $MC_2$여자, $MC_3$여자, $MC_4$여자,

**답** (1)                                                  (2)

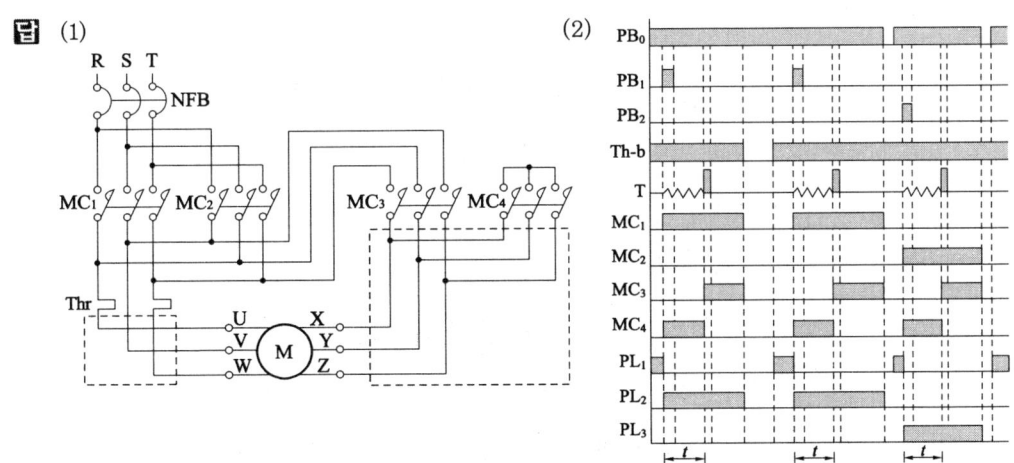

(3) ① $MC_1$여자   ② T통전   ③ $MC_4$여자   ④ $MC_3$여자   ⑤ 전동기 정전운전
    ⑥ 전동기 정지   ⑦ $MC_2$여자   ⑧ T통전   ⑨ $MC_4$여자   ⑩ $MC_3$여자   ⑪ 전동기 역전운전

(4) ①. ③. ⑤. ⑥. ⑨    (5) ②. ③. ⑦. ⑧    (6) $MC_4$, $MC_3$

(7) $T = (MC_1 + MC_2)\overline{MC_3}$

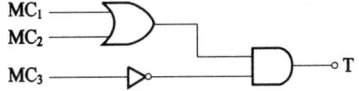

**30** 답지의 그림은 리액터 기동 시퀀스의 미완성 도면이다. (전98,07)
(1) 미완성회로를 완성하시오.
① 리액터 단락용 전자 접촉기 MCD와 주회로를 완성하시오.
② PBS-ON 스위치를 투입하였을 때 자기유지가 되도록 회로를 구성하시오.
③ 전동기 운전용 램프 RL과 정지용 램프 GL을 구성하시오.
(2) 직입 기동시 기동전류가 정격전류의 6배가 흐르는 전동기를 80[%] 탭에서 리액터 기동한 경우의 기동전류는 약 몇 배 정도가 되는가?
(3) 직입 기동시 기동토크가 정격토크의 2배였다고 하면 80[%] 탭에서 리액터 기동한 경우의 기동토크는 약 몇 배로 되는가?

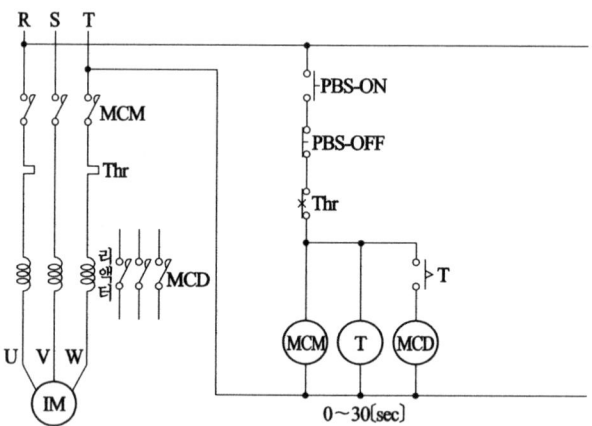

**답** (1)

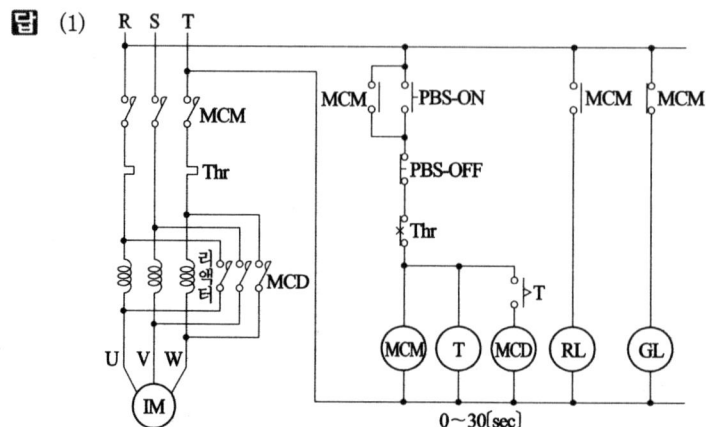

(2) 기동전류는 전압에 비례한다. $I_S = 6I \times 0.8 = 4.8I$ -- 4.8배
(3) 기동토크는 전압의 제곱에 비례한다. $T_S = 2T \times 0.8^2 = 1.28T$ -- 1.28배

☞ 리액터의 전압강하로 저전압 기동하고 기동 후 MC로 단락한다.

**31** 답지의 리액터 기동 시퀀스의 미완성 도면을 완성하시오. (전98, 07)

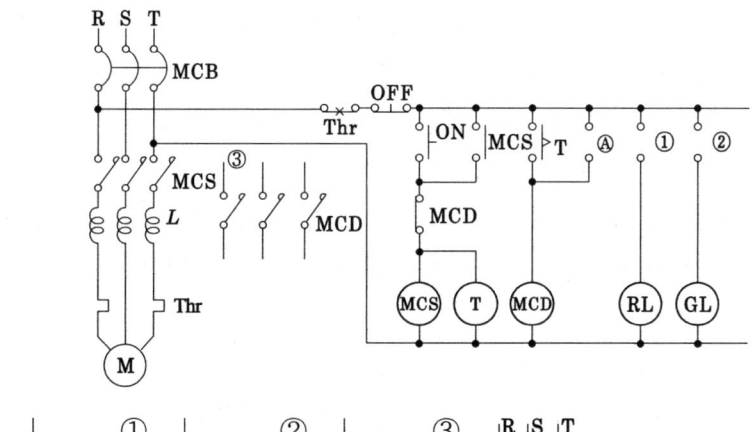

**답**

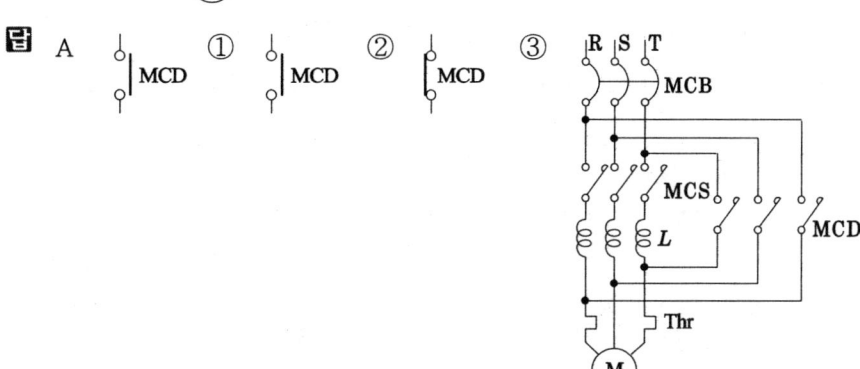

**32** 도면을 숙지한 다음 물음에 답하시오. (공산97)

(1) 리액터 기동회로에 대하여 설명하시오.
(2) 도면에서 ①로 표시된 곳에 알맞은 접점을 그리시오.

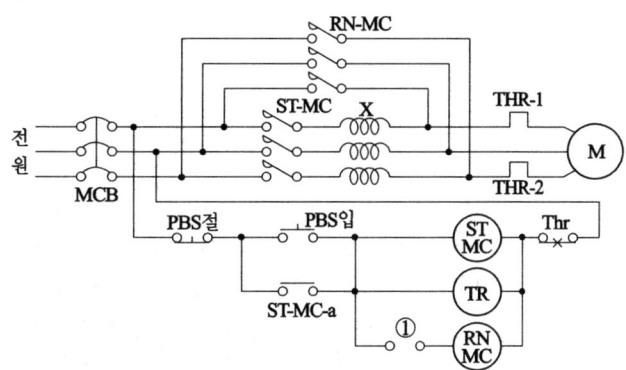

**답** (1) 전동기에 리액터를 직렬로 하여 그 전압강하로 저전압 기동하고 기동 후 MC로 단락한다.
(2) 타이머 시한 a접점 ─o⌃o─ TR-a

➥ 30번 문제는 리액터만 단락한 회로이고 31번 문제와 이 문제는 MC와 리액터를 단락한 것이 다르다.

**33** 그림은 리액터 기동회로의 일부이다. 물음에 답하시오. (공산97,00,05)

(1) 릴레이회로의 A, B, C에 각각 접점기구를 그리고 이름을 쓰시오.
(2) 로직회로의 ①~④중에서 서로 연결하여 회로를 완성하시오.
(3) 로직회로의 ⑤~⑧과 같은 기능을 릴레이회로에서 찾아 접점이름을 각각 쓰시오. (예 MC₁(a), A 등)
(4) 릴레이회로의 접점기구는 7개이다. 여기서 기동기구는 (가), (나), 정지기능은 (다), (라), 유지기능은 (마), (바), 기동 준비기능은 (사)이다. ( )안에 각각 접점 이름을 쓰시오. (예 MC₁(a), A 등)
(5) PLC 래더회로를 그리고 프로그램 하시오. 여기서 P001, P002는 버튼스위치, P011, P012는 전자 접촉기, T000은 타이머이다. 명령어는 시작입력 LOAD, 출력 OUT, 타이머 TMR, 설정시간 (DATA)-9초, 직렬 AND, 병렬 OR, 부정 NOT 이다.

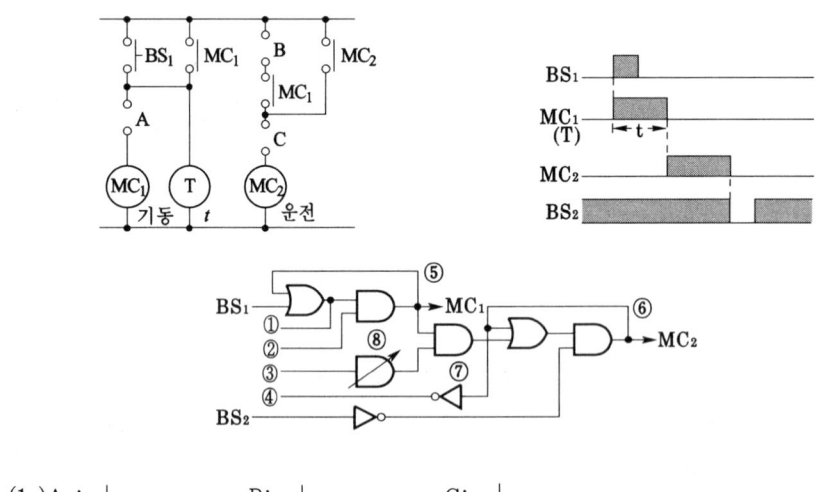

**답** (1) A: MC₂(b)   B: T_a   C: BS₂

(2) (①-③) (②-④)
(3) ⑤ MC₁(a)   ⑥ MC₂(a)   ⑦ MC₂(b)   ⑧ T_a
(4) (가) BS₁ (나) B (다) A (라) C (마) MC₁(a) (바) MC₂(a) (사) MC₁(a)
(5) 

| 명령 | 번지 | 명령 | 번지 |
|---|---|---|---|
| LOAD | P001 | ⟨DATA⟩ | 90 |
| OR | P011 | LOAD | T000 |
| AND NOT | P012 | AND | P011 |
| OUT | P011 | OR | P012 |
| LOAD | P011 | AND NOT | P002 |
| TMR | T000 | OUT | P012 |

BS₁을 주면 MC₁이 동작 리액터 기동하고 9초 후 타이머(B)로 MC₂가 동작하여 정상운전하며 MC₂접점(A)으로 MC₁이 복구된다. BS₂(C)로 정지한다.

**34** 그림은 기동 보상기에 의한 전동기 기동 제어회로의 미완성 도면이다. 물음에 답하시오.
(전03)
(1) 전동기의 기동 보상기 제어회로는 어떤 기동방법인지 상세히 설명하시오.
(2) 주회로에 대한 미완성 부분을 완성하시오.
(3) 제어회로의 미완성 접점을 그리고 접점명칭을 표기하시오.
(4) 이 전동기의 접지공사는 몇 종 접지공사를 실시하여야 하는가?

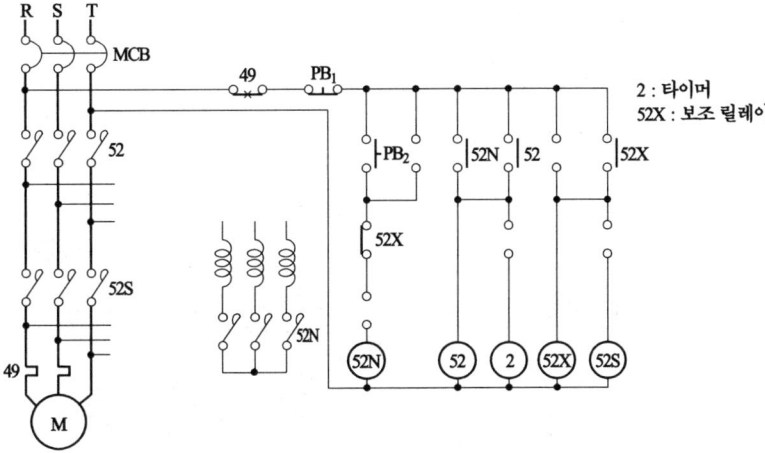

**답** (1) 기동시 전동기에 가하는 전압을 단권 변압기로 강압하여 기동전류를 줄이고 기동 후 전 전압을 가하는 방법으로 중형 이상의 농형 전동기에 사용한다.
(4) 제3종 접지공사

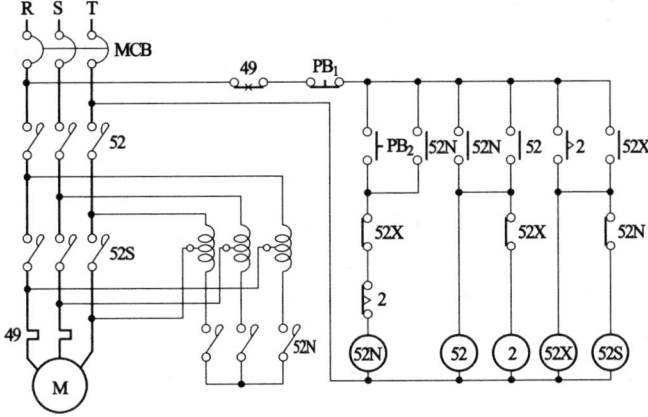

➡ PB₂를 주면 MC 52N이 동작하고 이어 MC 52가 동작하여 단권 변압기 탭 전압의 전압강하로 저전압 기동하고 기동 후 MC 52S로 단권 변압기를 단락하여 전전압 운전한다. 운전 중 MC 52와 52S만 동작된다.

**35** 그림의 전동기 역상제동(플러깅 plugging) 회로의 미완성 도면을 보고 물음에 답하시오. (전90,95, 전산91,94,99,04,06)

(1) 미완성 주회로를 완성하고 ①, ②의 접점을 그리고 A~D의 명칭을 쓰시오.
(2) RX 계전기를 사용하는 이유는?
(3) 전동기 정회전 중에 PB-OFF를 누를 때의 동작과정을 설명하시오.
(4) 플러깅을 간단히 설명하시오.

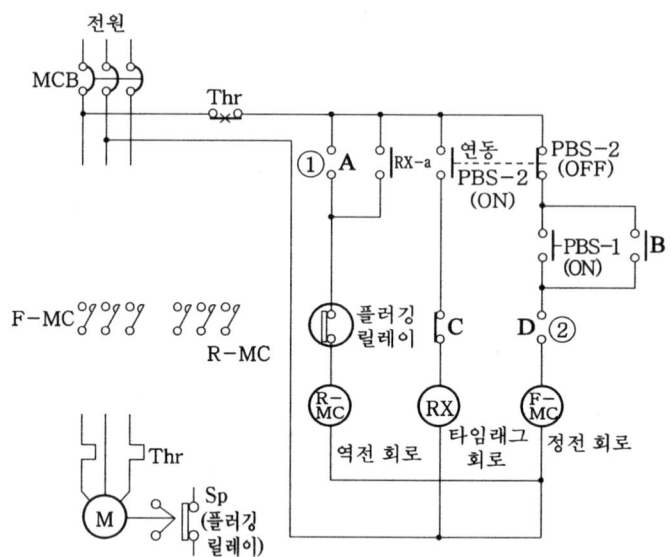

**답** (1) ① A : R-MCa  ② D : R-MCb
  B : F-MCa   C : F-MCb

(2) 인터록 시간지연과 제동시 과전류를 방지하는 시간적인 여유를 준다.
(3) PB$_2$-OFF를 주면 F-MC가 복구하여 전동기는 정지하기 시작한다. 동시에 RX가 동작하면 R-MC가 동작하여 역회전 토크로 급정지를 시작한다. 전동기 속도가 0에 가까우면 플러깅 릴레이가 동작하여 R-MC가 복구되어 역회전 방지, 이어 전동기는 정지(급정지)한다.
(4) 전동기 역회전에 의한 전동기의 급정지용 역상제동 급제동법이다.

🐎 플러깅 plugging은 전동기의 정역회전 원리를 이용하여 급제동에 사용하며 정지 직전에 마찰제동을 한다.
PB$_1$을 ON하면 F-MC에 의하여 전동기는 정회전 한다. 정지할 때 (3)과 같다.

**36** 그림은 3상 유도전동기의 역상제동 시퀀스이다. 물음에 답하시오. (전산01, 05)
단, 플러깅 릴레이 SP는 전동기가 회전하면 닫히고 속도가 0에 가까우면 열린다.
(1) 회로에서 ①~④에 접점과 기호를 넣고 MC₁과 MC₂의 동작과정을 간단히 설명하시오.
(2) 보조릴레이 T와 저항 r의 용도와 역할에 대하여 간단히 설명하시오.

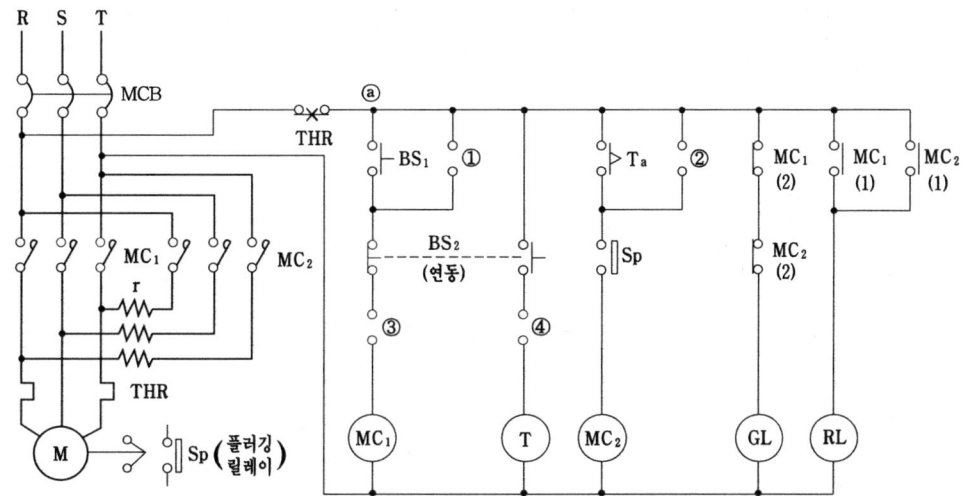

**답** (1) ① MC₁ ② MC₂ ③ MC₂ ④ MC₁

㉮ BS₁을 누르면 MC₁이 동작하여 전동기는 기동 운전된다.
㉯ 연동 BS₂를 누르면 MC₁이 복구하여 전동기는 정지하기 시작한다.
㉰ 동시에 T가 여자되고 설정시간 후 MC₂가 동작하여 역회전력으로 전동기는 급정지한다.
㉱ 정지 직전에 SP가 열려 MC₂가 복구하여 역회전을 방지하고 정지한다.

(2) T : 타이머를 사용하여 제동시 과전류를 방지하는 시간적인 여유를 준다.
   즉 정회전 속도가 다소 줄어들 때 역회전 회전력이 작용토록 한다.
   r : 역상제동시 저항의 전압강하로 제동력을 줄인다.

① 과 ②는 유지접점이고 ③과 ④는 인터록 접점이다.

**37** 그림은 농형 유도전동기의 1차 저항 기동제어회로의 주회로의 일부이다. $BS_1$을 주면 $MC_1$이 동작하여 $(R_1 + R_2)$로 전동기는 기동하며 $T_1$이 여자한다. $t_1$초 후 $MC_2$가 동작하여 저항 $R_1$을 단락하고 $T_2$가 여자한다. $t_2$초 후에 MC가 동작하고 저항 $(R_1 + R_2)$를 단락하여 전동기는 정상 운전한다. 한편 MC 접점으로 $MC_1$, $T_1$, $MC_2$, $T_2$가 복구되고 저항은 개방된다. 운전 중에는 MC만 동작되고 $BS_2$는 비상정지를 겸한다. 2입력 AND, OR, NOT, 타이머 기호를 사용하여 로직회로와 타임차트를 그리시오. MCB, Thr은 생략한다. (공산99, 공98, 01)

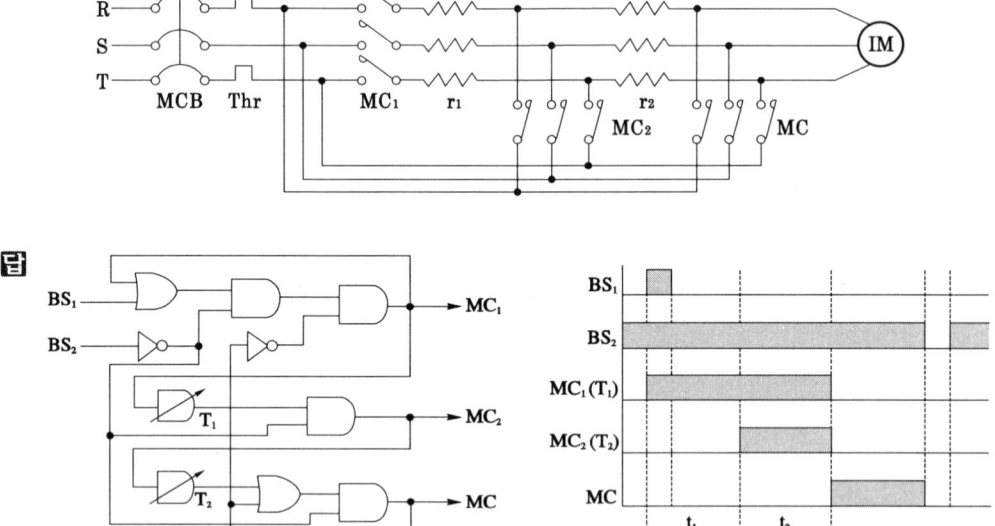

🔸 농형 유도전동기의 1차 저항 기동제어회로는 손실이 많아 지금은 거의 사용하지 않는다.

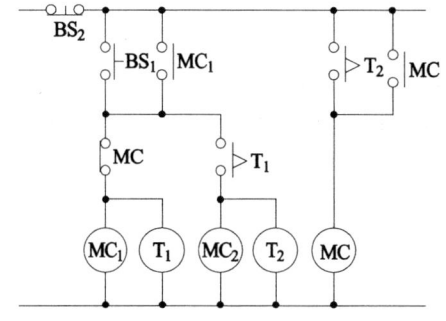

**38** 다음은 권선형 유도전동기의 기동회로와 동작 설명이다. ①~⑦에 맞은 접점을 그려서 회로를 완성하시오. (공산91)

(1) NFB를 투입하면 표시등 GL이 점등
(2) $BS_1$을 누르면 $MC_1$이 동작하여 전동기가 전저항으로 기동하고 $T_1$이 여자되며 GL이 소등, RL이 점등된다.
(3) 설정시간 후 $T_1$이 동작되면 $MC_2$가 동작하여 저항 $R_1$이 단락되고 $T_2$가 여자된다.
(4) 설정시간 후 $T_2$가 동작되면 $MC_3$이 동작하여 저항 $R_2$가 단락되고 $T_3$이 여자된다.
(5) 설정시간 후 $T_3$이 동작되면 $MC_4$가 동작 유지하여 전 기동저항($R_1, R_2, R_3$)이 단락되고 $T_1, T_2, T_3, MC_2, MC_3$이 복구된다.
(6) $BS_2$를 누르면 RL이 소등, GL이 점등된다.

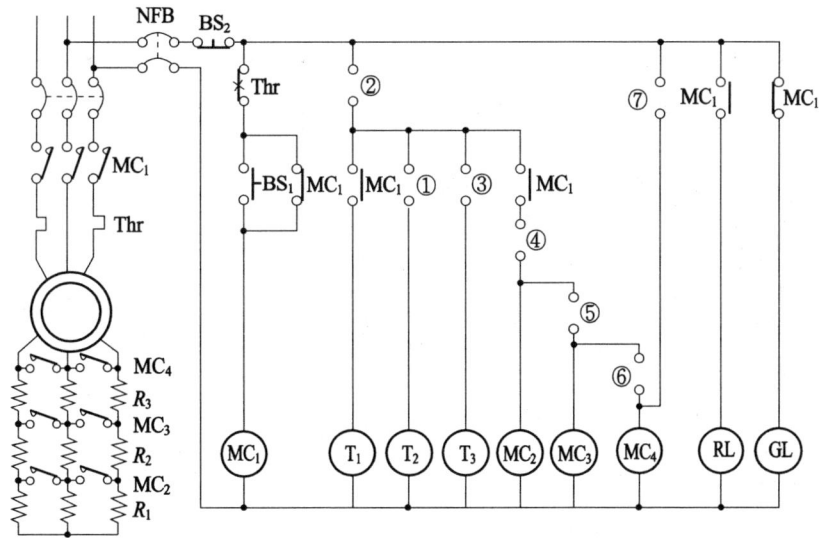

**답** ① $MC_2$  ② $MC_4$  ③ $MC_3$  ④ $T_1$  ⑤ $T_2$  ⑥ $T_3$  ⑦ $MC_4$

타이머 여자 : $T_1$-$MC_1$, $T_2$-① $MC_2$, $T_3$-③ $MC_3$
MC 동작 : $MC_1$-$BS_1$, $MC_2$-④ $T_1$, $MC_3$-⑤ $T_2$, $MC_4$-⑥ $T_3$
$MC_4$ 유지 : ⑦
($MC_2, MC_3, T_1, T_2, T_3$) 복구 : ② $MC_4$

**39** 회로를 보고 물음에 답하시오. (공01, 09)
 (1) 전동기의 기동방법 중 어떤 기동법인가?
 (2) DC전압을 MC₄를 통해 전동기에 인가하는 이유는 무엇인가?
 (3) 다이오드를 이용한 정류회로 방식은?
 (4) 회로에서 THR의 기능은 무엇인가?
 (5) 회로에서 Timer는 어떤 기능을 하는가?
 (6) PB₂ 옆에 있는 MC₁의 a접점을 사용한 이유는?
 (7) MC₂-b와 MC₃-b의 접점을 사용한 이유는?
 (8) 회로에서 NFB의 기능을 적으시오.
 (9) L₃이 점등되면 전동기는 어떤 운전을 하는가?
 (10) L₂가 점등되면 전동기는 어떤 운전을 하는가?

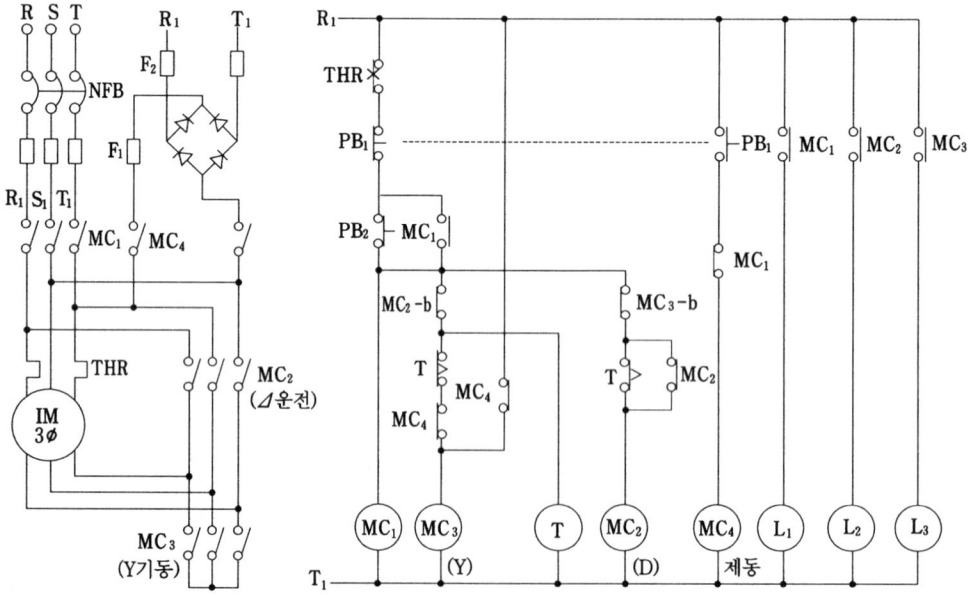

🗒 (1) Y-Δ기동과 직류제동 회로
 (2) 전동기 회전력을 회전자 도체에 전력으로 바꾸어 제동토크를 얻는다.
 (3) 브리지 전파정류   (4) 과부하 보호
 (5) Y기동 설정시간과 Δ운전 자동전환   (6) 자기유지   (7) 인터록 회로
 (8) 단락사고 차단과 전원공급   (9) Y기동   (10) Δ운전

🐍 PB₂를 주면 MC₁ 동작 MC₃ 동작으로 Y기동한다. t초 후 MC₃ 복구 MC₂ 동작으로 Δ운전된다. PB₁을 주면 MC₁ MC₃ 복구로 전동기는 정지상태로 들어가고 MC₄가 동작하여 전동기에 직류를 가하여 회전력을 회전자 도체에 전력으로 바꾸어 제동회전력을 얻어 제동하며 정지 직전에 PB₁을 놓는다.

**40** 그림은 농형 유도전동기의 직류여자방식(직류제동) 제어기의 접속도이다. 물음에 답하시오. (전산95,99,02)

[범 례] MCCB : 배선용 차단기,  Thr : 열동 계전기,  MC : 전자 접촉기
TR : 정류 전원 변압기,  SiRf : 실리콘 정류기,  $X_1$, $X_2$ : 보조 계전기
T : 타이머,  DB : 제동용 전자 접촉기,  PBS(on) : 운전용 푸시버튼
PBS(off) : 정지용 푸시버튼,  GL : 정지램프,  RL : 운전램프

[동작설명] 운전용 푸시버튼 스위치 $PB_1$을 눌렀다 놓으면 전자 접촉기 MC가 동작하여 전동기는 기동 운전한다. 정지용 푸시버튼 스위치 $PB_2$를 눌렀다 놓으면 전자 접촉기 MC가 복구하고 제동용 전자 접촉기 DB가 동작하여 전동기에 직류를 가한다. T의 설정시간 제동전류가 흐르고 직류가 차단되며 전동기는 정지하게 된다.

(1) ①, ②, ④에 해당하는 접점의 기호를 쓰시오.
(2) ③에 대한 접점기호의 명칭을 쓰시오.
(3) 운전램프 RL이 점등되도록 ⑤에 접점의 그림기호와 문자기호를 넣으시오.
(4) 타이머 T에 의하여 제어되는 릴레이 2개를 조작 받는 차례로 쓰시오.

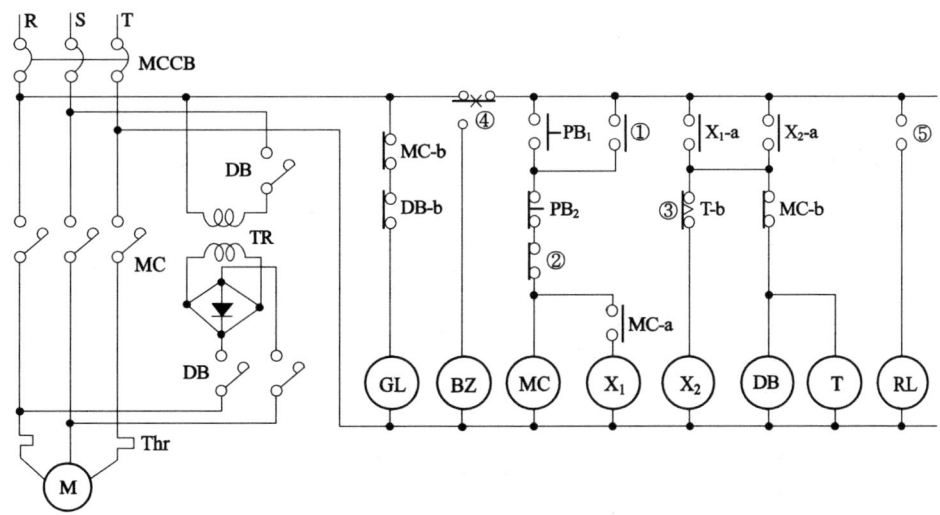

📖 (1) ① MC-a  ② DB-b  ④ Thr-b  (3) [접점기호 $X_1$-a]  (4) $X_2$, DB
(2) 한시동작 순시복귀 b접점

➤ $PB_1$을 주면 MC가 동작 전동기가 운전된다. $PB_2$를 주면 전동기는 정지상태로 되며 제동용 MC DB가 동작하여 전동기에 직류를 가하여 회전력을 회전자 도체에 전력으로 바꿔 제동력을 얻으며 T초 후 복구한다. ②는 인터록이다.

**41** 그림은 직류전동기의 기동회로이다. 물음에 답하시오. (공산92, 04, 12)

(1) 그림에서 ○으로 표시된 곳에 알맞은 접점을 그리고 기호를 쓰시오.

(예 : ─╫─ MC₄, ─╢─ MC₃ )

(2) 답지 타임차트를 완성하시오.

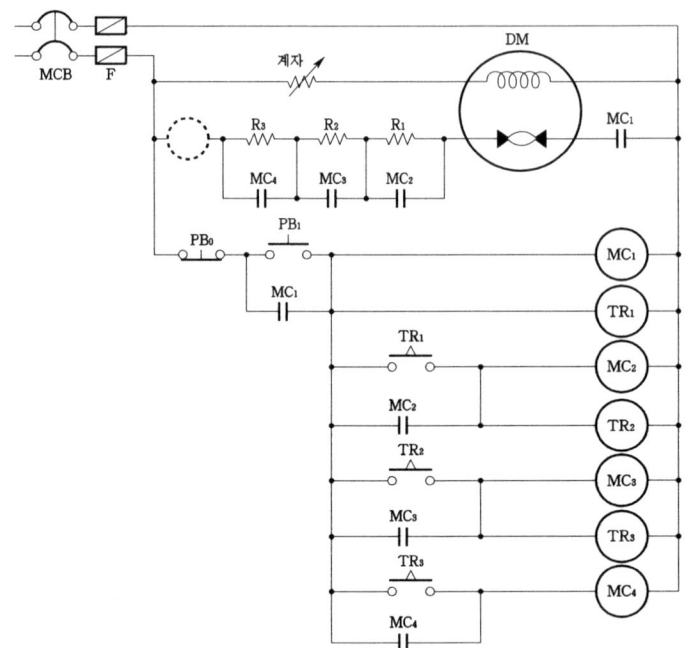

**답** (1)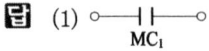

(2)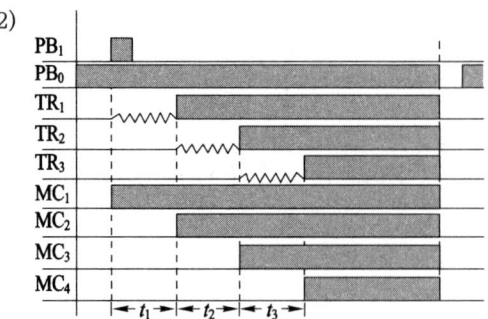

저항 3개를 3단계로 줄이면서 기동하는 저항기동회로이다. 즉 PB₁을 주면 MC₁이 동작 유지하고 전동기는 전저항 기동한다. T₁초 후 MC₂가 동작 저항 R₁이 단락된다. T₂초 후 MC₃이 동작 저항 R₂가 단락된다. T₃초 후 MC₄가 동작 저항 R₃이 단락되어 정상 운전된다.

# 3-4. 전동기 응용 회로

### (1) 펌프 회로

① 수동회로 : $BS_1$로 기동하고 $BS_2$로 정지한다.
② 자동회로 : 저수위에서 저수위용(기동용) 하한 액면(float) 스위치 LL이 닫혀서 MC가 동작하여 펌프 전동기로 양수하고 만수위에서 고수위용(정지용) 상한액면 스위치 LH로 MC가 복구하여 펌프 전동기가 정지한다. 갈수기나 수조에 물이 없을 때 공회전시 공회전 방지용 액면 스위치 LS가 작동하면 MC가 복구하여 펌프 전동기가 정지한다.

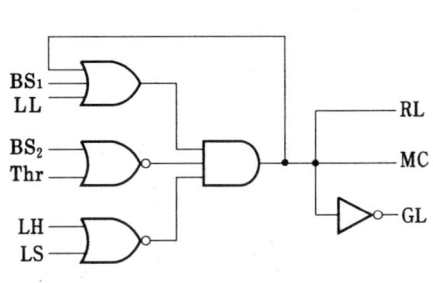 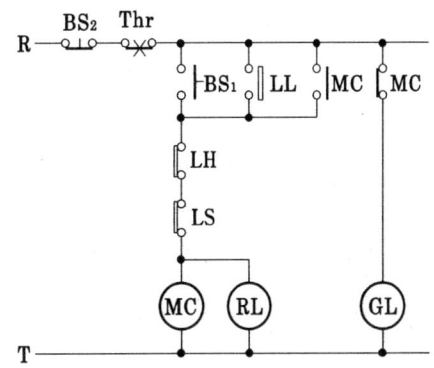

### (2) 권상 회로

리프트의 자동반전 제어회로의 일부이다. 작업장에서 짐을 싣는 케이지(cage)를 로프 줄로 권상 전동기의 드럼에 연결하고 가이드 레일을 따라 1층과 2층을 오르내리도록 하고 있다.

1층에서 $T_2(BS_1)$로 상승하고 2층에서 $LS_1$로 정지하며 t초 후 $T_1$으로 하강하고 $LS_2$로 정지한다. T는 LS로 여자한다.

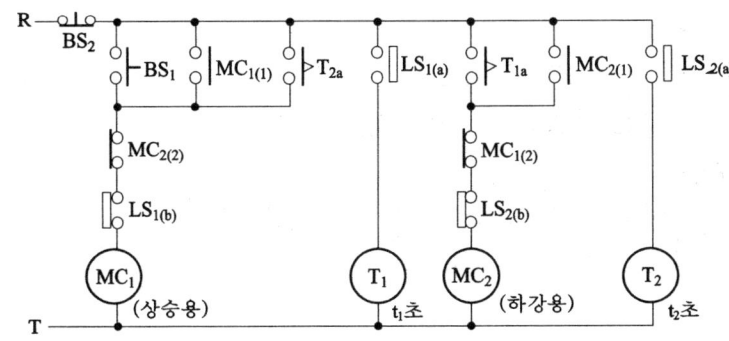 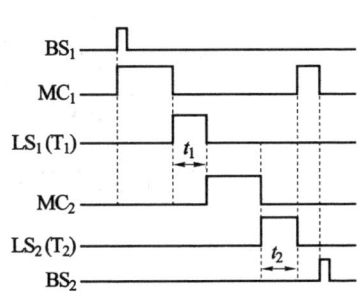

### (3) 컨베이어 회로

그림은 벨트 컨베이어 3대를 전동기 3대로 수평 운전하는 회로의 일부이고 타이머 4개로 순차기동과 순차정지 한다.

기동순서 $MC_1 - MC_2 - MC_3$ 이고 정지순서와 공정순서는 같고 $MC_3 - MC_2 - MC_1$ 이 된다.

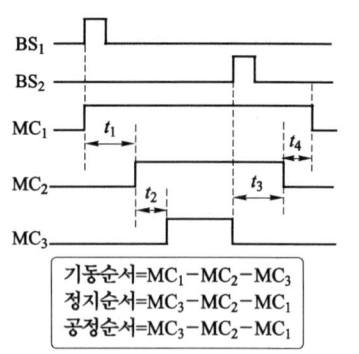

기동순서=$MC_1-MC_2-MC_3$
정지순서=$MC_3-MC_2-MC_1$
공정순서=$MC_3-MC_2-MC_1$

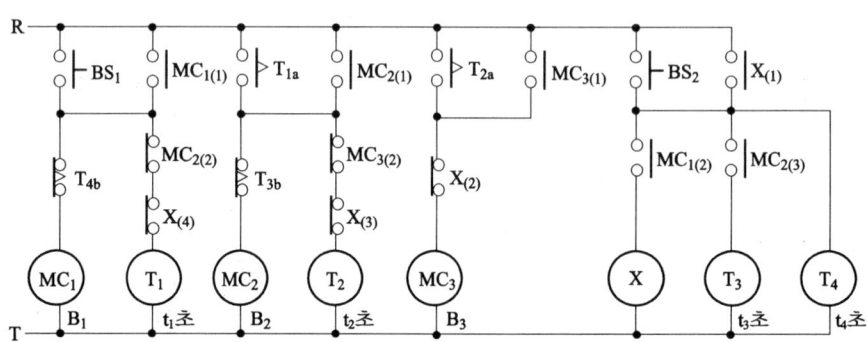

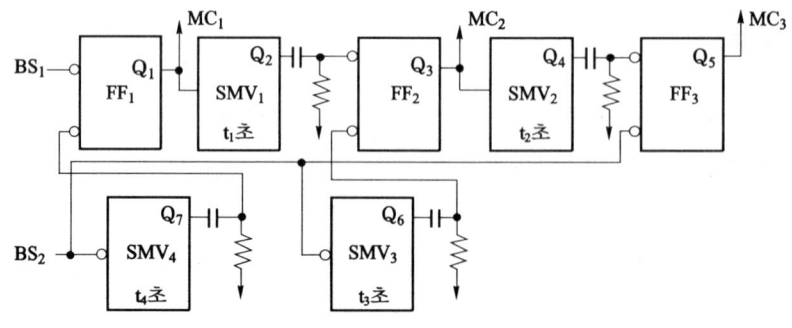

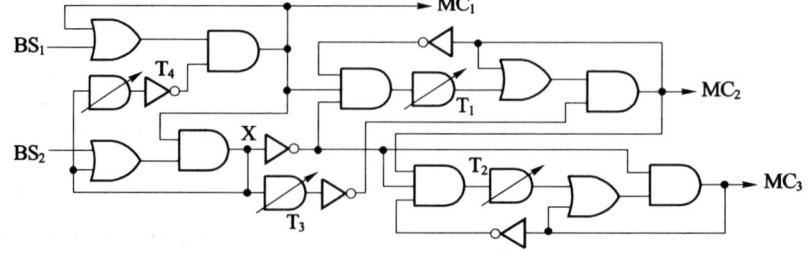

# 3-4. 전동기 응용 회로 과년도 출제 문제

**1** 도면은 전동기 A, B, C 3대를 기동 운전하는 제어회로이다. 물음에 답하시오. 단, MA, MB, MC는 각각 전동기 운전용 개폐기이다. (전98,00,02,03,08)

(1) 전동기를 기동시키기 위하여 PB(ON)을 누르면 전동기는 어떻게 기동하는지 그 기동과정을 상세히 설명하시오.

(2) SX-1의 역할에 대한 접점 명칭은 무엇인가?

(3) 전동기를 정지시키고자 PB(OFF)를 눌렀을 때 전동기가 정지되는 순서는?

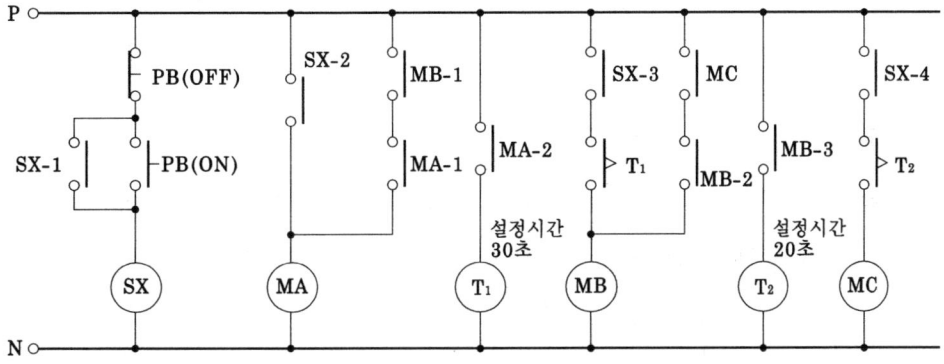

**답** (1) SX가 동작되고 SX-2로 MA가 동작되고 이어 $T_1$이 여자된다.
30초 후 MB가 동작되며 이어 $T_2$가 여자된다. 20초 후 MC가 동작된다.

(2) 자기유지접점   (3) C-B-A 순서

☞ 기동은 (1)과 같고 정지시는 PB-OFF를 주면 SX가 복구하고 SX-4로 MC가 복구하면 MC 접점으로 MB가 복구하고 이어 MB-1접점으로 MA가 복구(C-B-A 순서)한다.

**2** 다음 시퀀스를 이해하고 답지의 타임차트를 완성하시오. (공산91)

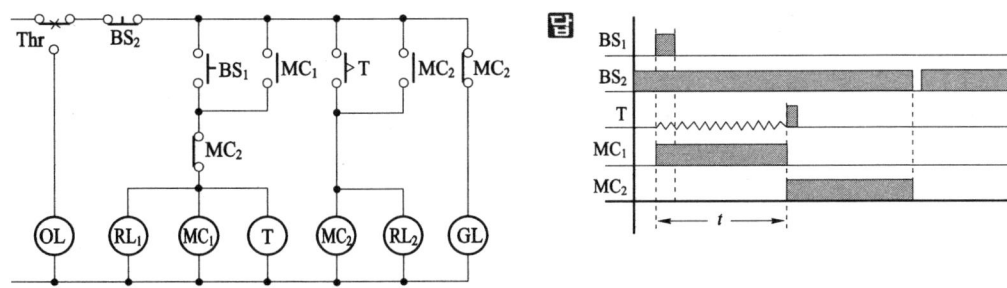

☞ $BS_1$을 주면 $MC_1$이 동작하고 T가 여자된다. T초 후 T접점으로 $MC_2$가 동작하고 그 접점으로 $MC_1$이 복구한다. $BS_2$를 주면 $MC_2$가 복구한다.

**3** 그림은 전동기 3대가 순차적으로 동작하는 회로이다. 옳은 것은? (공93, 97)

(1) BS₁을 누르면 MC₁-MC₂-MC₃ 순으로 동작한다.
(2) BS₂를 누르면 MC₃-MC₂-MC₁ 순으로 복구한다.
(3) Thr 3개 중 1개가 트립되면, MC 3개가 동작하지 않는다.
(4) MC₁이 고장나면 MC₂, MC₃은 동작할 수 없다.

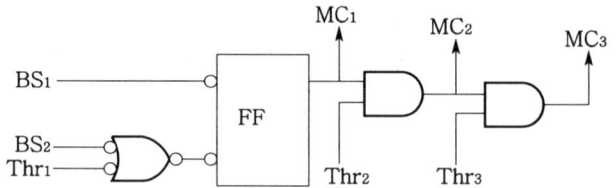

**답** (1)

릴레이 회로와 같이 BS₁을 누르면 MC₁-MC₂-MC₃ 순서로 동작한다.

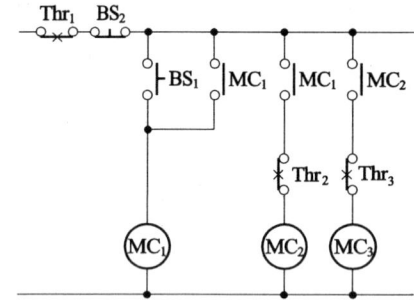

**4** 아래 시퀀스는 3상 유도전동기 3대의 순차 운전회로이다. 물음에 답하시오. (전94, 01)

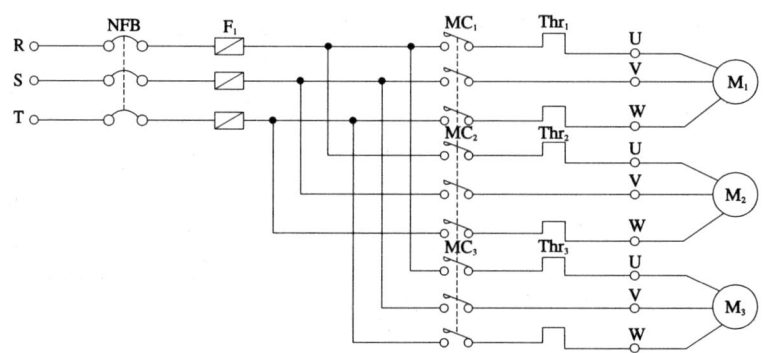

(1) 답지 타임차트를 완성하시오. (MC₁~MC₃, T₁-a~T₃-a의 동작)
(2) PB를 누를 때의 회로동작을 간단히 설명하시오.

(3) 타이머 $T_2$의 설정시간 후에 동작되고 있는 전동기를 모두 쓰시오.
(4) $Thr_1$이 트립되어 있다면 위 (3)의 경우는 어떻게 되는가?
(5) 접선부분($Ry_1$ 동작)을 AND, OR, NOT 소자를 사용한 무접점회로를 그리시오.

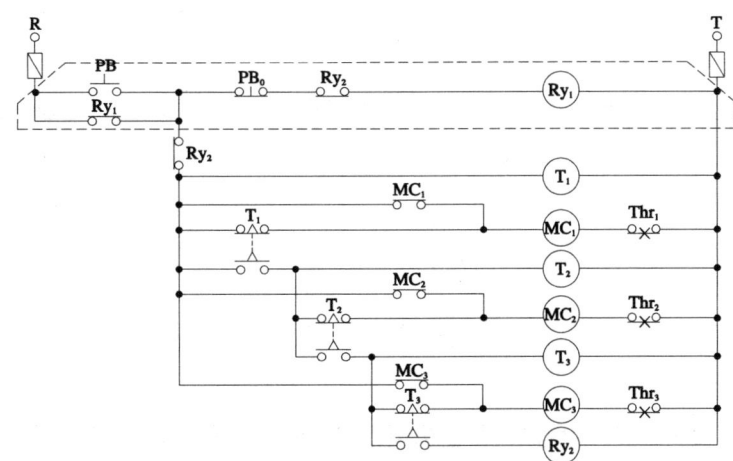

※타이머 설정시간 각 3초임

**답** (1)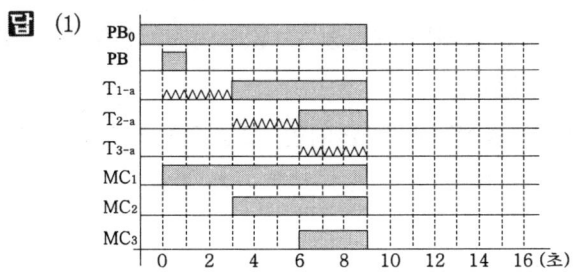

(2) PB-on하면 $Ry_1$ 동작유지와 동시 $T_1$여자, $MC_1$ 동작유지, 3초 후 $T_2$여자, $MC_2$ 동작유지, 다시 3초 후 $T_3$여자, $MC_3$ 동작유지, 다시 3초후 $Ry_2$ 동작(혹은 $PB_0$-on)으로 $MC_1$, $MC_2$, $MC_3$, $T_1$, $T_2$, $T_3$, $Ry_1$, $Ry_2$ 모두 복구한다.

(3) $M_1$, $M_2$, $M_3$,   (4) $M_2$, $M_3$

(5)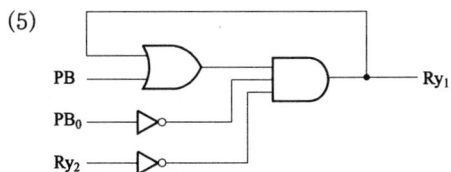

👉 PB-on $M_1$ 동작, 3초 후 $M_2$ 동작, 3초 후 $M_3$ 동작, 3초 후 모두 복구한다. 또, Thr이 트립되면 해당 M만 동작할 수 없다.

**5** 그림은 전동기 5대가 동작할 수 있는 제어회로 설계도이다. 회로를 숙지한 다음 ( )안에 알맞은 말을 넣어 완성하시오. (전산92,97,06,12)

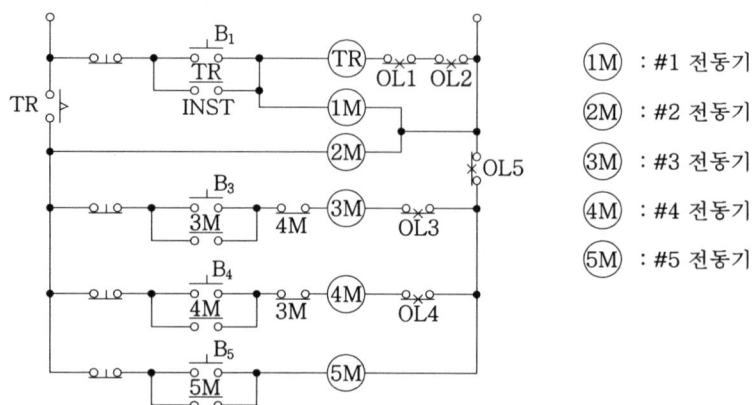

(1) #1 전동기가 기동하면 일정시간 후에 (①) 전동기가 기동하고 #1 전동기가 운전 중에 있는 한 (②) 전동기도 운전된다.
(2) #1, #2 전동기가 운전중이 아니면 (①) 전동기는 기동할 수 없다.
(3) #4 전동기가 운전중이면 (①) 전동기는 기동할 수 없으며 #3 전동기가 운전 중일 때 (②) 전동기는 기동할 수 없다.
(4) #1 또는 #2 전동기의 과부하 계전기가 트립되면 (①) 전동기가 정지한다.
(5) #5 전동기의 과부하 계전기가 트립되면 (①) 전동기가 정지한다.

**답** (1) ① #2  ② #2   (2) ① #3, #4, #5   (3) ① #3  ② #4
(4) ① #1, #2, #3, #4, #5   (5) ① #3, #4, #5

**해설** $B_1$을 주면 TR이 동작 유지하고 1M이 기동 운전된다. 설정시간 후 2M이 기동 운전된다. 이후 $B_3$을 주면 3M이 기동 운전되고 혹은 $B_4$를 주면 4M이 기동 운전되지만 3M과 4M은 먼저 준 입력의 하나만 동작된다(인터록 회로).
$B_5$를 주면 5M이 기동 운전된다. $OL_1$, $OL_2$가 트립되면 모든 동작이 불가하다.
$OL_5$가 트립되면 3M~5M의 동작이 불가하며 $OL_3$이 트립되면 3M만 동작이 안된다.

**6** 그림의 시퀀스는 3상 농형 유도전동기의 정·역 및 Y-Δ 기동회로이다. 물음에 답하시오. 단, $MC_{1~4}$ : 전자접촉기, $PB_1$과 $PB_2$ : 연동 버튼스위치, $PB_0$ : 버튼스위치, $PL_{1~3}$ : 표시등, T : 시한동작 타이머이다. (전97)

(1) MC₁을 정회전 전자 접촉기라고 하면 역회전 전자 접촉기는?
(2) Y결선용과 Δ결선용 전자 접촉기는?
(3) 정·역 운전시 정회전 전자 접촉기라와 역회전 전자 접촉기가 동시에 작동하지 못하도록 제어회로에서 전기적으로 안전하게 구성하는 회로는?
(4) 유도전동기를 Y-Δ 기동하는 이유를 간단히 설명하시오.
(5) Y결선에서 Δ결선으로 되는 것은 어느 기구의 어느 접점에 의하여 Δ결선 전자 접촉기가 작동하는가? 단 접점명칭은 작동원리에 따른 우리말 용어로 답하시오.
(6) MC₁을 정회전 전자 접촉기라고 하면 역회전 Y-Δ로 운전할 때 작동(여자)되는 전자 접촉기를 모두 쓰시오.
(7) MC₁을 정회전 전자 접촉기라고 하면 역회전할 때 점등되는 표시램프는?
(8) 유도전동기의 외함은 제 몇 종 접지공사를 하여야 하는가?
(9) 주회로에서 Thr는 무엇인가?

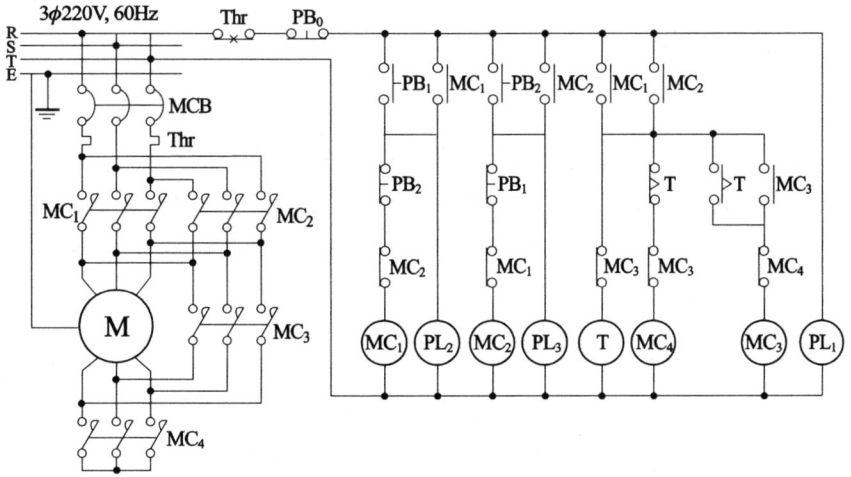

답 (1) MC₂  (2) Y결선용-MC₄, Δ결선용-MC₃  (3) 인터록
(4) 기동전류를 1/3로 줄이기 위하여  (5) 타이머 시한동작 순시복구 a접점
(6) MC₂, MC₃(MC₄도 잠시동작)   (7) PL₃   (8) 제3종 접지공사
(9) 열동 계전기

➢ PB₁을 주면 MC₁이 동작하여 정회전 동작을 준비하고 MC₄가 동작하여 Y결선 기동하며 T가 여자된다. T초 후 MC₄가 복구하여 기동이 끝나고 MC₃이 동작하여 Δ결선 운전되고 T는 복구된다. 역회전 동작은 MC₂로 된다.

**7** 그림은 펌프용 유도전동기의 자·수동 운전회로이다. ①~⑦의 기기의 명칭을 쓰시오. (전07)

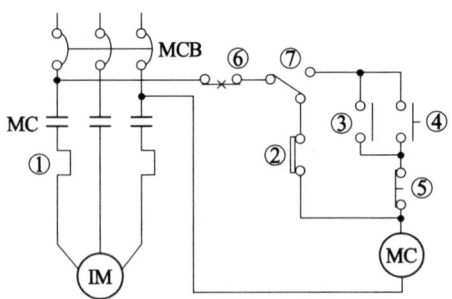

**답** ① 열동 계전기 Thr
② 상한 액면 스위치 LH
③ 자기유지 a접점
④ 푸시버튼 스위치(ON)
⑤ 푸시버튼 스위치(OFF)
⑥ 역동 계전기 b접점(자 수동)
⑦ 자·수동 절환 스위치

➡ 절환 스위치(SS)를 자동으로 두면 고수위용(정지용) 상한 액면 스위치 LH②는 만수위 전까지는 닫혀있으므로 MC가 동작하여 펌프 전동기로 양수한다. 그러나, LH는 만수위에서 열리므로 MC가 복구하여 펌프 전동기가 정지한다. 스위치 SS⑦를 수동으로 하고 BS₁④을 주면 MC가 동작하여 펌프 전동기로 양수하고 BS₂⑤를 주면 MC가 복구하여 펌프 전동기가 정지한다.

**8** 그림의 미완성 시퀀스를 보고 물음에 답하시오. (전산00, 03)
(1) 도면에 표시된 ①~⑤의 명칭을 쓰고 또 Y등의 역할을 쓰시오.
(2) 전동기 운전표시등 R과 정지표시등 G의 회로를 점선 내에 그리시오.

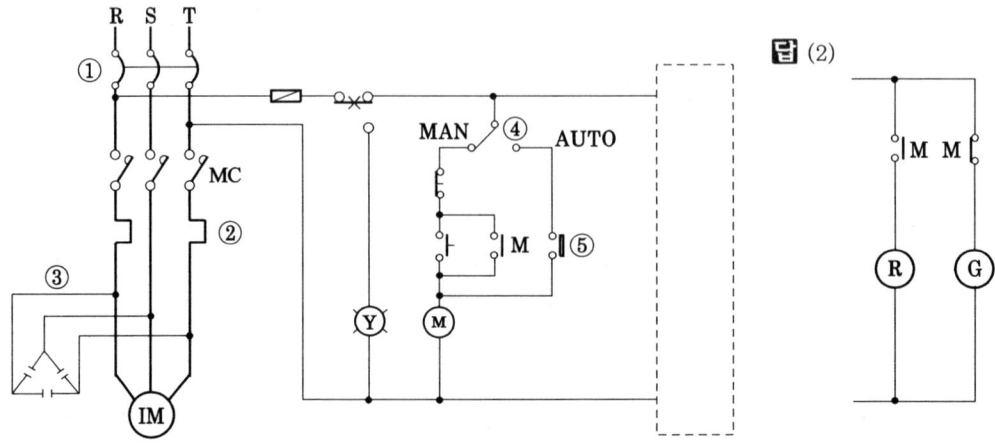

**답** (1) ① 배선용 차단기  ② 열동 계전기  ③ 전력용 콘덴서
④ 셀렉터 스위치  ⑤ 리밋 스위치   Y등 : 과부하 동작 표시램프

**9** 회로도는 자동/수동 양수장치에 공회전 방지용 액면 스위치 LS를 접속한 것이다. 로직 시퀀스를 그리시오. 단, LH는 고수위용 액면스위치, LL은 저수위용 액면 스위치이다. (공92,94,97,00, 공산09)

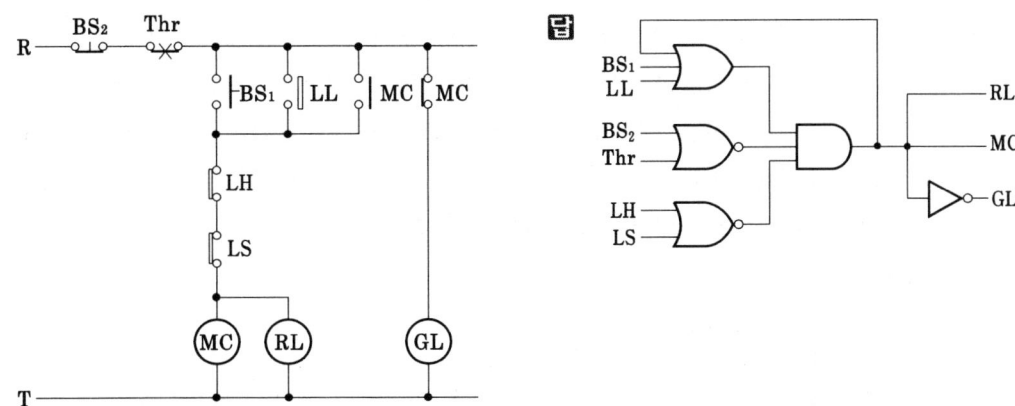

수동회로는 BS₁을 누르면 MC가 동작하여 펌프 전동기로 양수(배수)하고 BS₂를 누르면 MC가 복구하여 펌프 전동기가 정지한다. 자동회로는 저수위에서 저수위용(기동용) 하한 액면(float) 스위치 LL이 닫혀서 MC가 동작하여 펌프 전동기로 양수하고 만수위에서 고수 위용(정지용) 상한 액면 스위치 LH로 MC가 복구하여 펌프 전동기가 정지한다. 갈수기나 수조에 물이 없을 때 공회전시 공회전 방지용 액면 스위치 LS가 작동하면 MC가 복구하여 펌프 전동기가 정지한다.

**10** 그림은 콤프레셔 압력제어회로의 로직시퀀스의 일부이다. 수동조작은 BS₁으로, 자동 조작은 하한 압력에서 LS₁이 닫히고 압력이 조금 증가하면 LS₁은 개방된다. 상한압력 에서 LS₂가 열린다. 답지에 릴레이시퀀스를 그리시오. (공산93)

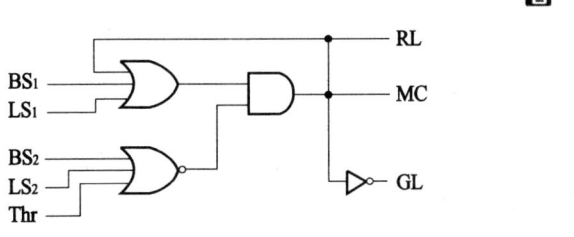
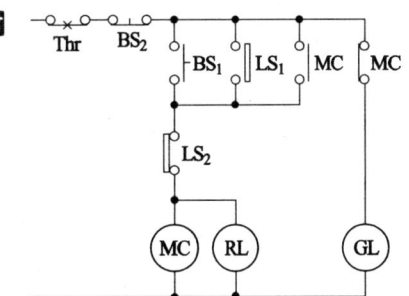

위 문제 참조

**11** 그림은 수중 펌프용 전동기의 MCC(Motor Control Center)반 미완성 회로도이다. 물음에 답하시오. (전03, 05)

(1) 펌프를 현장과 중앙감시반에서 조작하는 자동 수동제어 시퀀스를 그리시오.

[조건] ① 절체 스위치에 의하여 자동, 수동 운전이 가능하도록 한다.
② 자동운전은 리미트 스위치 또는 플로우트 스위치에 의한다.
③ 표시등은 현장과 중앙감시반에서 동시에 확인이 가능하도록 한다.
④ 운전등 RL, 정지등 GL, 열동계전기 동작에 의한 등은 YL로 한다.

(2) 현장 조작반에서 MCC반까지 전선은 어떤 종류의 케이블을 사용하는가?

(3) 차단기는 어떤 종류의 차단기를 사용해야 좋은가?

답 (1)

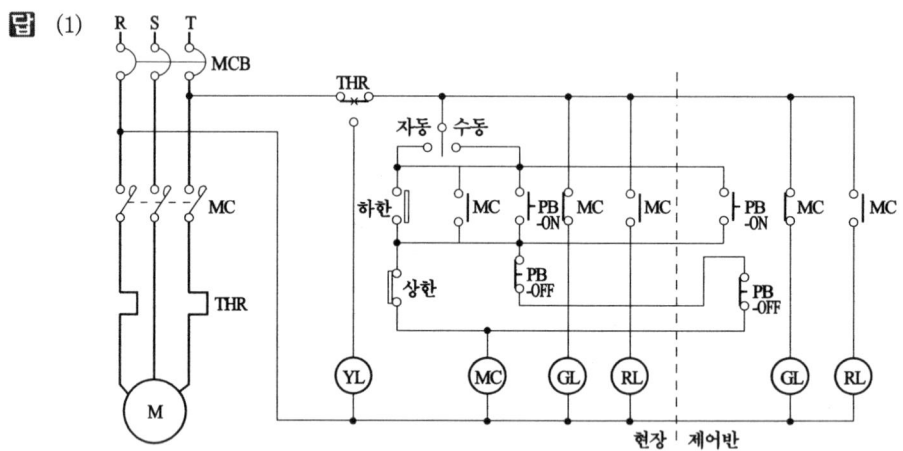

(2) CCV(0.6/1[kV] 제어용 가교 폴리에틸렌 절연비닐 시스 케이블)
(3) 누전 차단기

**12** 그림은 펌프설비 운전제어회로이다. 답지에 타임차트를 완성하시오. (공산93)

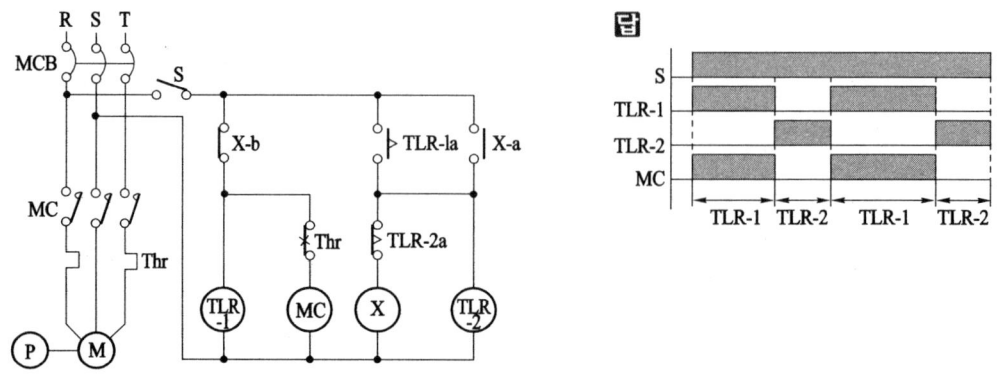

MC가 $T_1$초간 동작하고 $T_2$초간 복구하는 것을 반복한다.

**13** PBS로 펌프가 조작되는 양수설비이다. 물음에 답하시오. (공산89, 91, 94)

(1) $R_1$, $R_2$, M+P의 식을 쓰시오.
(2) 답지의 타임차트를 완성하시오.

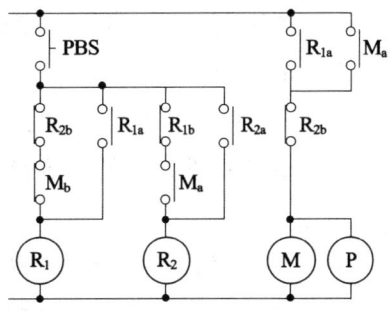

**답** (1) $R_1 = PBS(\overline{R_2} \cdot \overline{M} + R_1)$
$R_2 = PBS(\overline{R_1} \cdot M + R_2)$
$M + P = (R_1 + M)\overline{R_2}$

(2)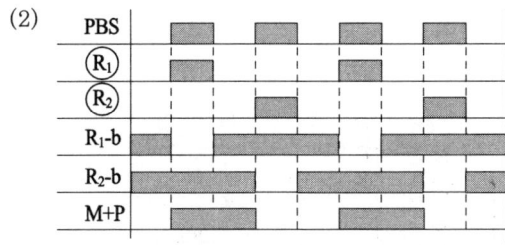

☞ 버튼 스위치 하나로 전동기의 기동과 정지가 되는 전동기 운전회로이다.
PBS를 누르면 $-R_1\uparrow-MC\uparrow$, $P\uparrow$, PBS를 놓으면 $R_1\downarrow$
다시 PBS를 누르면 $-R_2\uparrow-MC\downarrow$, $P\downarrow$, PBS를 놓으면 $R_2\downarrow$ (문제 3-1-9번 참조)

**14** 그림은 플로트레스(플로트 없는) 액면 릴레이를 사용한 급수제어 시퀀스이다. 점선부분에 Diode 기호 ─▶├─ 를 4개 사용하여 브리지 정류회로를 구성하시오. (전산85, 95, 00)
※ WLR : 플로트레스 액면 릴레이

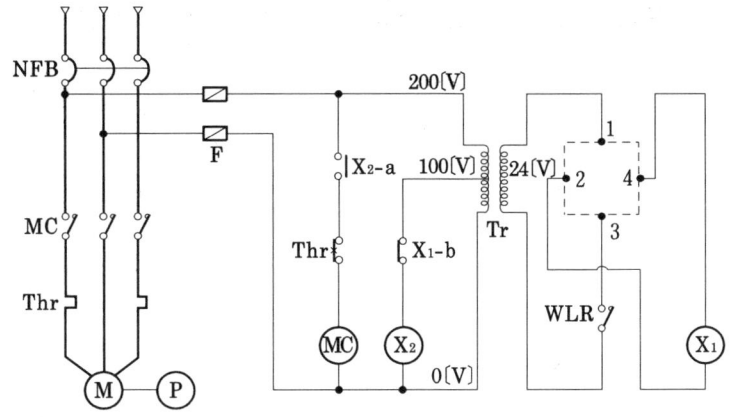

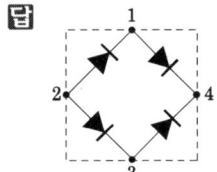

☞ 저수위에서 $X_2$가 동작하여 펌프 전동기가 운전된다. 수위가 높아 WLR이 닫히면 $X_1$이 동작하여 그 접점으로 $X_2$가 복구하여 전동기가 정지한다.

**15** 그림은 플로트레스(플로트 없는) 액면 릴레이를 사용한 급수제어 시퀀스이다. 물음에 답하시오. (전02)

(1) 기기 ⓑ의 명칭과 기능을 쓰시오.
(2) 전동펌프에 과전류가 흐를 때 최초로 동작하는 접점의 도면상 번호와 명칭을 쓰시오.
(3) 수조 수위가 전극보다 올라갔을 때 전동펌프는 어떤 상태인가?
(4) 수조 수위가 전극 $E_1$보다 내려갔을 때 전동펌프는 어떤 상태인가?
(5) 수조 수위가 전극 $E_2$보다 내려갔을 때 전동펌프는 어떤 상태인가?

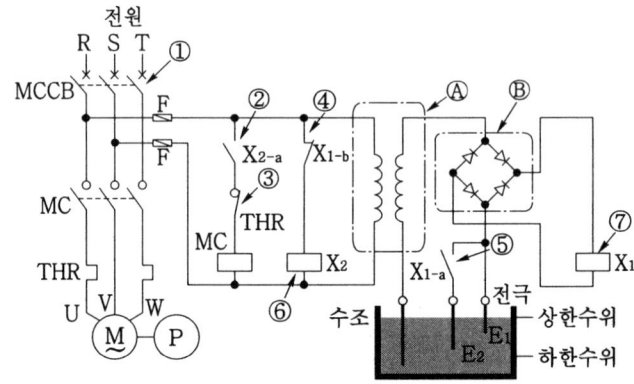

**답** (1) 교류를 직류로 정류하여 릴레이 $X_1$에 직류를 공급하는 브리지 정류회로
(2) 열동 계전기의 수동(자동)복귀 b접점 ③
(3) 정지상태   (4) 정지상태   (5) 운전상태

➡ 저수위에서 $X_2$가 동작하여 펌프 전동기가 운전된다. 수위가 높아지면 $X_1$이 동작하여 그 접점으로 $X_2$가 복구하여 전동기가 정지한다. 접점 $X_1a$는 저수위 직전까지 회로를 유지한다.

**16** 어떤 회사에서 한 부지에 A, B, C의 3공장을 세워 3대의 급수 펌프 $P_1$(소형), $P_2$(중형), $P_3$(대형)으로 다음 계획에 따라 급수계획을 세웠다. 물음에 답하시오.
(전산86, 96, 98, 00, 02, 03, 10, 공05, 07)

[계획]
① 모든 공장 A, B, C가 휴무일 때 또는 그 중 한 공장만 가동할 때 펌프 $P_1$을 가동시킨다.
② 모든 공장 A, B, C 중 두 공장만 가동할 때 펌프 $P_2$만을 가동시킨다.
③ 모든 공장 A, B, C가 모두 가동할 때 펌프 $P_3$만을 가동시킨다.

(1) 조건과 같은 진리표를 작성하시오.
(2) $P_1 \sim P_3$의 출력 식을 각각 쓰시오.
(3) 공장 A, B, C의 상태를 릴레이 A(2a 3b), B(3a 3b), C(3a 2b)로 대체하고, 출력식을 참조하여 릴레이 시퀀스를 그리시오.

**답** $P_1 = \overline{A}\,\overline{B}\,\overline{C} + A\overline{B}\,\overline{C} + \overline{A}B\overline{C} + \overline{A}\,\overline{B}C = \overline{A}B\overline{C} + \overline{A}\,\overline{B}\,\overline{C} + \overline{A}\,\overline{B}C$
$\qquad\qquad + A\overline{B}\,\overline{C} + \overline{A}\,\overline{B}\,\overline{C} + \overline{A}\,\overline{B}\,\overline{C} = \overline{A}\,\overline{B}(\overline{C}+C) + \overline{B}\,\overline{C}(\overline{A}+A) + \overline{C}\,\overline{A}(\overline{B}+B)$
$\quad = \overline{A}\,\overline{B} + \overline{B}\,\overline{C} + \overline{C}\,\overline{A} = \overline{A}\,\overline{B} + \overline{C}(\overline{B}+\overline{A})$
$P_2 = AB\overline{C} + \overline{A}BC + A\overline{B}C = \overline{A}BC + A(B\overline{C} + \overline{B}C)$
$P_3 = ABC$

| A | B | C | 출력 |
|---|---|---|---|
| 0 | 0 | 0 | $P_1$ |
| 0 | 0 | 1 | $P_1$ |
| 0 | 1 | 0 | $P_1$ |
| 0 | 1 | 1 | $P_2$ |
| 1 | 0 | 0 | $P_1$ |
| 1 | 0 | 1 | $P_2$ |
| 1 | 1 | 0 | $P_2$ |
| 1 | 1 | 1 | $P_3$ |

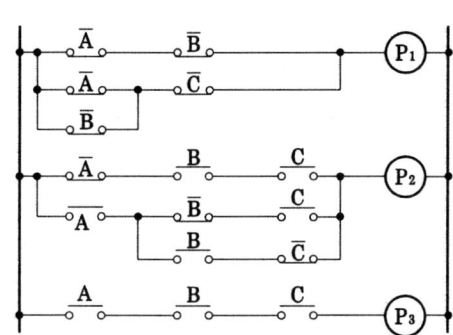

진리표에서 공장 가동을 1, 휴무를 0으로 표시하고, 출력식 $P_1$에서 회로에서 유무에 관계없는 식을 추가하여 회로를 간단히 한다.

**17** 어떤 회사에서 한 부지에 A, B, C D의 4공장을 세워 4대의 급수 펌프 $P_1$(소형), $P_2$(중형), $P_3$(대형), $P_4$(특대형)로 다음과 같이 급수계획을 세웠다. 물음에 답하시오. 기타 조건은 무시한다. (전95, 99)

1) 모든 공장 A, B, C, D가 휴무일 때 또는 그 중 한 공장만 가동할 때 펌프 $P_1$만 가동시킨다.
2) 모든 공장 A, B, C, D 중 두 공장만 가동할 때 펌프 $P_2$만 가동시킨다.
3) 모든 공장 A, B, C, D 중 세 공장만 가동할 때 펌프 $P_3$만 가동시킨다.
4) 모든 공장 A, B, C, D가 모두 가동할 때 펌프 $P_4$만을 가동시킨다.

(1) 조건과 같은 진리표를 작성하시오.
(2) ①~⑥번의 접점 문자기호를 쓰시오.
(3) $P_1$~$P_4$의 출력 식을 각각 쓰시오.

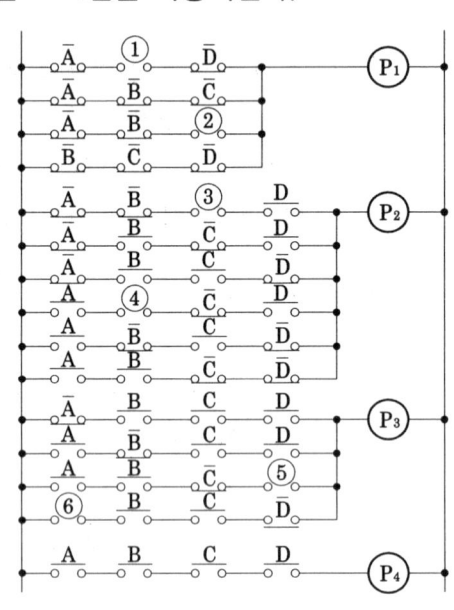

**답** (1)

| A | B | C | D | $P_1$ | $P_2$ | $P_3$ | $P_4$ |
|---|---|---|---|---|---|---|---|
| 0 | 0 | 0 | 0 | 1 | | | |
| 0 | 0 | 0 | 1 | 1 | | | |
| 0 | 0 | 1 | 0 | 1 | | | |
| 0 | 0 | 1 | 1 | | 1 | | |
| 0 | 1 | 0 | 0 | 1 | | | |
| 0 | 1 | 0 | 1 | | 1 | | |
| 0 | 1 | 1 | 0 | | 1 | | |
| 0 | 1 | 1 | 1 | | | 1 | |
| 1 | 0 | 0 | 0 | 1 | | | |
| 1 | 0 | 0 | 1 | | 1 | | |
| 1 | 0 | 1 | 0 | | 1 | | |
| 1 | 0 | 1 | 1 | | | 1 | |
| 1 | 1 | 0 | 0 | | 1 | | |
| 1 | 1 | 0 | 1 | | | 1 | |
| 1 | 1 | 1 | 0 | | | 1 | |
| 1 | 1 | 1 | 1 | | | | 1 |

(2) ① $\overline{C}$  ② $\overline{D}$  ③ $C$  ④ $\overline{B}$  ⑤ $D$  ⑥ $A$

(3) $P_1 = \overline{ABCD} + \overline{ABC}D + \overline{AB}C\overline{D} + \overline{A}B\overline{CD} + A\overline{BCD} = \overline{ABC} + \overline{ABD} + \overline{ACD} + \overline{BCD}$

$P_2 = \overline{AB}CD + \overline{A}B\overline{C}D + \overline{A}BC\overline{D} + A\overline{BC}D + A\overline{B}C\overline{D} + AB\overline{CD}$

$P_3 = \overline{A}BCD + A\overline{B}CD + AB\overline{C}D + ABC\overline{D}$

$P_4 = ABCD$

🔸 위 문제 참고

**18** 다음 동작 설명을 보고 3상 펌프모터 회로를 답지에 그리시오. (공89, 91)

(1) 주회로는 NFB ON상태에서 3상 MC가 동작하여 전동기가 작동한다.
(2) 제어회로는 NFB ON상태에서 퓨즈 $f_3$, $f_4$를 통하여 $PL_6$이 점등된다.
(3) 셀렉터 스위치 SS가 수동(M)상태에서 $PB_1$을 누르면 MC가 동작 유지하여 모터가 가동되며 $PL_5$가 점등된다. $PB_2$를 누르면 정지된다.
(4) SS가 자동(A)상태에서 ($LS_1$-$LS_3$)에 의하여 경보회로 $X_1$, $X_1$, $X_3$ 중 하나라도 동작하면 MC가 동작하여 모터가 가동된다.
(5) 모터의 과부하로 Thr이 동작하면 모든 동작은 멈추고 $PL_7$이 점등된다.

**답**

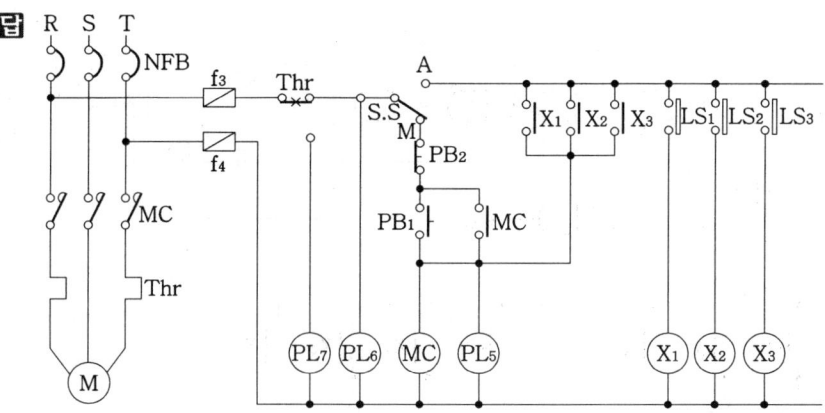

**19** 도면을 보고 물음에 답하시오. (공92)

(1) 출력 $X_1$, $X_2$, $X_3$의 논리식을 각각 쓰시오.
(2) 전동기 $M_1$, $M_2$, $M_3$가 각각 어떤 때 동작되는가?

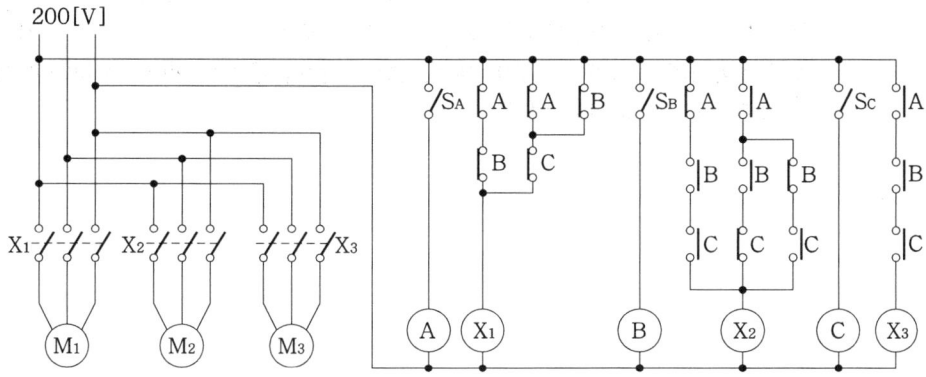

(1) $X_1 = \overline{AB} + \overline{C}(\overline{B}+\overline{A})$, $X_2 = \overline{A}BC + A(B\overline{C}+\overline{B}C)$, $X_3 = ABC$

(2) ① A, B, C 모두가 동작하지 않거나 하나만 동작할 때 $X_1$이 동작하여 $M_1$이 동작한다.
② A, B, C 중 두개만 동작할 때 $X_2$가 동작하여 $M_2$가 동작한다.
③ A, B, C가 모두 동작할 때 $X_3$이 동작하여 $M_3$이 동작한다.

**20** 그림은 일정시간 살수하면 자동적으로 정지하고 일정시간 후에 다시 살수하는 스프링클러의 자동살수장치의 로직시퀀스의 일부이다. 릴레이회로를 답지에 그리시오.
(공산93, 96)

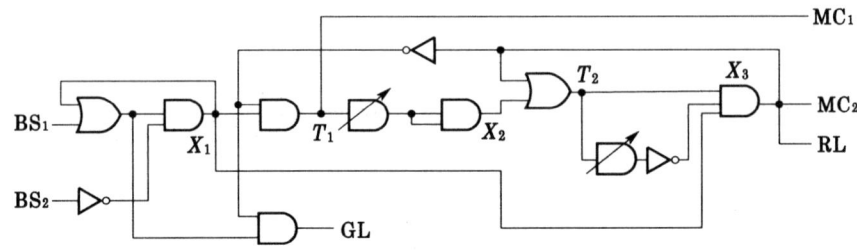

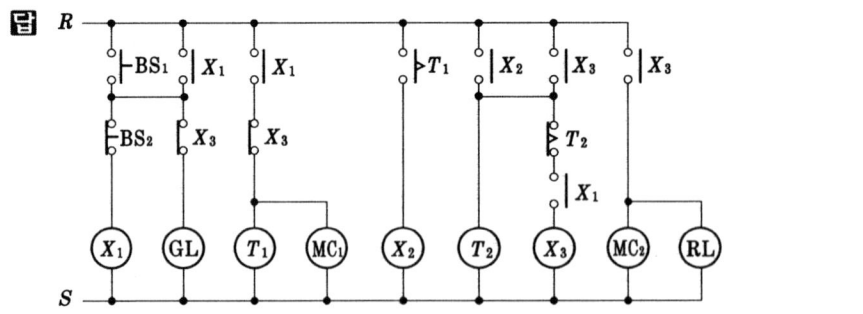

BS₁을 주면 $X_1$이 동작하고 GL이 점등한다. 이어 MC₁이 동작하여 살수하고 $T_1$이 여자된다. $T_1$ 설정시간 후 $X_2$가 동작하고 $T_2$ 여자 및 $X_3$이 동작하여 MC₂로 살수하고 RL이 점등하며 MC₁($T_1$, $X_2$, GL, $T_2$)은 복구한다. $T_2$ 설정시간 후 $X_3$이 복구하여 MC₂가 복구하고 RL이 소등하며 MC₁($T_1$, GL)이 재 동작하여 살수함을 반복한다. 즉 MC₁과 MC₂가 교대로 동작하여 살수를 교대로 행한다.

**21** 그림은 환기팬의 자동운전회로이다. 회로의 동작개요를 보고 다음 각 물음에 답하시오.
(전87,93,10, 전산12)

[동작개요]
① 연속운전을 할 필요가 없는 환기용 팬 등의 운전회로에서 기동버튼에 의하여 운전을 개시하면 다음에는 자동으로 운전 정지를 반복하는 회로이다.
② 기동버튼 $PB_1$을 ON 조작하면 타이머 $T_1$의 설정시간만 환기팬이 동작하고, 자동으로 정지한다. 그리고 타이머 $T_2$의 설정 시간에만 정지하고 재차 자동적으로 운전을 개시한다.
③ 운전 도중에 환기팬을 정지시키려면 버튼스위치 $PB_2$를 ON 조작하면 된다.

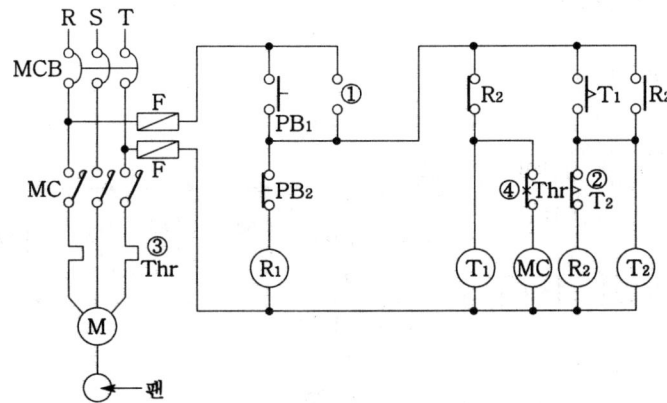

(1) 위 시퀀스에서 릴레이 $R_1$에 의하여 자기유지 될 수 있도록 ①로 표시된 곳에 접점기호를 그려 넣으시오.
(2) ②로 표시된 접점기호의 명칭과 동작을 간단히 설명하시오.
(3) Thr로 표시된 ③,④의 명칭과 동작을 간단히 설명하시오.

**답** (1) ⊸│$R_1$

(2) 시한동작 순시복귀 b접점-타이머 $T_2$가 여자되면 설정 시간 후 열려서(동작) $R_2$와 $T_2$를 복구시킨다. 무여자시 바로 복구(닫힘)한다.
(3) ③ 열동 계전기 바이메탈, ④ 열동 계전기 b접점
전동기에 규정 값 이상의 과전류가 흐르면 열동계전기 Thr의 바이메탈③이 팽창하여 b접점④을 밀어 올려 열리게 하여 MC를 복구시켜 전동기를 정지 시킨다. 열이 식으면 수동 혹은 자동 복귀된다.

➥ $PB_1$을 주면 $R_1$이 동작하고 $T_1$이 여자되며 MC가 동작하여 팬이 작동한다. $T_1$ 설정시간 후 $R_2$가 동작하고 $T_2$가 여자되며 $MC(T_1)$가 복구하여 팬이 정지한다. $T_2$ 설정시간 후 $R_2$ ($T_2$)가 복구하여 $MC(T_1)$가 재 동작하여 팬이 재 작동함을 반복한다.

**22** 그림은 환기팬의 수동운전과 고장표시등회로의 일부이다. (전산04,10)

(가) 88은 출력기구 MC이다. 도면에 표시된 기구에 대하여 다음에 해당되는 명칭을 약호로 쓰시오. 단, 중복은 없고 NFB, ZCT, M, 팬은 제외하고 해당되는 기구가 여러 가지일 때에는 모두 쓴다.

① 고장표시기구 : (　　)　② 고장회복 확인기구 : (　　)
③ 기동기구 : (　　)　④ 정지기구 : (　　)
⑤ 운전표시램프 : (　　)　⑥ 정지표시램프 : (　　)
⑦ 고장표시램프 : (　　)　⑧ 고장검출기구 : (　　　　　)

(나) 점선으로 표시된 회로를 3입력 이하의 AND, OR, NOT 기호를 사용하여 로직회로를 그리시오.

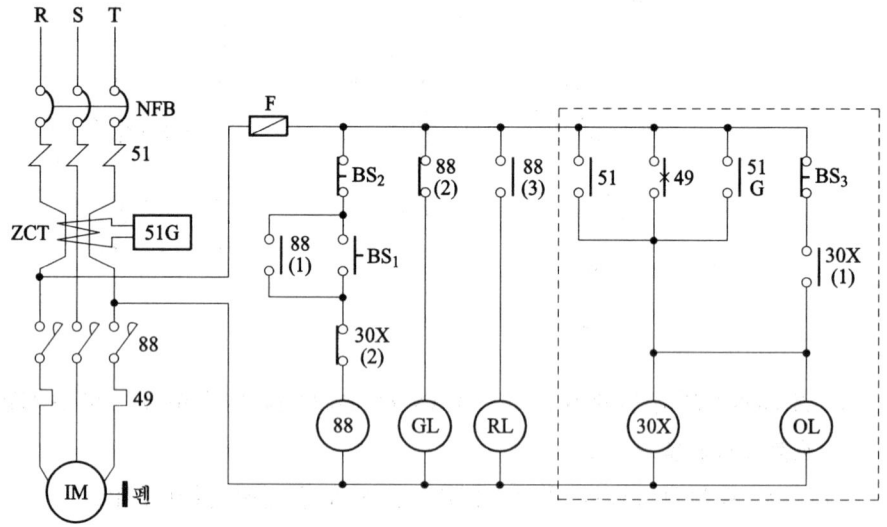

**답** (가) ① 30X　② BS₃　③ BS₁　④ BS₂　⑤ RL　⑥ GL　⑦ OL　⑧ 51, 51G, 49

(나)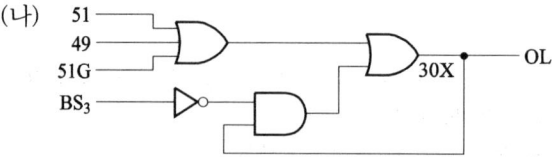

🔎 BS₁을 주면 MC 88이 동작하여 환기팬이 기동 운전되고 BS₂를 누르면 정지한다. 고장검출기구 51, 51G, 49 중 하나 이상이 작동하여 30X가 동작하면 88이 복구하여 전동기가 정지함과 동시에 고장표시램프 OL이 점등한다. BS₃을 눌러 OL이 꺼지면 고장이 회복된 상태이고 OL이 꺼지지 않으면 고장이 미회복된 상태임을 알도록 한다.

**23** 로직시퀀스를 이해하고 미완성 릴레이 시퀀스를 완성하시오. (공산95, 00)

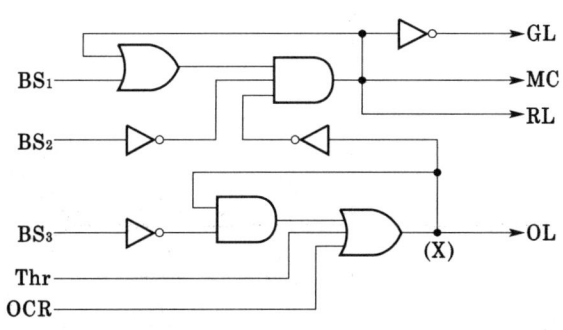
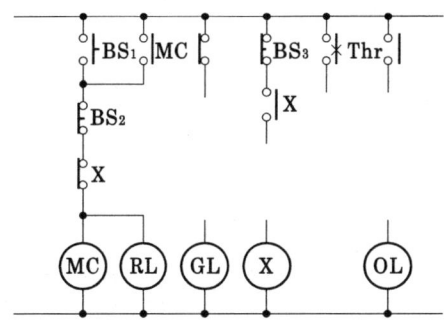

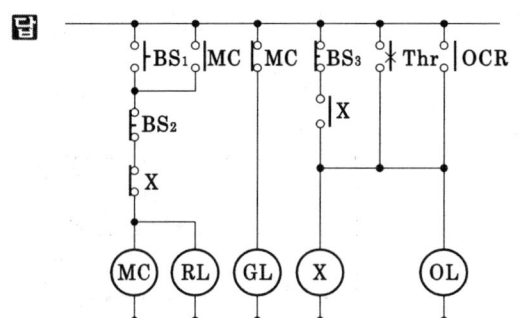

**환기팬(앞 문제) 참고**
BS₁을 누르면 MC가 동작 환기팬이 운전되고 BS₂를 누르면 정지한다. OCR이나 Thr이 트립되면 보조 릴레이 X가 동작하여 OL이 켜지고 접점 X로 팬(MC)을 정지시킨다. BS₃을 눌러 OL이 꺼지면 고장이 회복된 상태이고 꺼지지 않으면 고장이 미회복 상태이다.

**24** 그림은 사무실용 Fan-Heater 회로의 일부이다. 물음에 답하시오. (공산94)
(1) 동작과정을 동작(↑) 복구(↓)의 기호를 사용할 때 ( )에 알맞은 MC를 (↑↓) 기호와 함께 차례로 쓰시오. ($t_1 < t_2$)
　　$BS_1 ↑(↓) - (①), T_1$ 여자 $- t_1$초 $- (②), T_1 ↓$
　　$BS_2 ↑(↓) - X↑, T_2$ 여자 $- (③), - t_2$초 $- (④) - X↓ - T_2↓$
(2) 유지기능 접점 3개, 정지기능 접점 4개를 쓰시오.

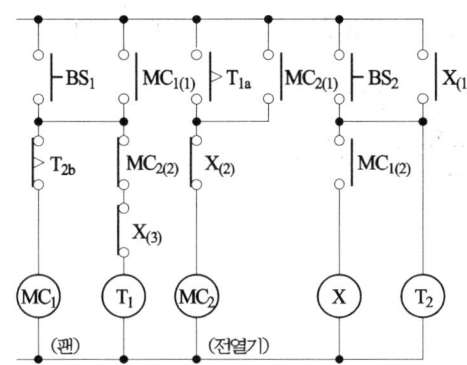

**답** (1) ① $MC_1↑$  ② $MC_2↑$
　　　③ $MC_2↓$  ④ $MC_1↓$
(2) 유지기능 : $MC_{1(1)} \ MC_{2(1)} \ X_{(1)}$
　　정지기능 : $T_{2b} \ MC_{2(2)} \ X_{(2)} \ MC_{1(2)}$

**온풍기의 기본논리 :**
기동-팬이 작동-수초 후 히터 가동
정지-히터 정지-수초 후 팬이 정지
한다.

**25** 그림은 전열 온풍기 회로이다. 물음에 답하시오. (전산93,00)

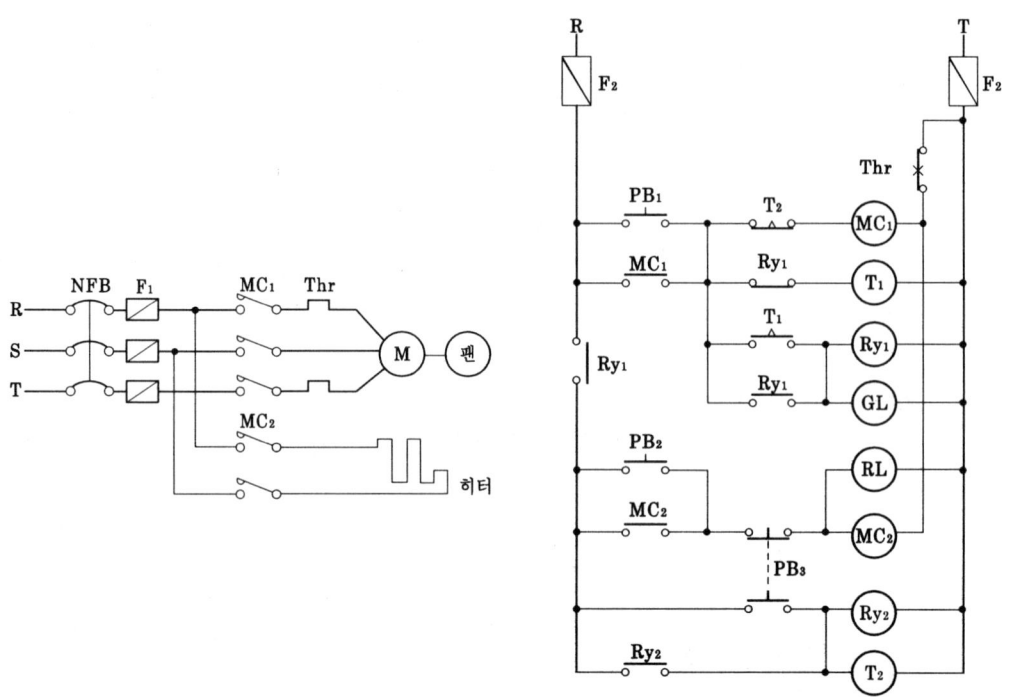

(1) 답지의 타임차트를 완성하시오.
(2) 보기에서 골라 동작시험에 대한 답란 ▭의 플로차트를 완성하시오.

　　[보기] : Ry₁동작, Ry₂동작, T₁여자, T₂여자, MC₁동작, MC₂동작, MC₁복구,
　　　　　　MC₂복구, RL점등, GL점등, RL소등, GL소등

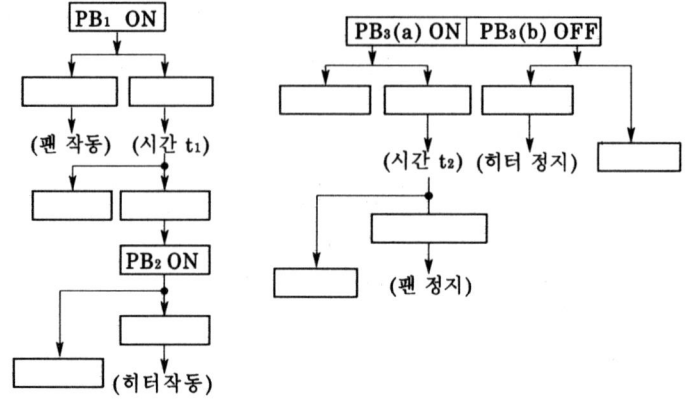

**답** (1)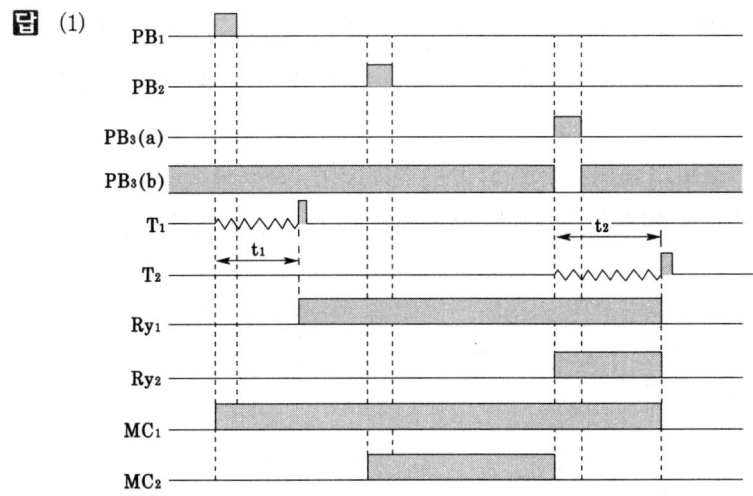

(2)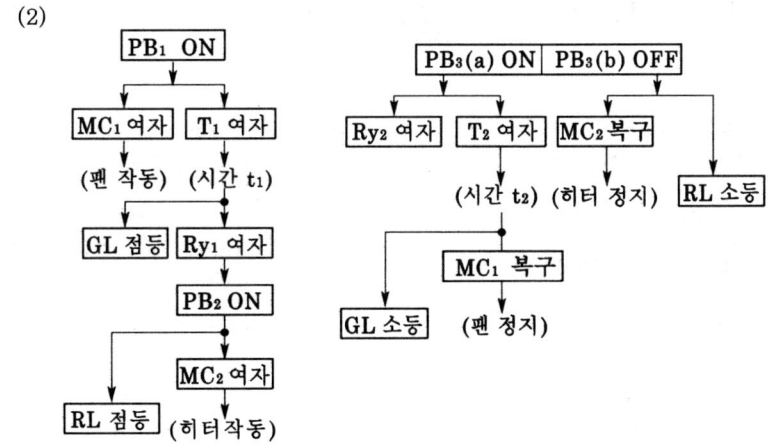

➣ PB₁을 주면 MC₁동작 팬작동 T₁여자, t₁초 후 Ry₁동작 GL점등, PB₂를 주면 MC₂동작 히터작동, RL점등, PB₃을 주면 MC₂복구(히터정지) RL소등, Ry₂동작 T₂여자, t₂초 후 MC₁복구(팬정지) GL소등

**26** 그림은 물건을 오르내리는 소형 호이스트의 로직회로이다. 물음에 답하시오. 단, AND(A), OR(O), NOT(N), R(시작), W(출력)명령어이다. 또 BS를 먼저 그린다. (공산97, 00)

(1) 그림의 PLC 프로그램의 ( )에 알맞은 명령어를 쓰시오.
(2) 그림의 릴레이 시퀀스를 답란에 완성하고 문자기호를 쓰시오.

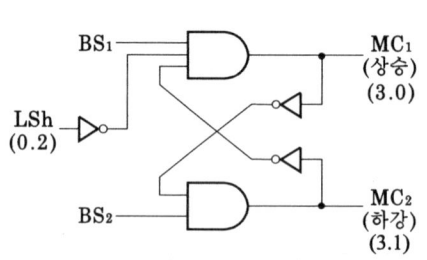

| 차례 | 명 령 | 번지 |
|---|---|---|
| 0 | R | 0.0 |
| 1 | ( ) | 0.2 |
| 2 | ( ) | 3.1 |
| 3 | W | 3.0 |
| 4 | R | 0.1 |
| 5 | ( ) | 3.0 |
| 6 | W | 3.1 |

답 (1) AN, AN, AN
(2)

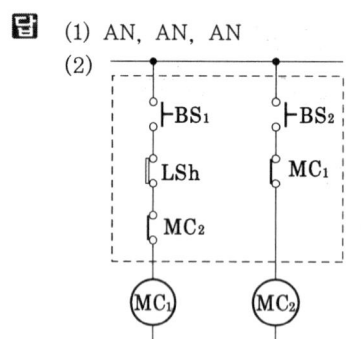

🔥 아래에서 $BS_1$을 누르고 있으면 $MC_1$이 동작하여 hoist가 상승하고 위에서 상한 리미트 스위치 LSh가 열려 $MC_1$이 복구하여 hoist가 정지한다. 아래에서 $BS_2$를 누르고 있으면 $MC_2$가 동작하여 hoist가 하강하고 아래에 도착하면 $BS_2$를 놓는다.

**27** 그림은 물건을 오르내리는 소형 호이스트 회로이다. 로직회로를 그리시오. (공97)

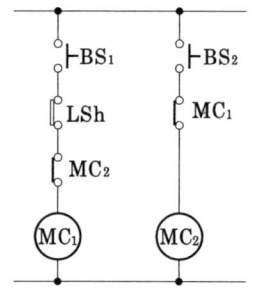

답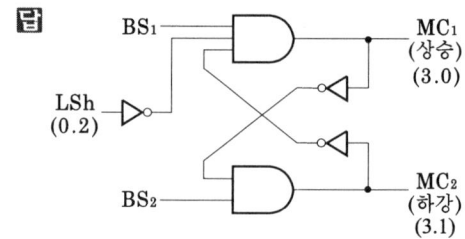

🔥 위 문제 참고

**28** 그림에서 자동차 차고의 셔터에 라이트가 비치면 PHS에 의해 자동으로 문이 열리고 또한 $PB_1$을 조작해도 문이 열린다. 셔터를 닫으려면 $PB_2$를 조작한다. 리밋스위치 $LS_1$과 $LS_2$는 각각 셔터의 상한용과 하한용이다. (전01, 07)

(1) $MC_1$, $MC_2$의 a접점은 어떤 역할을 하는 접점인가? (전산87, 91, 97, 00, 08, 10)

(2) $MC_1$, $MC_2$의 b접점은 어떤 역할을 하는 접점인가?

(3) $LS_1$, $LS_2$는 어떤 역할을 하는 접점인가? 또 ─o╰o─ 의 명칭은 무엇인가?

(4) 회로에서 PHS($PB_1$)과 $PB_2$를 타임차트와 같은 시간으로 ON조작할 때의 타임차트를 완성하시오.

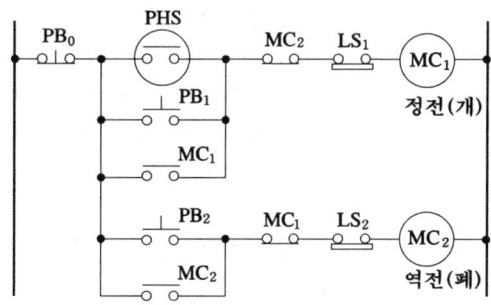

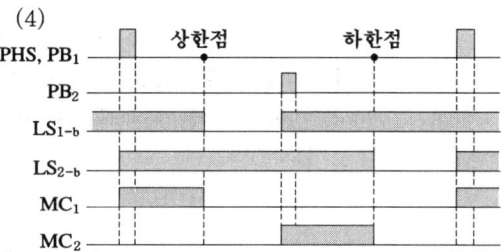

**답** (1) 자기유지 (2) 인터록
(3) $LS_1$ : 상한 리미트 스위치,
$LS_2$ : 하한 리미트 스위치
셔터의 상·하한 위치를 감지하여 $MC_1$과 $MC_2$를 복구시킨다.

➤ 셔터의 상승 하강 논리는 정역논리이고 인터록이 필요하며 상·하한 위치를 감지하는 리미트 스위치가 필요하다.

**29** 그림은 화물 리프트 Lift의 자동반전회로이다. 물음에 답하시오. (공산92)

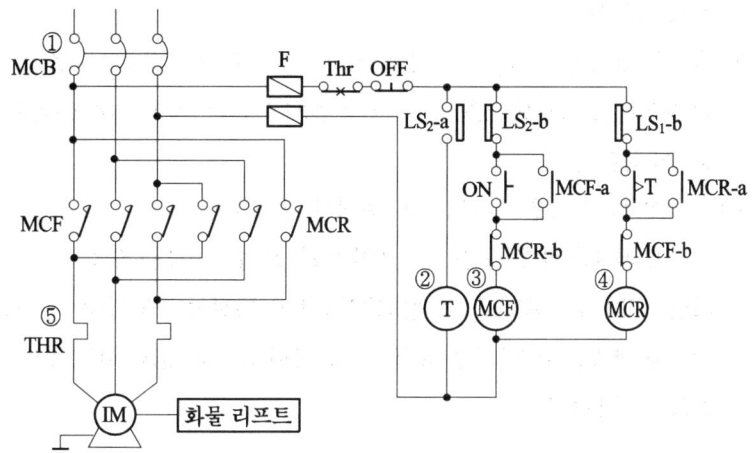

(1) 회로에 표시된 ①~⑤번의 명칭과 용도 또는 역할을 간단히 설명하시오.
(2) 화물 리프트의 상승동작을 순서에 의하여 5개항으로 나누어 정확히 쓰시오.

**답** (1) ① 배선용 차단기 : 주전원 차단기능
② 시한동작타이머 : 설정시간 후 MCR 기동
③ 전자접촉기 : 상승(정회전)용 MC   ④ 전자접촉기 : 하강(역회전)용 MC
⑤ 열동 계전기 : 과부하 시 회로 차단
(2) ① 버튼 스위치 ON을 눌렀다 놓으면   ② 전자접촉기 MCF가 동작하고
③ MCF 유지(a접점) 및 MCR에 인터록 걸고(b접점) 동시에
④ 주접점 MCF가 닫혀 전동기가 기동되어   ⑤ 리프트가 상승한다.

➡ 리프트의 자동반전 제어회로는 작업장에서 짐을 싣는 케이지(cage)를 로프 줄로 권상 전동기의 드럼에 연결하고 가이드 레일을 따라 1층과 2층을 오르내리도록 하고 있다. ON하면 상승용 MCF가 동작하여 전동기가 정회전 기동 운전하고 케이지가 상승한다. 케이지가 2층에 이르면 리밋 스위치 $LS_2$가 작동하여 $MC_1$이 복구하고 전동기와 케이지는 정지한다. 이때 T는 $LS_2$에 의하여 여자된다. 짐을 싣던가 내리는 시간이 지나면 접점 T가 닫혀 하강용 $MC_2$가 동작하여 전동기가 역회전하고 케이지는 하강한다. 이 때 T는 $LS_2$에 의하여 복구된다. 케이지가 1층에 이르면 리밋 스위치 $LS_1$이 작동하여 $MC_2$가 복구하고 전동기와 케이지는 정지한다.

**30** 그림은 1층에서 2층으로 음식물을 옮기는 리프트회로이다. 동작사항을 읽고 물음에 답하시오. (공12, 공산10)

1) 버튼 스위치 $PB_5$를 누르면 수동상태가 된다.
① $PB_2$를 누르면 전동기는 정회전하여 리프트는 1층에서 2층으로 상승하며, 리프트가 2층에 도착하면 2층의 리밋 스위치 $LS_1$이 동작하여 전동기는 정지하고 리프트도 정지한다.
② $PB_3$를 누르면 전동기는 역회전하여 리프트는 2층에서 1층으로 하강하며, 리프트가 1층에 도착하면 1층의 리밋 스위치 $LS_2$가 동작하여 전동기는 정지하고 리프트도 정지한다.

2) 버튼 스위치 $PB_4$를 누르면 자동상태가 된다.
① 리프트가 1층에 있으면 $T_2$ 타이머의 설정시간(1층에 정지하고 있는 시간)이 경과하면 전동기는 자동으로 정회전하고 리프트는 1층에서 2층으로 상승하며 리프트가 2층에 도착하면 2층의 리밋 스위치 $LS_1$이 동작하여 전동기는 정지하고 리프트도 정지한다.

② 리프트가 2층에 도착하면 $T_2$ 타이머 설정시간(2층에 정지하고 있는 시간)이 경과하면 전동기는 자동으로 역회전하고 리프트는 2층에서 1층으로 하강하며, 리프트가 1층에 도착하면 1층의 리밋 스위치 $LS_2$가 동작하여 전동기는 정지하고 리프트도 정지한다.
③ 동작 중 $PB_1$을 누르던가 과전류 계전기가 동작하면 모두 정지한다.

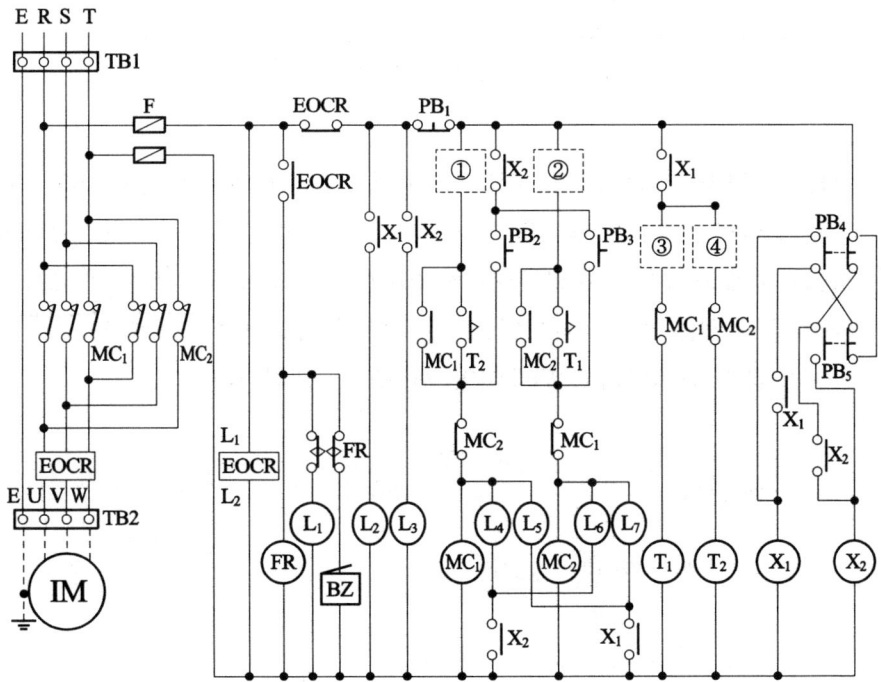

(1) 수동 상태에서 리프트 상승 중 $PB_3$를 누르면 $MC_2$가 여자 되는가?
(2) 자동운전 상태에서 $PB_2$를 누르면 $MC_1$이 여자 되는가?
(3) 회로의 ⎯⎯부①, ②, ③, ④에는 각각 어떤 접점의 리밋 스위치인지 보기와 같이 그리시오

[보기]  ▯$LS_1$  ▯$LS_1$  또는  ▯$LS_2$  ▯$LS_2$

(4) 수동운전이 선택된 상태에서 점등되는 표시등은?
(5) 자동운전이 선택된 상태에서 여자되는 계전기는?
(6) 수동운전 상태에서 리프트가 상승할 때 점등되는 표시등은?
(7) 자동운전 상태에서 리프트가 하강할 때 점등되는 표시등은?
(8) 과전류 계전기가 동작되었을 때 여자되는 계전기는?
(9) 리프트가 상승하고 있을 때 여자되는 전자 접촉기는?

**208** 3장 응용 회로

**답** (1) 여자하지 않는다.  (2) 여자하지 않는다.

(3) ① $LS_1$, ② $LS_2$, ③ $LS_2$, ④ $LS_1$

(4) $L_3$, (5) $X_1$, (6) $L_4$, (7) $L_7$, (8) FR, (9) $MC_1$.

수동운전 : 상승-$PB_5$-$X_2(L_3)$-$PB_2$-$MC_1(L_4)$-①은 $LS_1$b 이다.
　　　　　하강-$PB_5$-$X_2(L_3)$-$PB_3$-$MC_2(L_6)$-②는 $LS_2$b 이다.
(1)(2)는 인터록 회로로 여자하지 않는다.
자동운전 : 상승-$PB_4$-$X_1(L_2)$-$T_2$-$MC_1(L_5)$-③은 $LS_2$b 이다.
　　　　　하강-$PB_4$-$X_1(L_2)$-$T_1$-$MC_2(L_7)$-④는 $LS_1$b 이다.

**31** 그림은 컨베이어회로의 일부이다. 부품이 조립위치에 도달하면 LS에 의하여 정지되었다가 조립시간(1시간) 후 컨베이어에 의해 이동한다. 다시 부품이 컨베이어에 의하여 조립위치에 도달하면 위와 같은 동작이 반복한다. 타임차트를 참고하고 예시한 접점 중 필요한 것을 골라 미완성회로( )를 완성하시오. (공산05)
Phs는 광전 스위치이고 컨베이어 계통도는 생략한다.

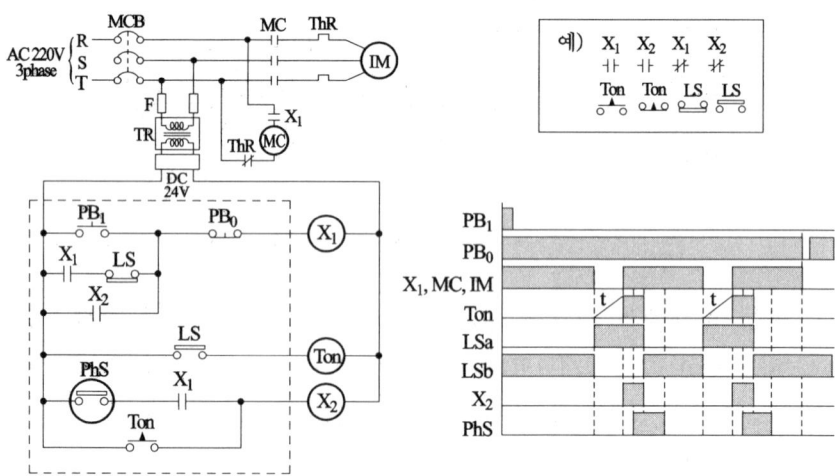

**답** 점선내의 회로

$PB_1$을 누르면 $X_1$ MC가 동작 IM이 기동 운전되고 컨베이어가 이동한다. LS의 장소에서 LS의 작동으로 MC 복구 IM 정지 컨베이어 이동도 멈춘다. 또, T가 여자된다. t초 후 $X_2$가 동작 $X_1$ MC가 재 동작 IM이 구동 컨베이어가 이동한다. 이때 LS가 복구하여 MC의 유지회로가 구성되고 T가 복구된다. 이어 Phs가 작동하여 X가 복구하고 Phs도 복구한다. $BS_0$를 누르면 MC가 복구한다.

**32** 그림은 3대의 전동기를 순서에 따라 기동정지를 하는 시퀀스 회로의 일부이다. 물음에 답하시오. (공96, 98, 00, 01, 03)

(1) 주어진 답안지 로직회로를 각각 2입력 AND, OR 회로로 완성하시오.
(2) 주어진 PLC 프로그램에서 ㉮~㉺을 완성하시오. 단 명령어는 R(입력), W(출력), A(직렬), O(병렬)이다.
(3) 릴레이회로에서 자기유지접점 2개를 쓰시오. (예 $MC_{3(1)}$ 등)
(4) 릴레이회로에서 $MC_1$의 정지기능 접점을 쓰시오. (예 $MC_{1(1)}$ 등)
(5) $MC_1 \sim MC_3$의 정지순서를 차례로 쓰시오.

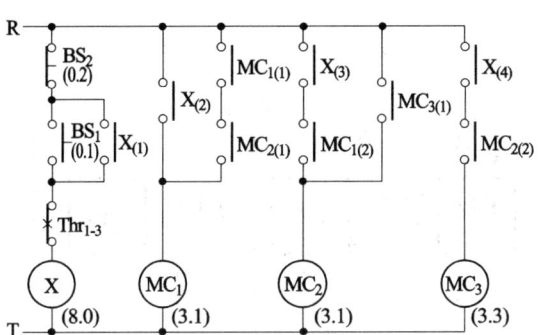

| stop | 명령 | 번지 |
|---|---|---|
| 생략 | R | ㉮ |
| | ㉯ | 3.1 |
| | A | ㉰ |
| | O | MRG |
| | W | 3.1 |
| | R | 8.0 |
| | A | ㉱ |
| | O | ㉲ |
| | W | 3.2 |

**답** (1)

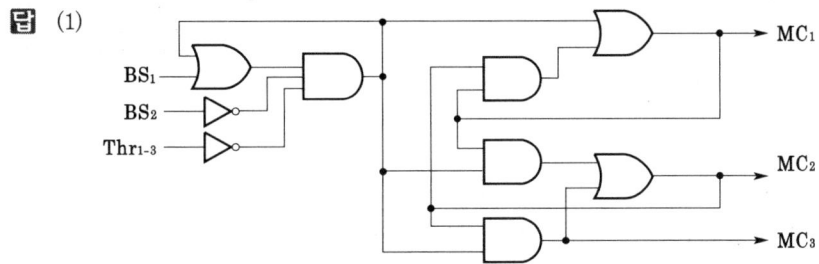

(2) ㉮ 8.0  ㉯ R  ㉰ 3.2  ㉱ 3.1  ㉲ 3.3
(3) $X_{(1)}$, $MC_{1(1)}$
(4) $MC_{2(1)}$
(5) $MC_3 - MC_2 - MC_1$

🖎 $BS_1$을 주면 X가 동작유지하고 $X_{(2)}$로 $MC_1$ 동작, $X_{(3)}$과 $MC_{1(2)}$로 $MC_2$ 동작, $X_{(4)}$와 $MC_{2(2)}$로 $MC_3$ 동작, $BS_2$를 주면 X가 복구하고 $X_{(4)}$로 $MC_3$ 복구, $X_{(3)}$과 $MC_{3(1)}$로 $MC_2$ 복구, $X_{(2)}$와 $MC_{2(1)}$로 $MC_1$ 복구.
PLC 프로그램은 $MC_1$과 $MC_2$의 것으로 $X_{(2)}$부터 입력한 것이다.

**33** 그림은 컨베이어 회로의 일부이다. BS는 L입력형이고 FF는 $\overline{RS}-\text{latch}$이며 SMV는 단안정 IC 소자이다. $BS_1$로 벨트 $B_1(MC_1)$이 가동되고 $t_1$초 후에 벨트 $B_2(MC_2)$가 가동되며 $BS_2$로 벨트 $B_3(MC_3)$이 가동된다. 또 $BS_3$으로 벨트 $B_3$이 정지하고 $t2$초 후에 벨트 $B_2$가 정지하며 $BS_4$로 벨트 $B_1$이 정지된다. (공95,98,05)

(1) 그림의 ①,②에 알맞은 논리기호를 예시와 같이 그리시오. [예 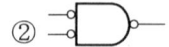]
(2) 공정순서를 예시와 같이 쓰시오. [예 $B_2-B_1-B_3$]
(3) $R_1=500[k\Omega]$, $C_1=50[\mu F]$, 상수 0.6일 때 $t_1$은 몇 초인가?
(4) $\overline{RS}-\text{latch}$ 회로(FF)를 NAND 회로(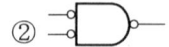)2개로 나타내시오.

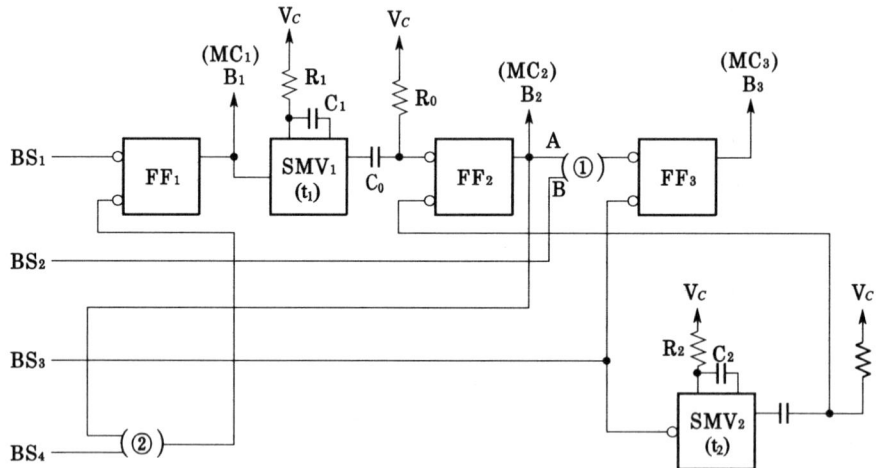

**답** (1) ① 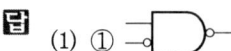 ②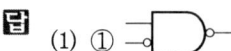
(2) 공정(=정지)순서 : $B_3-B_2-B_1$ , 기동(=운전)순서 : $B_1-B_2-B_3$
(3) $t=0.6CR=0.6\times500k\times50\mu=15$[초]
(4)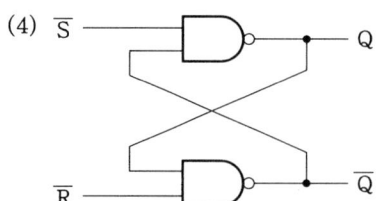

👉 공정순서와 정지순서는 같고 기동순서와 반대가 되어야 짐의 적체가 없다.
① $MC_2$ 동작(H레벨) 후에 $BS_2$를 누르면(L레벨) $MC_3(FF_3)$이 동작하는 우선(AND) 회로이다.
② $MC_2$ 복구(L레벨) 후에 $BS_4$를 누르면(L레벨) $FF_1$이 리셋(L레벨)하여 $MC_1$이 복구하는 정지회로이다. 릴레이회로는 $BS_4$에 병렬로 $MC_2(X_1)$를 접속해야 한다.

**34** 그림의 로직회로는 지하철역의 무인 개찰 회로의 일부이다. ( )에 알맞은 것을 보기에서 골라 답하시오. (공92,95, 공산95,98,02,05)

[보기] : OR, AND, NOT, $FF_1$, $FF_2$, MM, MC(중복도 가함)

(1) 차표를 넣으면 $L_1$이 검출하여 (①)이 셋되고 (②)가 동작하여 차표 투입구를 닫는다. t초 후 차표가 배출구로 나오면 $L_2$가 검출하여 (③)이 리셋되고 (④)가 복구하여 투입구를 연다.

(2) 차표를 넣은 후 T(T>t)초가 되어도 차표가 나오지 않으면 (⑤)의 출력과 (⑥)의 출력의 (⑦)회로에 의하여 (⑧)가 셋하여 부저가 울린다. 이때 BS를 누르면 모두 복구한다. 단 FF는 $\overline{RS}$-latch, MM은 단안정 IC소자, $L_1$은 H입력이다.

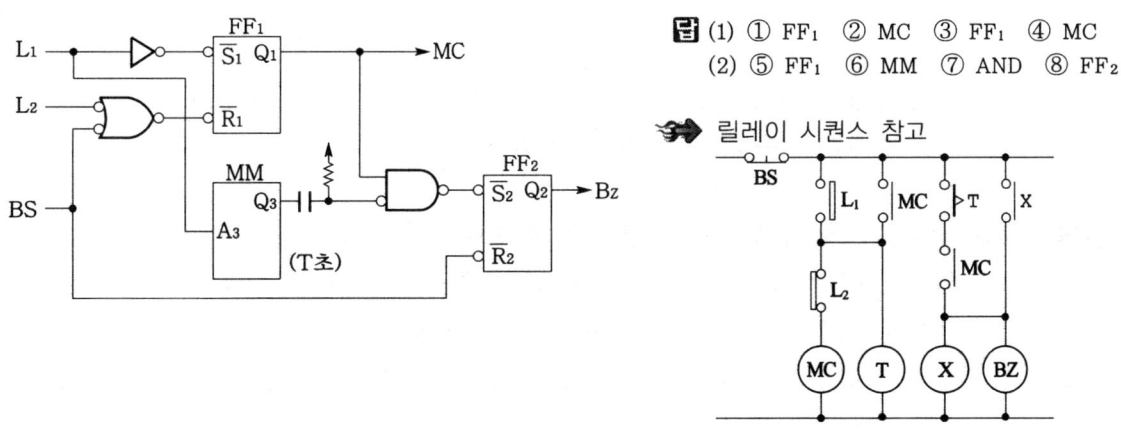

답 (1) ① $FF_1$ ② MC ③ $FF_1$ ④ MC
   (2) ⑤ $FF_1$ ⑥ MM ⑦ AND ⑧ $FF_2$

릴레이 시퀀스 참고

**35** 그림은 오락실 시퀀스이다. 다음 물음에 답하시오. 단, 코인을 2개 투입하면 1시간만큼 동작하는 회로이다. (전산04)

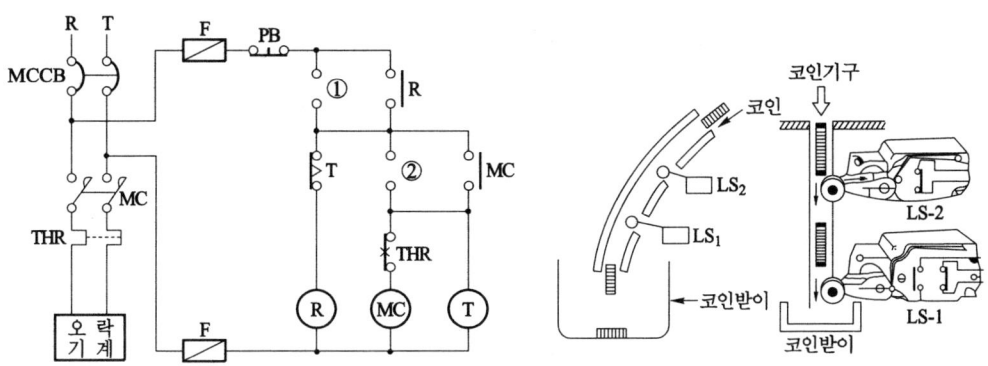

(1) 시퀀스의 ①, ② 접점을 완성하고 또 타임차트(R, MC, T)를 완성하시오.
(2) 동작, 정지를 순서대로 ①, ②, ③, ④로 설명하시오.

**답** (1)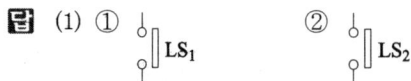

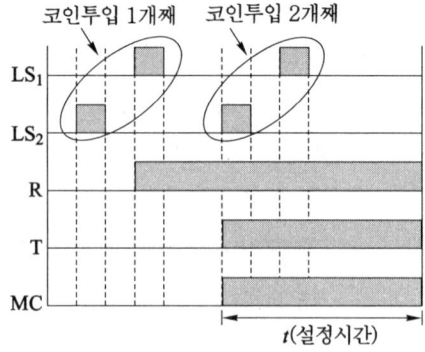

(2) ① 코인 1개를 투입하면 LS$_2$–LS$_1$의 순으로 동작되는데 LS$_2$가 동작하여도 회로는 동작하지 않고 LS$_1$이 동작되어야 릴레이 R이 동작된다.
② 릴레이 a접점으로 자기 유지되며 이 상태에서 두 번째 코인이 투입되면 LS$_2$가 동작되어 전자접촉기 MC가 동작되고 타이머 T가 여자된다.
③ MC의 a접점으로 자기 유지되며 주접점 MC로 오락기계가 작동한다.
④ 설정시간 후 타이머의 시한접점이 열리면 R이 복구하고 MC와 T가 복구하여 기계도 정지한다. 수동정지는 PB를 누르면 된다.

**36** 다음 동작설명을 읽고 답지의 점선 안에 회로를 완성하시오. (공산00)
(1) 나이프 스위치 KS를 ON하고 스위치 S$_1$을 ON하면 R$_2$가 점등한다.
(2) PB를 누르면 타이머 T가 동작하여 MC가 동작되며 R$_1$ 점등, R$_2$, R$_3$이 소등되고 t초 후 타이머 접점으로 MC가 복구하며 R$_1$ 소등, R$_2$와 R$_3$이 점등된다.
(3) 열동 계전기가 트립되면 플리커 릴레이 FR이 동작하여 전등 R$_4$와 R$_5$가 교대로 점등되고 T와 MC는 복구한다.
(4) S$_1$을 OFF하면 회로는 차단된다. (릴레이 접속도 생략)

**답**
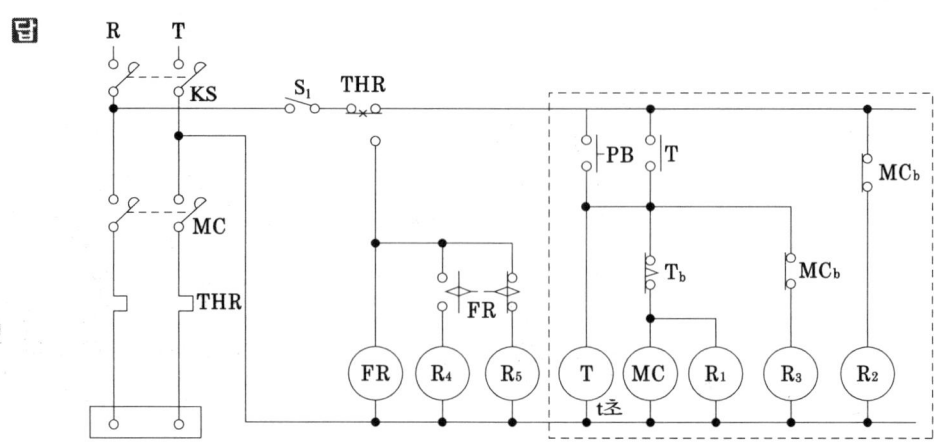

**37** 그림은 실린더 제어회로의 일부이다. FF₁이 셋하면 솔레노이드 SOL가 동작하여 실린더가 전진하고 전진단에서 LS가 작동하면 FF₂가 셋하여 SOL이 복구한다. (1)과 (2)에 알맞은 기호를 보기에서 번호로 찾으시오. 또 NAND 소자 2개로 된 FF의 회로를 그리시오. FF는 L입력형 $\overline{R}\overline{S}$-latch이고 FF₁이 셋한 후 FF₂가 셋 할 수 있다. (공95)

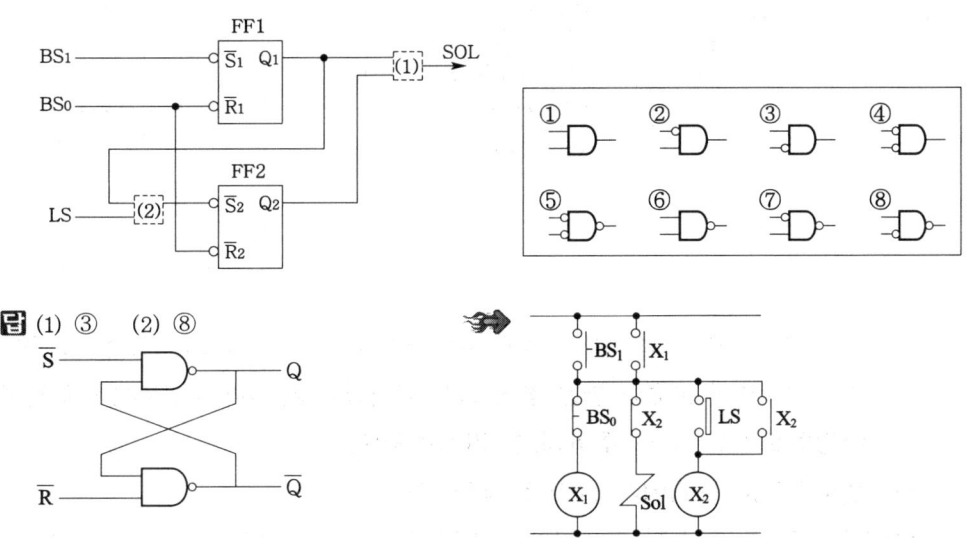

**답** (1) ③  (2) ⑧

**38** 동작설명을 읽고 답지의 점선 안에 회로를 완성하시오. (공산91)
   (1) KS를 ON하고 셀렉터 스위치 SS가 H(수동)방향에서 버튼 스위치 P₁을 눌렀다 놓으면 릴레이 Ry₁이 동작 유지되고 동시에 L₁ 표시등이 점등된다. 버튼 스위치 P₂를 눌렀다 놓으면 릴레이 Ry₂가 동작 유지되고 동시에 L₂ 표시등이 점등된다.
   (2) 셀렉터 스위치 SS를 A(자동)방향으로 바꾸면 (1)의 동작은 OFF된다.
   (3) 셀렉터 스위치 SS가 A(자동)방향에서 감지기 FD₁이 동작하면 Ry₁이 동작되어 부저 BZ와 릴레이 Ry₃이 동작하여 모터가 가동된다. 또 FD₂가 동작하면 Ry₂가 동작되어 부저 BZ와 릴레이 Ry₃이 동작하여 모터가 가동된다.
   (4) KS를 OFF하면 모든 동작은 멈춘다.

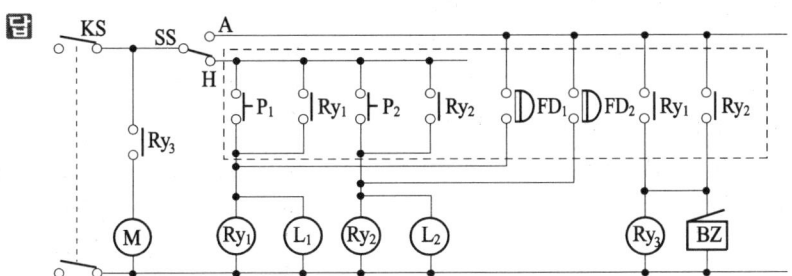

**39** 그림은 수전설비의 진상콘덴서를 병렬 2회로로 연결한 것이다. (공산91)

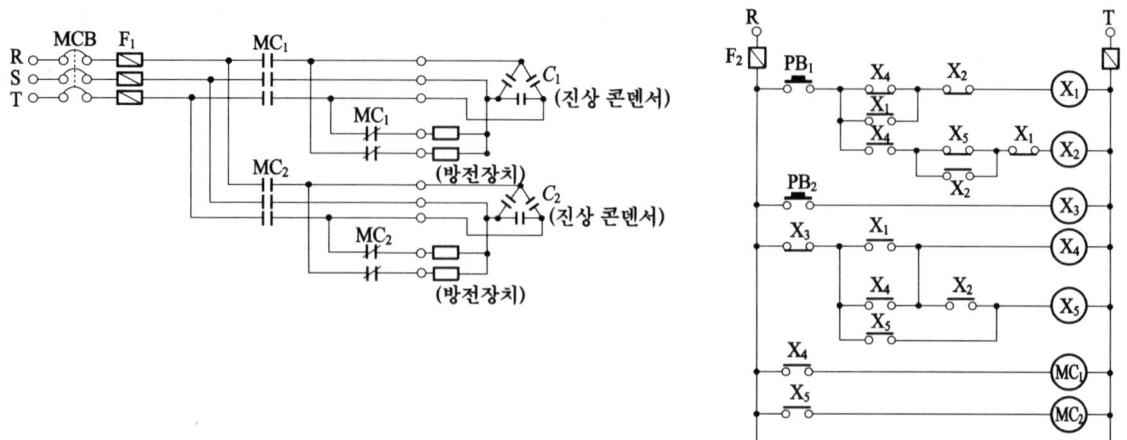

(1) $PB_1$을 첫 번째 눌렀다 놓은 후에 여자 되어있는 기구(예 $X_1$, $X_2$ 등)를 전부 쓰시오.
(2) $PB_1$을 두 번째 눌렀다 놓은 후에 여자 되어있는 기구(예 $X_1$, $X_2$ 등)를 전부 쓰시오.
(3) 타임차트($PB_1$, $PB_2$ 주어짐)를 완성하시오.
(4) 플로차트를 보기에서 골라 완성하시오.

[보기] $X_1$여자, $X_1$소자, $X_2$여자, $X_2$소자, $X_3$여자, $X_3$소자, $X_4$여자, $X_4$소자, $X_5$여자, $X_5$소자, $MC_1$여자, $MC_1$소자, $MC_2$여자, $MC_2$소자

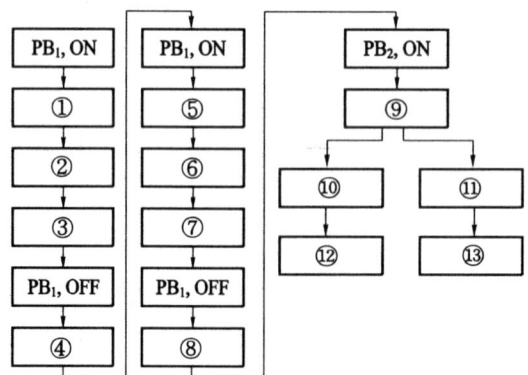

답 (1) $X_4$, $MC_1$, (2) $X_4$, $X_5$, $MC_1$, $MC_2$ (3)
(4) ① $X_1$여자 ② $X_4$여자 ③ $MC_1$여자
④ $X_1$소자 ⑤ $X_2$여자 ⑥ $X_5$여자
⑦ $MC_2$여자 ⑧ $X_2$소자 ⑨ $X_3$여자
⑩ $X_4$소자 ⑪ $X_5$소자 ⑫ $MC_1$소자
⑬ $MC_2$소자

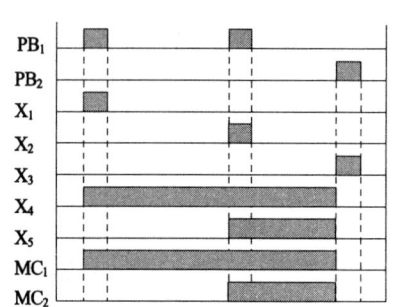

**40** 도면은 상시전원과 예비전원의 절환회로이다. 물음에 답하시오. (공92)

(1) PB₁을 누르면 ①의 접점은 어떤 상태가 되는가?
(2) 예비전원으로 전동기를 운전 중일 때 ②와 ③의 접점은 어떤 상태가 되는가?
(3) ②의 접점은 왜 필요한가?
(4) 전동기 정지상태에서 PB₁과 PB₂를 동시에 누르면 전동기는 어떻게 되는가?
(5) 회로에서 ②와 ③을 삽입하지 않았다고 하면 PB₁을 눌러 상시전원으로 전동기 운전 중 PB₂를 누르면 어떤 상황이 발생하는가?
(6) 답란의 타임차트(MC, 램프)를 완성하시오.

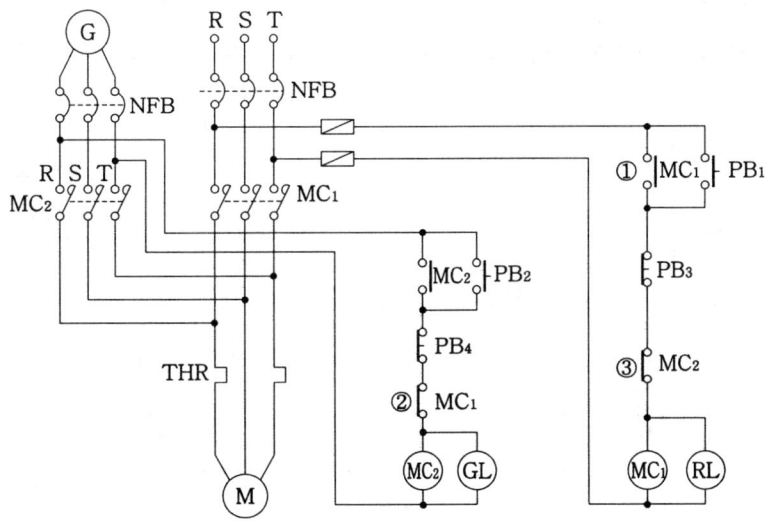

**답** (1) 닫힌 상태
(2) ② 닫힌 상태  ③ 열린 상태
(3) 인터록 회로 : 상시전원과 예비전원의 동시 투입 방지
(4) MC₁과 MC₂ 중 먼저 투입된 한 회로만 동작
(5) 상시전원과 예비전원이 동시 투입된다.
(6)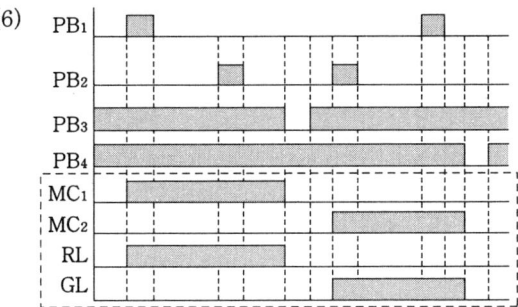

▶ 수동절환 예비전원 설비이고 독립된 유지회로에 인터록이 있다.

**41** 그림은 직류식 전자석 차단기의 제어회로의 예시다. 물음의 ( )에 알맞은 말을 쓰시오. (전산94, 01, 11)

(1) 우측 도면에서 알 수 있듯이 3-52 스위치를 on시키면 (①)이(가) 동작하여 52X의 접점이 close되고 (②)의 투입코일에 전류가 흘러 52의 차단기를 투입시키게 된다. 차단기 투입과 동시에 52a 접점이 동작하여 52R가 동작(on)되고 (③)의 코일을 개방시키게 된다.

(2) 회로에서 27 의 기기 명칭을 (④), 51 의 기기 명칭을 (⑤), 51G 의 기기 명칭을 (⑥)라고 한다.

(3) 차단기의 개방 조작 및 트립 조작은 (⑦)의 코일이 통전 됨으로써 가능하다.

(4) 지금 차단기가 개방되었다면 개방상태표시를 나타내는 표시램프는 (⑧)이다.

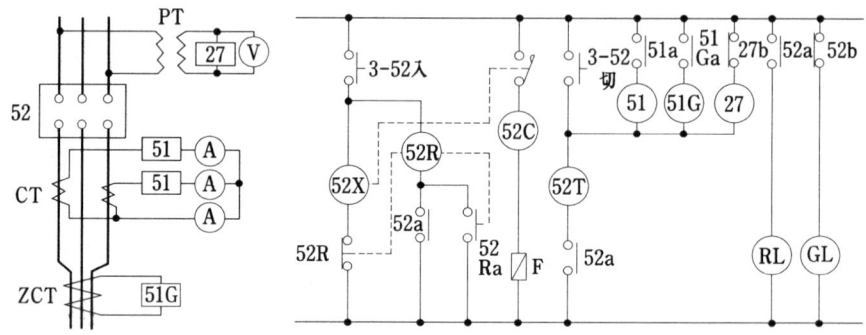

**답** (1) ① 52X  ② 52C  ③ 52X
(2) ④ 부족전압 계전기  ⑤ 과전류 계전기  ⑥ 지락 과전류 계전기
(3) ⑦ 52T  (4) ⑧ GL

# 3-5. 기타 제어 회로 과년도 출제 문제

**1** 스위치 $S_1$, $S_2$, $S_3$에 의하여 직접 제어되는 계전기 X Y Z가 있다. 전등 $L_1$, $L_2$, $L_3$, $L_4$가 동작표와 같이 점등한다고 할 때 물음에 답하시오. (전95,00,06,08)

| X | Y | Z | $L_1$ | $L_2$ | $L_3$ | $L_4$ |
|---|---|---|---|---|---|---|
| 0 | 0 | 0 | 0 | 0 | 0 | 1 |
| 0 | 0 | 1 | 0 | 0 | 1 | 0 |
| 0 | 1 | 0 | 0 | 0 | 1 | 0 |
| 0 | 1 | 1 | 0 | 1 | 0 | 0 |
| 1 | 0 | 0 | 0 | 0 | 1 | 0 |
| 1 | 0 | 1 | 0 | 1 | 0 | 0 |
| 1 | 1 | 0 | 0 | 1 | 0 | 0 |
| 1 | 1 | 1 | 1 | 0 | 0 | 0 |

[조건] : 각 출력램프 $L_1 \sim L_4$에 대한 논리식

$$L_1 = XYZ \qquad L_4 = \overline{X}\,\overline{Y}\,\overline{Z}$$
$$L_2 = \overline{X}YZ + X\overline{Y}Z + XY\overline{Z}$$
$$L_3 = \overline{X}\,\overline{Y}Z + \overline{X}Y\overline{Z} + X\overline{Y}\,\overline{Z}$$

(1) 답란의 유접점 회로에 대한 미완성 부분을 최소 접점수로 완성하시오.
(2) 답안지의 무접점회로에 대한 미완성 부분을 완성하고 출력을 표시하시오.

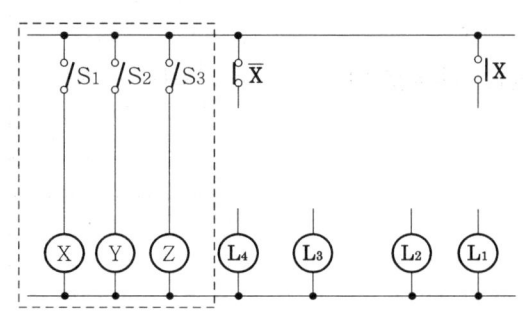
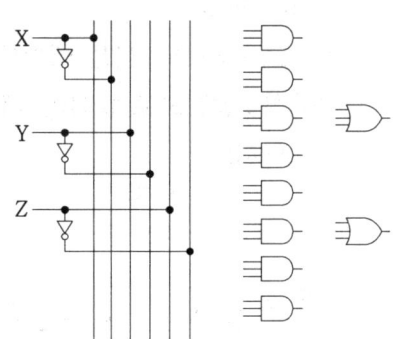

**답** (1)

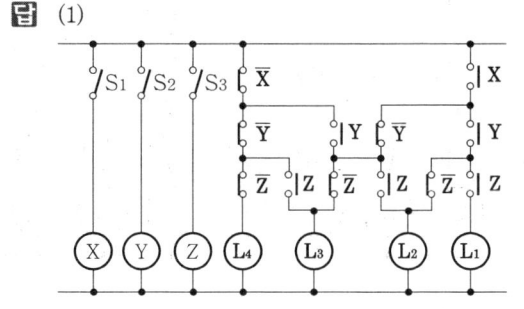

(2)

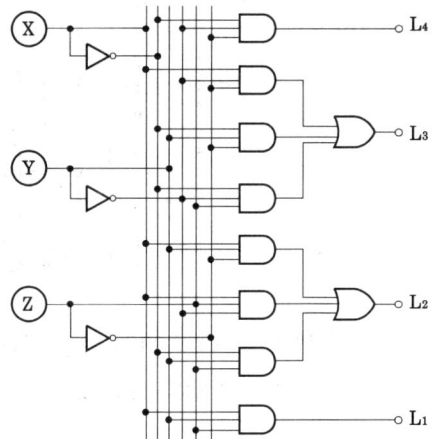

$$L_2 = \overline{X}YZ + X\overline{Y}Z + XY\overline{Z} = \overline{X}YZ + X(\overline{Y}Z + Y\overline{Z})$$
$$L_3 = \overline{X}\,\overline{Y}Z + \overline{X}Y\overline{Z} + X\overline{Y}\,\overline{Z} = \overline{X}(\overline{Y}Z + Y\overline{Z}) + X\overline{Y}\,\overline{Z}$$

**2** 그림은 릴레이 동작 검출회로이고 X, Y, Z는 릴레이이다. (공95)

(1) 출력 $L = X\overline{Y}Z$ 이면 켜지는 램프는?
(2) 램프 $L_2$의 출력 식은?
(3) 릴레이 X, Y, Z 중 어느 2개만 동작할 때 켜지는 램프는?
(4) 릴레이 3개가 모두 동작할 때 켜지는 램프는?

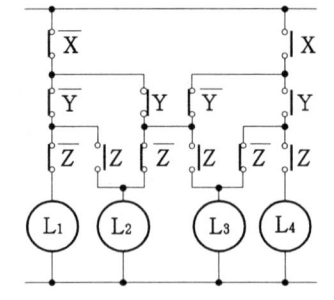

답 (1) $L_3$  (2) $L_2 = \overline{X}\overline{Y}Z + \overline{X}Y\overline{Z} + X\overline{Y}\overline{Z}$  (3) $L_3$  (4) $L_4$

$L_1 = \overline{X}\overline{Y}\overline{Z}$   $L_3 = \overline{X}YZ + X\overline{Y}Z + XY\overline{Z}$   $L_4 = XYZ$

**3** 진리표를 이용하여 물음에 답하시오.
(공94, 96, 99)

(1) 로직회로의 점선 내부를 완성하시오.
(2) 최소접점으로 릴레이회로의 점선 내부를 완성하시오.

| X | Y | Z | L |
|---|---|---|---|
| 1 | 0 | 0 | $L_1$ |
| 0 | 1 | 0 | $L_2$ |
| 0 | 0 | 1 | $L_3$ |
| 1 | 1 | 1 | $L_4$ |
| 1 | 1 | 0 | $L_5$ |
| 1 | 0 | 1 | $L_6$ |
| 0 | 1 | 1 | $L_7$ |
| 0 | 0 | 0 | $L_8$ |

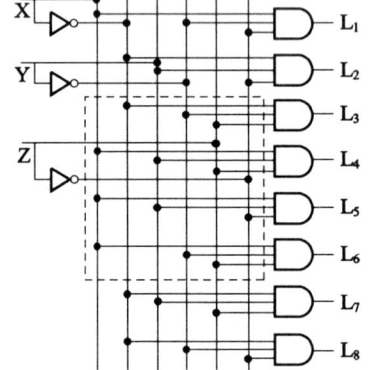
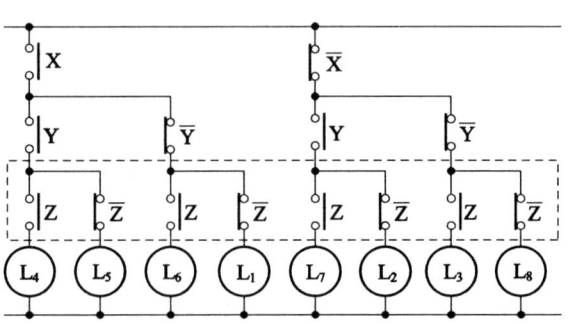

$L_1 = X\overline{Y}\overline{Z} = 100$   $L_2 = \overline{X}Y\overline{Z} = 010$   $L_3 = \overline{X}\overline{Y}Z = 001$   $L_4 = XYZ = 111$
$L_5 = XY\overline{Z} = 110$   $L_6 = X\overline{Y}Z = 101$   $L_7 = \overline{X}YZ = 011$   $L_8 = \overline{X}\overline{Y}\overline{Z} = 000$

**4** 그림은 릴레이 동작 체크 회로 일부이다. 물음에 답하시오. (공산94,95,97,00,01)
(1) 각 램프의 논리식을 쓰고 진리표를 완성하시오. (공97)
(2) 릴레이 XYZ 3개중 하나만 동작하던가 모두 동작하는 경우의 논리회로를 완성하시오.
(3) 릴레이 XYZ 3개중 2개가 동시에 동작하던가 모두 동작하지 않을 경우의 논리회로를 완성하시오. (미완성 회로 참고)
(4) 논리식 $(L_1+L_8)+(L_2+L_7)+(L_3+L_6)+(L_4+L_5)$을 계산하시오.
(5) 릴레이 XYZ가 동시에 동작할 때와 XY가 동시에 동작할 때 켜지는 램프는?
(6) 램프 $L_3$이 켜질 때와 $L_6$이 켜질 때의 동작 릴레이는 각각 어느 것인가?

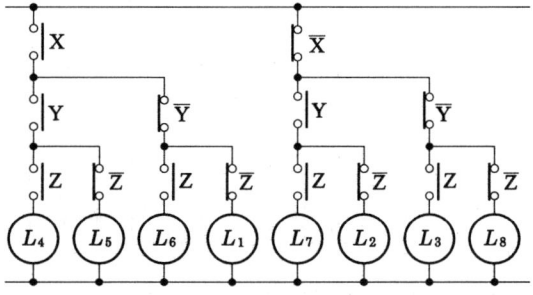
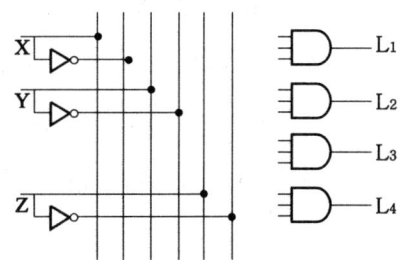

**답** (1) $L_1 = X\overline{Y}\overline{Z} = 100$　$L_2 = \overline{X}Y\overline{Z} = 010$
　　　$L_3 = \overline{X}\overline{Y}Z = 001$　$L_4 = XYZ = 111$
　　　$L_5 = XY\overline{Z} = 110$　$L_6 = X\overline{Y}Z = 101$
　　　$L_7 = \overline{X}YZ = 011$　$L_8 = \overline{X}\overline{Y}\overline{Z} = 000$

| X | Y | Z | L |
|---|---|---|---|
| 1 | 0 | 0 | $L_1$ |
| 0 | 1 | 0 | $L_2$ |
| 0 | 0 | 1 | $L_3$ |
| 1 | 1 | 1 | $L_4$ |
| 1 | 1 | 0 | $L_5$ |
| 1 | 0 | 1 | $L_6$ |
| 0 | 1 | 1 | $L_7$ |
| 0 | 0 | 0 | $L_8$ |

(2)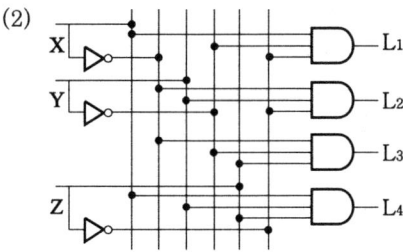
(3)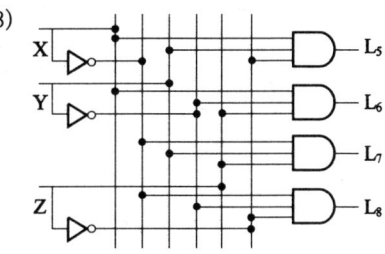

(4) 합 $= \overline{Y}\overline{Z}(X+\overline{X}) + \overline{X}Y(\overline{Z}+Z) + \overline{Y}Z(\overline{X}+X) + XY(Z+\overline{Z})$
　　　$= \overline{Y}(\overline{Z}+Z) + Y(\overline{X}+X) = \overline{Y}+Y = 1$
(5) $L_4$, $L_5$　　(6) Z, X Z

**5** 스위치 $S_1$, $S_2$, $S_3$, $S_4$에 의하여 직접 제어되는 계전기 $A_1$, $A_2$, $A_3$, $A_4$가 있다. 전등 X, Y, Z가 동작표와 같이 점등 할 때 물음에 답하시오. (전산96, 09)

[조건] 각 출력램프 X, Y, Z에 대한 논리식

$X = \overline{A_1}A_2A_3\overline{A_4} + \overline{A_1}A_2A_3A_4$
$\quad + A_1A_2A_3A_4 + A_1\overline{A_2}A_3A_4$
$\quad = A_3(\overline{A_1}A_2 + A_1A_4)$

$Y = \overline{A_1}\overline{A_2}\overline{A_3}\overline{A_4} + A_1\overline{A_2}A_3A_4$
$\quad = \overline{A_2}(\overline{A_1}\overline{A_3}\overline{A_4} + A_1A_3A_4)$

$Z = A_1\overline{A_2}\overline{A_3}A_4 + A_1A_2\overline{A_3}\overline{A_4}$
$\quad + A_1A_2\overline{A_3}A_4 = A_1\overline{A_3}(A_2 + A_4)$

(※ $A_1A_2\overline{A_3}A_4$ 2번 사용)

| $A_1$ | $A_2$ | $A_3$ | $A_4$ | X | Y | Z |
|---|---|---|---|---|---|---|
| 0 | 0 | 0 | 0 | 0 | 1 | 0 |
| 0 | 0 | 0 | 1 | 0 | 0 | 0 |
| 0 | 0 | 1 | 0 | 0 | 0 | 0 |
| 0 | 0 | 1 | 1 | 0 | 0 | 0 |
| 0 | 1 | 0 | 0 | 0 | 0 | 0 |
| 0 | 1 | 0 | 1 | 0 | 0 | 0 |
| 0 | 1 | 1 | 0 | 1 | 0 | 0 |
| 0 | 1 | 1 | 1 | 1 | 0 | 0 |
| 1 | 0 | 0 | 0 | 0 | 0 | 0 |
| 1 | 0 | 0 | 1 | 0 | 0 | 1 |
| 1 | 0 | 1 | 0 | 0 | 0 | 0 |
| 1 | 0 | 1 | 1 | 1 | 1 | 0 |
| 1 | 1 | 0 | 0 | 0 | 0 | 1 |
| 1 | 1 | 0 | 1 | 0 | 0 | 1 |
| 1 | 1 | 1 | 0 | 0 | 0 | 0 |
| 1 | 1 | 1 | 1 | 1 | 0 | 0 |

(1) 답란에 미완성 부분을 최소 접점수로 접점 표시를 하고 유접점 회로를 완성하시오.
(2) 답란에 미완성 무접점회로를 완성하시오.

**답** (1)

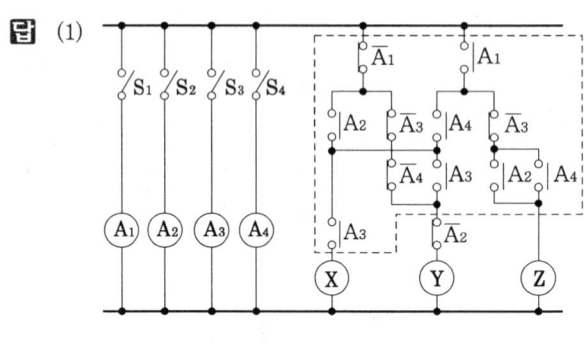

(2)

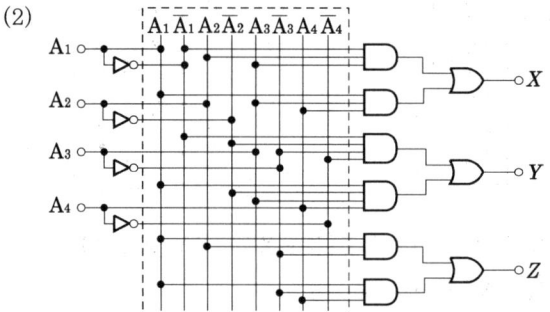

**6** 버튼스위치 $PB_1$, $PB_2$, $PB_3$에 의하여 직접 제어되는 계전기 $A_1$, $A_2$, $A_3$가 있다. 이 3개의 계전기 중 홀수개가 동작상태에 있을 때에만 출력램프 Z가 점등하고자 한다. 물음에 답하시오. (공산90)

(1) 동작표를 완성하시오.
(2) 출력에 대한 논리식을 쓰고 회로도를 그리시오.

| 입력 | | | 출력 |
|---|---|---|---|
| $A_1$ | $A_2$ | $A_3$ | Z |
| 0 | 0 | 0 | |
| 0 | 0 | 1 | |
| 0 | 1 | 0 | |
| 0 | 1 | 1 | |
| 1 | 0 | 0 | |
| 1 | 0 | 1 | |
| 1 | 1 | 0 | |
| 1 | 1 | 1 | |

**답** (1) 위에서 차례로 01101001

(2) $Z = \overline{A_1}\,\overline{A_2}A_3 + \overline{A_1}A_2\overline{A_3} + A_1\overline{A_2}\,\overline{A_3} + A_1A_2A_3$

**7** 그림과 같은 전자 릴레이회로를 미완성 다이오드 매트릭스 회로에 다이오드를 추가시켜 다이오드 매트릭스로 바꾸어 그리시오. (전98, 00, 01, 04, 09)

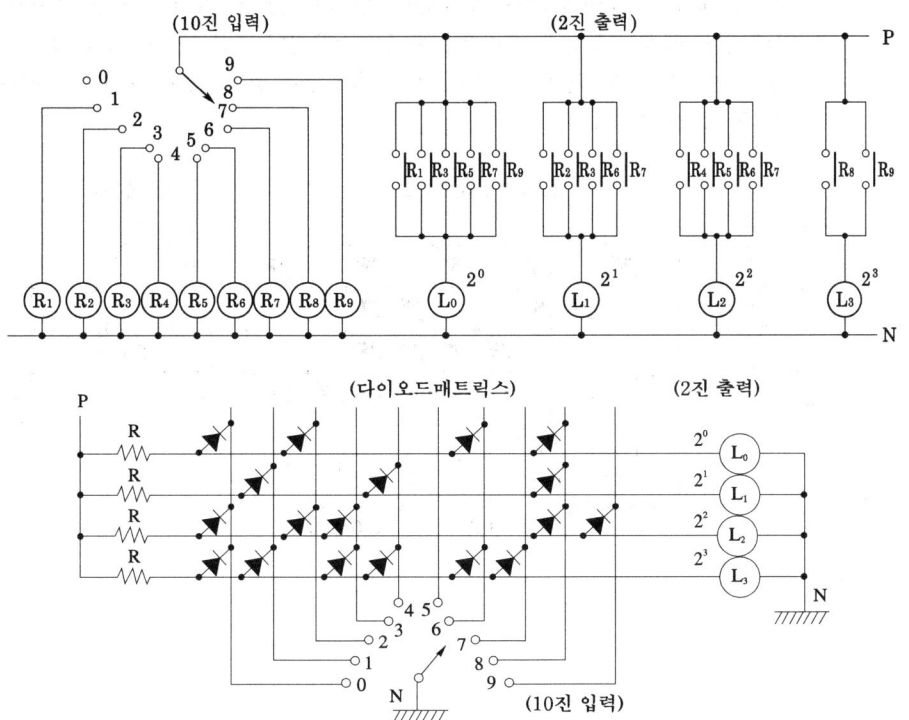

**답**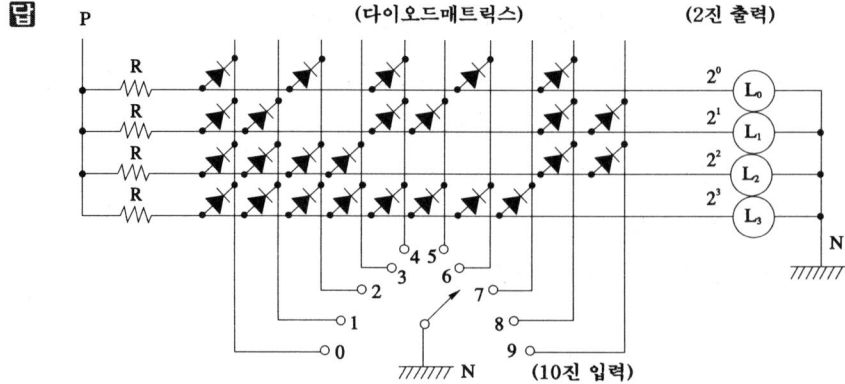

🖐 디지털 양의 표현에서 10진수를 2진수 또는 BCD(8421)수로 변환하는 엔코더(encoder) 회로의 일 예이다.

① 릴레이 동작의 DCBA 회로이고 스위치에 의하여 해당 릴레이가 동작하여 H레벨의 출력을 얻는다. 예로서 스위치를 6으로 돌리면 릴레이 $R_6$이 동작하면 접점 $R_6$으로 $L_1$과 $L_2$가 동작하여 CB 즉 BCD 출력 0110을 얻는다.

② 답란의 다이오드 메트릭스(diode matrix)형 엔코더 회로는 L입력형으로 스위치에 의하여 접지시키면 해당 다이오드를 통하여 램프를 단락하고 나머지 램프로 H레벨의 출력을 얻는다. 즉 스위치를 6으로 돌리면 L입력이 다이오드 2개를 통하여 A와 D를 단락하여 $L_0$와 $L_3$을 소등시키고 $L_1$과 $L_2$가 점등 중이므로 H출력은 CB 즉 BCD 출력 0110이 생긴다.

③ 아래 그림은 H입력형으로 스위치에 의하여 전원을 가하면 해당 다이오드가 통전하여 H레벨의 출력을 얻는다. 이 회로는 0의 입력선이 없는 것이 특징이다. 여기서, 스위치를 6으로 돌리면 H입력이 다이오드 2개를 통전하여 $L_1$과 $L_2$가 동작하므로 H출력 CB 즉 BCD 출력 0110이 생긴다.

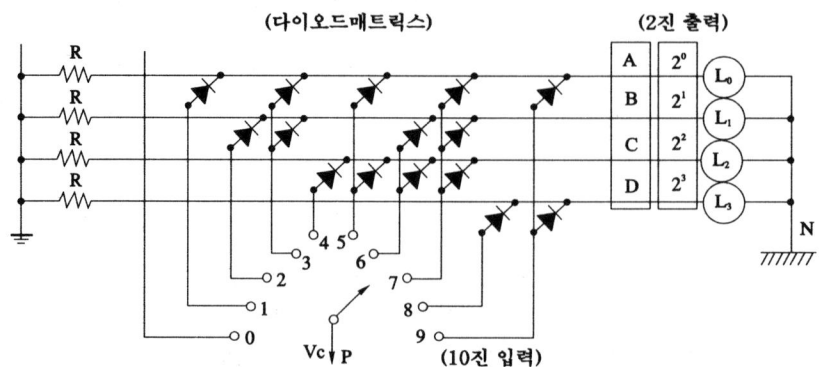

**8** 그림은 3사람이 퀴즈놀이 하는 전등과 부저가 있는 회로이다. 즉 버튼 스위치를 먼저 누르는 사람의 전등이 켜지고 부저가 울며 다른 사람의 전등은 켜지지 않는다. 일정 시간이 지나면 전등과 부저는 복구하여 다음 동작을 대비한다. 회로도 옆의 접점과 기구 중 옳은 것을 골라 필요한 수만큼 사용하여 점선 내에 회로를 완성하시오. 기구 배치도, 타이머와 릴레이 결선도는 생략한다.
(공산02, 07)

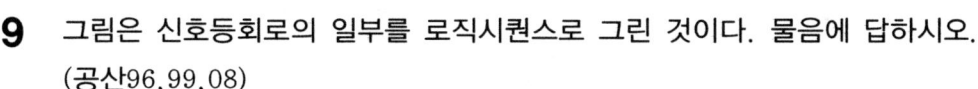

**답** 점선 내 회로

➠ 인터록 논리와 같다.

**9** 그림은 신호등회로의 일부를 로직시퀀스로 그린 것이다. 물음에 답하시오.
(공산96, 99, 08)

(1) 답란 점선 내에 릴레이 회로를 완성하시오.
(2) 답란에 주어진 출력식을 쓰시오.

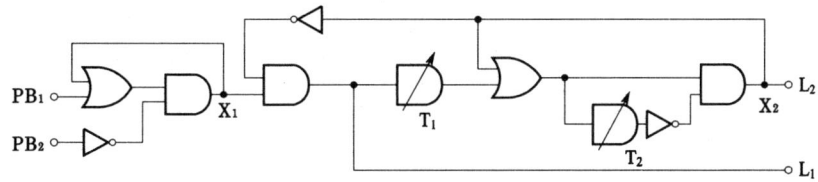

**답** (1)

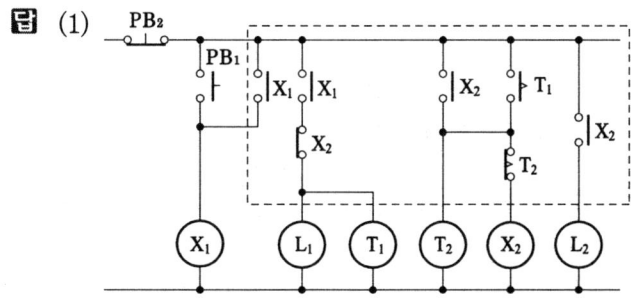

(2) ① $X_1 = (PB_1 + X_1)\overline{PB_2}$  ② $L_1 = X_1\overline{X_2}$
    ③ $T_1 = X_1\overline{X_2}$  ④ $L_2 = X_2$
    ⑤ $T_2 = X_2 + T_1$  ⑥ $X_2 = (T_1 + X_2)\overline{T_2}\overline{PB_2}$

➥ $BS_1$을 주면 $X_1$이 동작유지하고 $T_1$이 여자되고 $L_1$이 점등된다. $t_1$초 후 $X_2$가 동작유지하고 $T_2$가 여자되고 $L_1$이 소등, $T_1$이 복구, $L_2$가 점등된다. $t_2$초 후 $X_2$가 복구하여 $T_2$가 복구, $L_2$가 소등되고 $T_1$이 재 여자되며 $L_1$이 재 점등됨을 반복한다.

**10** 그림은 어떤 보안장치 회로의 일부분이다. (공산06,08).
주어진 동작조건에 의하면 도면의 (1)~(9)에는 어떤 계전기 접점이 기록되어야 하는지 접점기호 $X_1$, $X_2$, $X_3$으로 답하시오.

**[동작조건]** 누름 버튼 스위치를 $PB_3-PB_1-PB_2-PB_4$의 순서로 눌러야 Door Lock(DL)이 열리도록 하고자 한다. 이 순서가 바뀌면 DL은 열리지 않으며, DL이 열리면 Limit Switch가 open되어 전원이 차단된다.

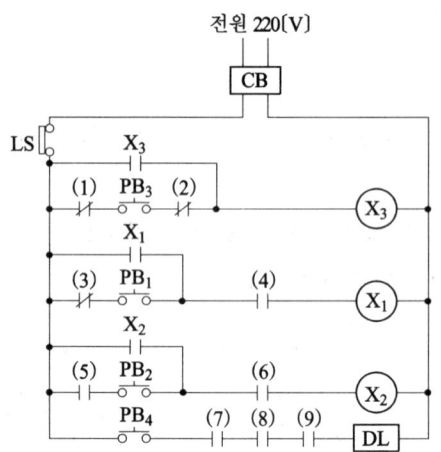

🖹 (1) $X_1$,  (2) $X_2$,  (3) $X_2$,  (4) $X_3$,  (5) $X_3$,  (6) $X_1$,  (7) $X_1$,  (8) $X_2$,  (9) $X_3$,

➥ $PB_3$을 눌러 $X_3$이 동작하려면 (1) (2)번은 $X_1$과 $X_2$의 b접점이어야 한다.
$PB_1$을 눌러 $X_1$이 동작하려면 (4)는 $X_3$ a접점, (3)은 $X_2$ b접점이어야 한다.
$PB_2$를 눌러 $X_2$가 동작하려면 (5) (6)은 $X_3$과 $X_1$의 a접점 중 하나이어야 한다.
$PB_4$를 눌러 DL이 열리려면 (7)(8)(9)는 $X_1, X_2, X_3$의 a접점 중 하나이어야 한다.

**11** 타임차트는 경보회로의 일부이다. (공산91)
(1) 답지의 유접점 회로를 완성하시오.
(2) 답지의 무접점회로를 완성하시오.
(3) B와 R에 대한 논리식을 쓰시오.

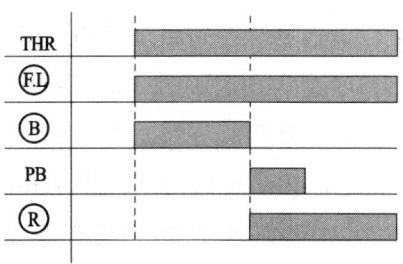

**답** (1)

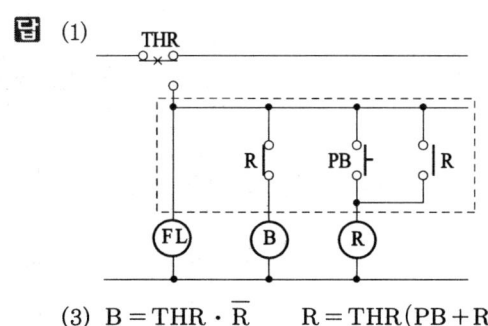

(2)

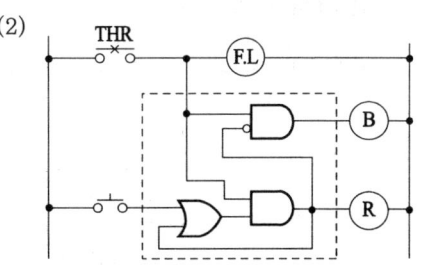

(3) $B = THR \cdot \overline{R}$    $R = THR(PB + R)$

➡ 3-1 간추림과 3-1-8번 참조

**12** 그림은 침입자 경보장치 회로로서 회로 동작은 광전스위치(OP)와 문을 열면 닫히는 리미트 스위치(LS)를 병행하고 벨(BZ)이 울림과 동시에 감시램프(GL)가 꺼진다. 물음에 답하시오. (공91, 95)

(1) 답란에 주어진 회로를 완성하시오.
(2) 답란에 주어진 출력 식을 쓰시오.

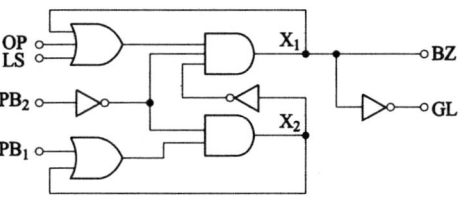

**답** (1)

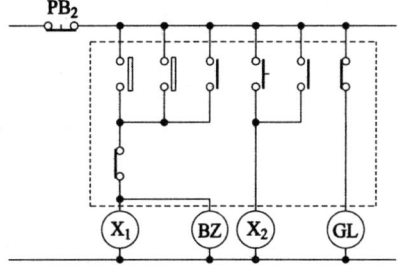

(2) $X_1 = \overline{PB_2}\,(OP + LS + X_1)\overline{X_2}$
$X_2 = \overline{PB_2}\,(PB_1 + X_2)$
$BZ = X_1$
$GL = \overline{X_1}$

**13** 그림은 신호회로를 조합한 것이다. PB는 20초 동안 누르고, 접점 F는 전원 투입 3초 후 동작하며 10초 동안 유지한다. 설정시간은 $T_1$은 7초, $T_2$는 5초이고 기타는 무시한다. 물음에 답하시오. (공산92, 97, 03)

(1) 답란에 타임차트를 완성하시오.
(2) 답란에 예의 기호로 회로를 그리고, 논리식을 쓰시오.

{예}

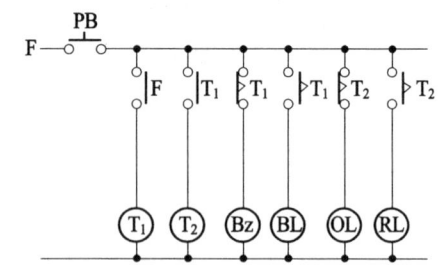

답 (1)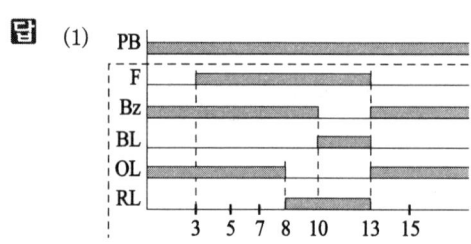

(2)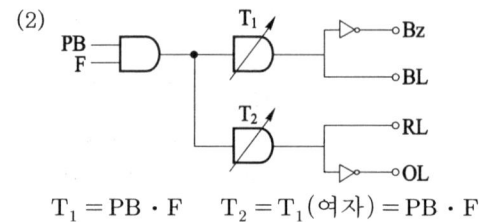

$T_1 = PB \cdot F$  $\quad T_2 = T_1(여자) = PB \cdot F$
$BZ = \overline{T_1}$  $\quad BL = T_1$
$OL = \overline{T_2}$  $\quad RL = T_2$

**14** 그림을 보고 물음에 답하시오. TR은 온도검출기로서 30℃ 이상이 되면 출력이 0이 되고 HyR은 습도 검출기로서 습도 80% 이상이면 출력이 1이 된다. (공산90)

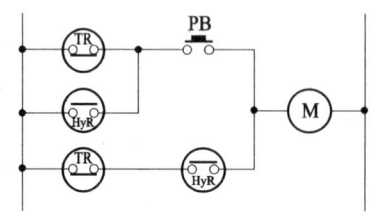

| PB | TR | HyR | M |
|----|----|----|---|
| 0 | 0 | 0 | |
| 0 | 0 | 1 | |
| 0 | 1 | 0 | |
| 1 | 0 | 0 | |
| 1 | 1 | 0 | |
| 1 | 0 | 1 | |
| 0 | 1 | 1 | |
| 1 | 1 | 1 | |

(1) 전동기의 논리식을 쓰시오.
(2) 진리표를 완성하시오.
(3) AND, OR, NOT의 기본소자로 논리회로를 그리시오.

답 (1) $M = (\overline{TR} + HyR) \cdot PB + \overline{TR} \cdot HyR$
(2) 차례로 01010101

(3)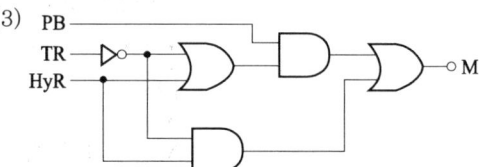

**15** 그림은 화재 경보기회로의 일부이다. $PB_1$과 $PB_2$의 조작으로 감지기 $F_1$과 $F_2$가 동작한다. 답지에 시퀀스와 타임차트를 완성하고 출력식을 쓰시오. (공산95, 공93)

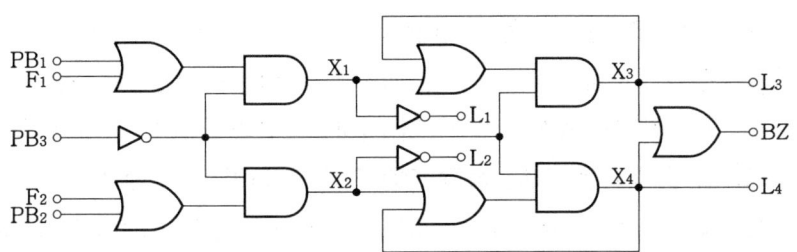

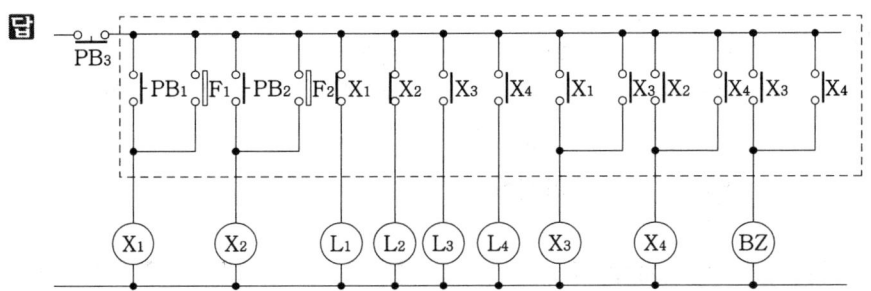

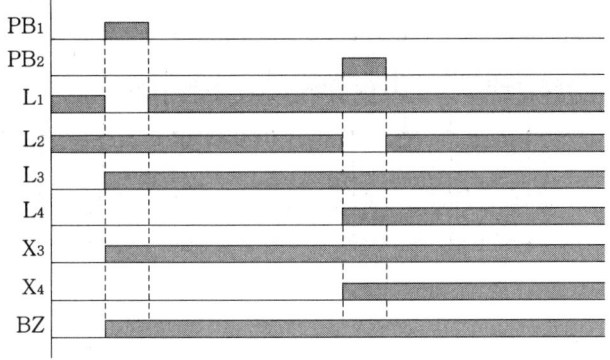

$X_1 = \overline{PB_3}\,(PB_1 + F_1)$   $L_1 = \overline{X_1}$

$X_2 = \overline{PB_3}\,(PB_2 + F_2)$   $L_2 = \overline{X_2}$

$X_3 = \overline{PB_3}\,(X_1 + X_3)$     $L_3 = X_3$

$X_4 = \overline{PB_3}\,(X_2 + X_4)$     $L_4 = X_4$

$BZ = \overline{PB_3}\,(X_3 + X_4)$

**16** 다음 동작설명의 화재경보회로를 참고 표에 있는 기호를 참고하여 답지의 회로를 완성하시오. (공91)

(1) 전원 투입하면 $PL_0$가 점등되고 $X_1$, $X_2$, $X_3$ 중 1개라도 동작되면 소등된다.

(2) $PB_1$ 또는 $PB_4$를 누르는 순간만 $PL_1$ 점등 $X_1$ 동작, $PB_2$ 또는 $PB_5$를 누르는 순간만 $PL_2$ 점등 $X_2$ 동작, $PB_3$ 또는 $PB_6$를 누르는 순간만 $PL_3$ 점등 $X_3$ 동작, $X_1$, $X_2$, $X_3$ 중 1개라도 동작되면 FR에 의하여 BZ와 $PL_4$가 교대로 동작한다.

(3) $FD_1$이 동작되면 $X_1$이 동작, $FD_2$가 동작되면 $X_2$가 동작, $FD_3$이 동작되면 $X_3$이 동작되며 이중 하나만 동작되어도 FR에 의하여 BZ와 $PL_4$가 교대로 동작한다. FD가 복구하던가 $PB_{0-1}$ 또는 $PB_{0-2}$에 의하여 모두 정지된다.

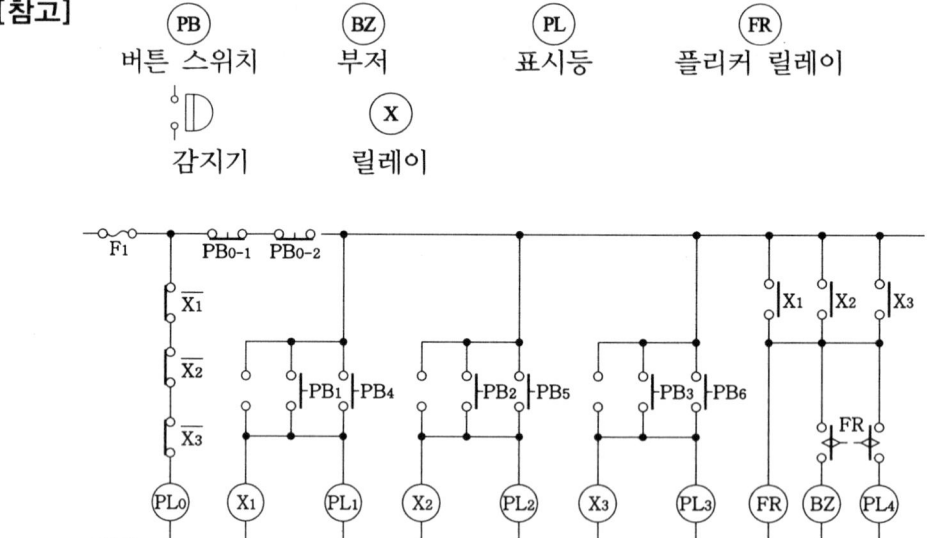

답 $PD_1$, $PD_2$, $PD_3$ 모두 같다.

# 제 4 장
## 전기 설비 회로

# 4-1. 옥내 설비 회로 과년도 출제 문제

**1** 옥내배선도(생략)와 타이머, 릴레이 내부 회로도를 참고하여 시퀀스 회로를 작성하시오. (공91, 99, 00, 01, 02, 04, 05, 06)
① 스위치 S를 ON하면 R₃이 점등된다.
② 스위치 S를 ON하고 PB를 누르면 릴레이(Ry)와 타이머(T)가 여자되고 R₃은 소등되고 R₁, R₂ 전등은 점등된다. t초 후 R₂는 소등되고 R₄는 점등되며 R₁은 계속 점등된다.
③ S를 OFF하면 모든 동작이 정지된다.

[범례] T : 타이머
Ry : 릴레이
S : 스위치
R : 램프
PB : 버튼 스위치

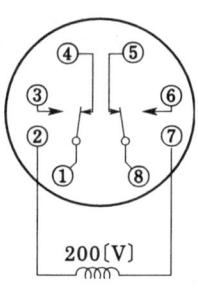
릴레이 내부 결선

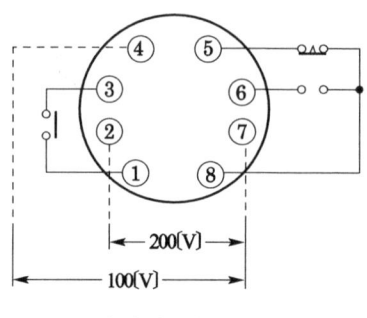
타이머 내부 결선

**답**
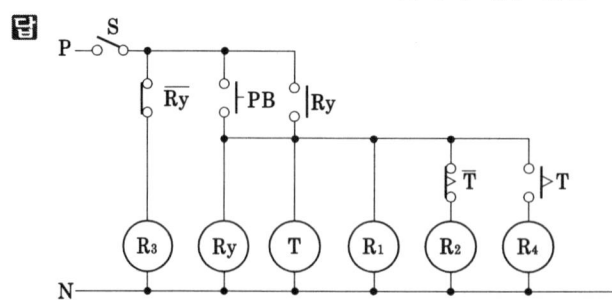

**2** 주어진 동작사항에 맞게 시퀀스를 그리시오. (공91, 99, 00, 01, 02, 04, 05, 06, 10)
(1) 배선용 차단기 MCCB를 넣는 순간 콘센트에 전압이 걸리도록 한다. (콘센트의 그림기호는 벽걸이용으로 한다.)
(2) 단로 스위치 S₁을 ON하고 누름 버튼 스위치 PB를 누르면 타이머 T가 동작하여 PB를 놓아도 타이머 T는 계속 동작하고 램프 R₁이 점등되고 일정시간(타이머 설정시간)이 지나면 R₁은 소등되고 램프 R₂는 점등된다.
• 단로 스위치 S₁을 OFF하면 타이머 T가 동작을 정지하여 R₂는 소등된다.
• 회로에 사용되는 그림기호(접점, 코일, 램프 등)는 시퀀스 회로에 사용되는 그림기호를 사용한다(Timer 내부 결선도는 생략함).

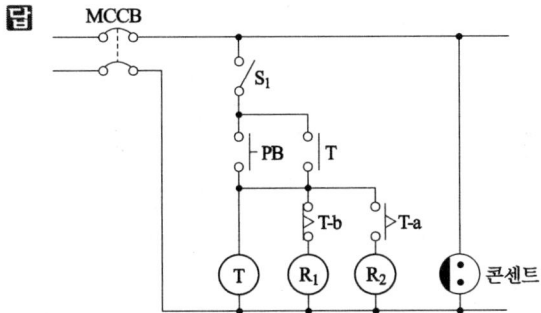

➡ 타이머 유지회로에 유의한다

**3** 타이머 내부 결선도와 동작설명을 참고하여 회로도를 그리시오. (공산07)
① 배선용 차단기를 투입하면 콘센트 $C_1$, $C_2$에 전압이 걸리도록 한다.
② 3로 스위치 $S_3$의 OFF에서 버튼 스위치 $PB_1$, $PB_2$ 중 어느 것을 눌러도 타이머 T가 동작하여 램프 $R_2$는 점등된다. 일정시간이 지나면 Tb 접점으로 T가 복구하고 $R_2$는 소등된다.
③ 3로 스위치 $S_3$을 ON하면 램프 $R_1$이 점등된다(타이머 내부 결선도 생략).

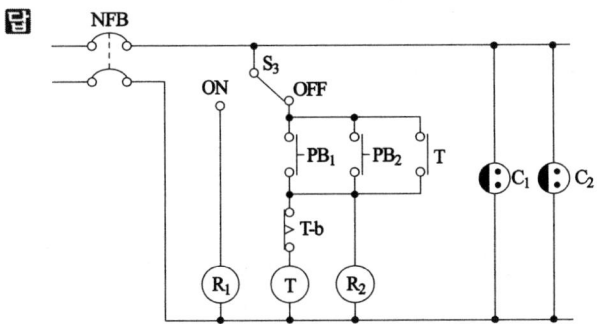

➡ $PB_1$과 $PB_2$가 병렬로 생각하면 된다.

**4** 다음 동작사항을 읽고 시퀀스를 완성하시오. (전08, 공01)
(1) 3로 스위치 $S_3$가 OFF 상태에서 푸시버튼 스위치 $PB_1$을 누르면 부저 $B_1$이, $PB_2$를 누르면 $B_2$가 울린다.
(2) 3로 스위치 $S_3$가 ON 상태에서 푸시버튼 스위치 $PB_1$을 누르면 전등 $R_1$이, $PB_2$를 누르면 $R_2$가 점등한다.
(3) 콘센트 C에는 항상 전압이 걸린다.

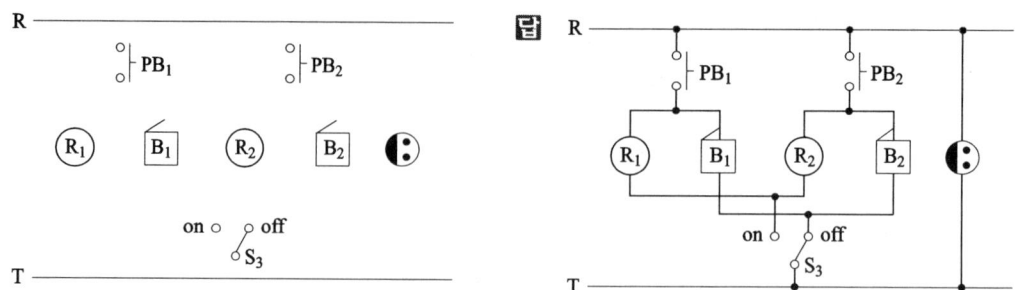

➤ B₁과 B₂, R₁과 R₂ 각각 병렬로 생각하면 된다.

**5** 타이머 내부 결선도와 동작설명을 참고하여 회로도를 완성하시오. (공산08, 09, 10, 11)
[동작설명]
① 배선용 차단기를 투입하고 $S_3$ OFF시 $R_2$ 점등되고 PB-ON하면 타이머 T 여자, T 설정시간 동안 $R_3$점등, 설정시간 후 $R_3$소등, $R_4$점등.
② $S_3$ ON시 T 무여자, $R_2$, $R_3$, $R_4$소등, 부저(BZ)동작, $R_1$점등 (단, 전원은 단상 2선식 220[V]이고, 타이머 내부 결선도는 생략한다)

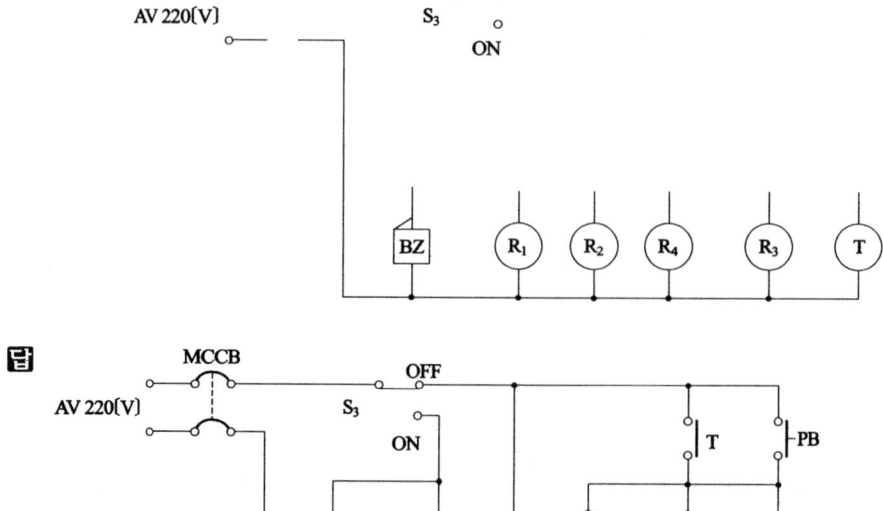

➤ 타이머 유지회로에 유의한다.

**6** 다음 동작설명을 보고 답지의 점선 내에 회로를 완성하시오. (공91)

(1) KS를 ON하면 표시등 $L_1$이 점등된다.

(2) 셀렉터 스위치 SS가 수동(M)상태에서

① 버튼 스위치 $P_1$을 누르는 순간만 릴레이 $Ry_1$이 동작하여 표시등 $L_1$은 소등, $L_2$는 점등되며 플리커 릴레이 FR이 동작하여 부저 $B_1$, $B_2$가 교대로 작동된다. $P_1$을 놓으면 모든 동작은 정지되고 $L_1$이 점등된다.

② $P_2$를 누르는 순간만 릴레이 $Ry_2$가 동작하여 표시등 $L_1$은 소등, $L_3$은 점등되며 FR이 동작하여 $B_1$, $B_2$가 교대로 작동된다. $P_2$를 놓으면 모든 동작은 정지되고 $L_1$이 점등된다.

(3) SS가 자동(A)상태에서 감지기 $FD_1$과 $FD_2$에 의하여 $Ry_1$과 $Ry_2$가 동작하여 표시등 $L_1$은 소등, $L_2$, $L_3$은 점등되며 FR이 동작하여 $B_1$, $B_2$가 교대로 작동된다. $FD_1$과 $FD_2$가 복귀하면 모든 동작은 정지되고 $L_1$이 점등된다.

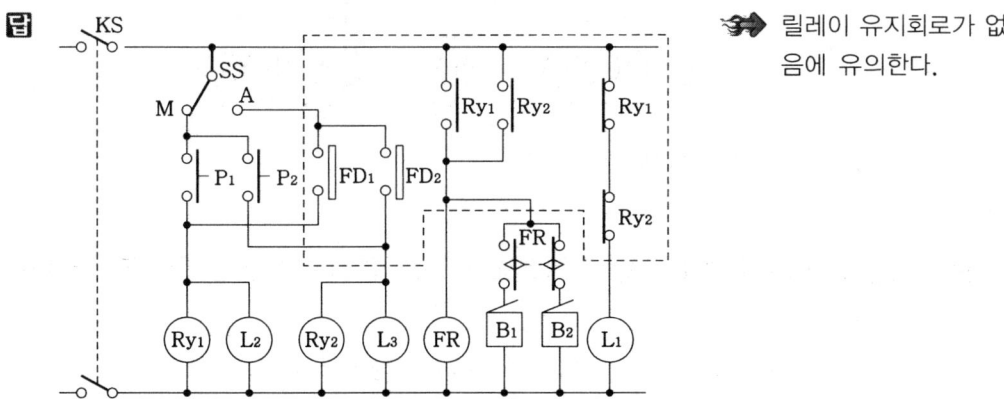

➡ 릴레이 유지회로가 없음에 유의한다.

**7** 동작설명을 읽고 보기에서 예시한 접점기호를 사용하여 동작이 완전하도록 점선 안에 그려 넣으시오. (공02).

(1) $BS_1$을 누르고 있는 동안 Lamp LA가 점등되고 동시에 BZ가 울린다.
이때 $BS_2$, $BS_3$, $BS_4$ 중 어느 것을 눌러도 다른 전등은 점등되지 않는다.

(2) $BS_2$를 누르고 있는 동안 Lamp LB가 점등되고 동시에 BZ가 울린다.
이때 $BS_1$, $BS_3$, $BS_4$ 중 어느 것을 눌러도 다른 전등은 점등되지 않는다.

(3) $BS_3$을 누르고 있는 동안 Lamp LC가 점등되고 동시에 BZ가 울린다.
이때 $BS_1$, $BS_2$, $BS_4$ 중 어느 것을 눌러도 다른 전등은 점등되지 않는다.

(4) $BS_4$를 누르고 있는 동안 Lamp LD가 점등되고 동시에 BZ가 울린다.
이때 $BS_1$, $BS_2$, $BS_3$ 중 어느 것을 눌러도 다른 전등은 점등되지 않는다.

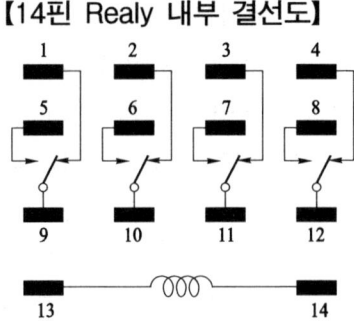

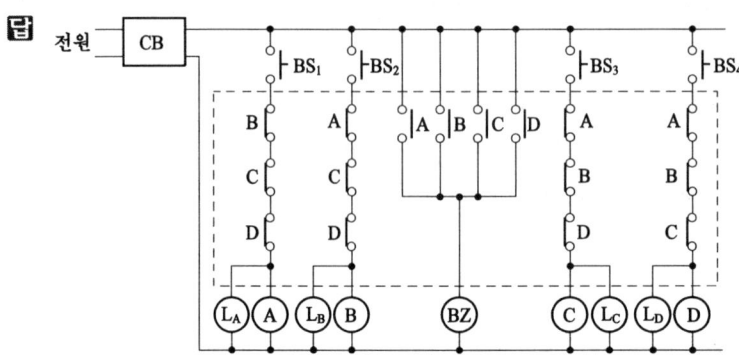

👉 b접점은 인터록회로이다.

**8** 다음의 전등 점멸에 대한 동작설명을 읽고 답지의 미완성 회로를 완성하시오.
(공01, 03, 08)

(1) 버튼 스위치 $BS_1$, $BS_2$, $BS_3$ 중 하나를 눌렀다 놓으면 전등 $L_1$, $L_2$, $L_3$가 동시에 점등되고 버튼 스위치를 다시 한번 눌렀다 놓으면 전등이 모두 소등된다. 이런 동작이 계속 반복된다.

(2) $X_1$, $X_2$는 8Pin 릴레이(2a 2b), $X_3$은 14핀 릴레이(4a 4b)이다.

(3) 추가 사용접점은 보기와 같고 릴레이 접속도는 생략한다.

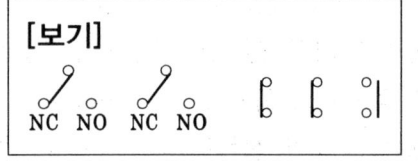

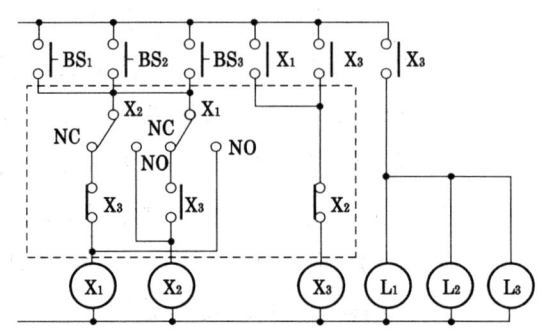

🔥 버튼 스위치 하나만 눌렀다 놓으면 $X_3$이 동작 유지하여 전등이 켜지므로 BS 3개는 병렬이고, $X_3$의 동작이 $X_{1a}$이므로 복구는 $X_{2b}$가 된다. 또, 첫 번째 BS를 누르고 있을 때 $X_1$이 동작하고 2번째 BS를 줄 때는 $X_2$가 동작하므로 참고 그림과 같이 된다.

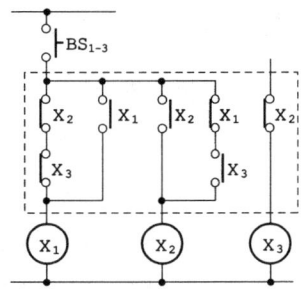

**9** 다음 조건을 만족하는 회로를 구성하여 미완성 도면을 완성하시오.
① Button Switch $B_1$ 또는 $B_2$를 눌렀다 놓으면 해당번호의 전등 $L_1$ 또는 $L_2$가 점등되고 동시에 Buzzer BZ가 일정시간 동작하고 Timer T의 설정시간 후 $L_1$ 또는 $L_2$와 BZ는 동시에 정지한다. $L_1$이 점등하고 있을 때 $B_2$를 눌러도 $L_2$는 점등되지 않는다. $L_2$가 점등하고 있을 때 $B_1$을 눌러도 $L_1$은 점등되지 않는다.
② 정지한 후 다시 $B_1$ 또는 $B_2$를 눌렀다 놓으면 ①의 동작과 같다.
③ 다음 Time Chart와 미완성 도면을 참고하시오.

**[범례]** $X_1$, $X_2$ : Mini-power Relay(14pin), T : Timer(8pin) (내부결선도생략)
t는 T의 설정시간 $tS_1$, $tS_2$, $tS_3$은 $L_1$, $L_2$ 및 BZ가 정지하고 있는 시간
(문제와는 상관없으며 참고로 표시한 것임.) (공04,07,09, 공산05,07)

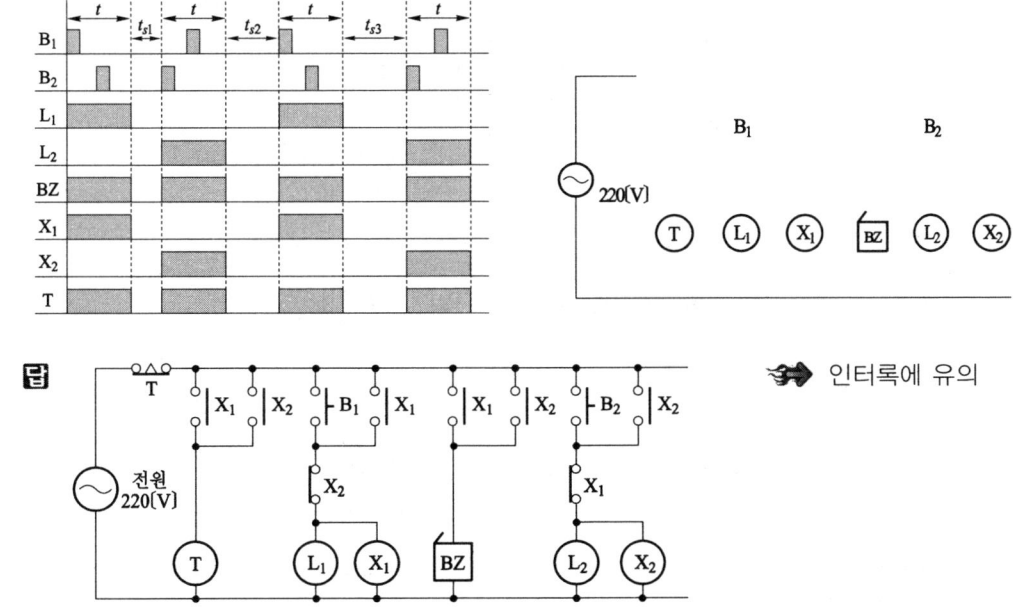

🔥 인터록에 유의

**10** 다음의 동작조건과 Time Chart를 이용하여 미완성 회로를 완성하시오. (공산07, 09)

[동작조건]
(1) 버튼 스위치 $B_1$을 눌렀다 놓으면 전등 $L_1$이 점등 후 일정시간($t$) 후 소등된다.
(2) 버튼 스위치 $B_2$를 눌렀다 놓으면 전등 $L_1$과 $L_2$가 동시에 점등 후 일정시간($t$) 후 동시에 소등된다.
(3) 버튼 스위치 $B_3$을 눌렀다 놓으면 전등 $L_1$, $L_2$, $L_3$이 동시에 점등 후 일정시간 ($t$) 후 동시에 소등된다.
(4) $L_1$ 점등상태에서 $B_2$를 눌렀다 놓으면 $L_2$가 점등($t-t_1$)된다. 이어 $B_3$을 눌렀다 놓으면 $L_3$이 점등($t-t_2$)된다. 이어 $t$시간 후 $L_1$, $L_2$, $L_3$이 동시에 소등된다.
(5) $L_1$과 $L_2$가 점등상태에서 $B_3$을 눌렀다 놓으면 $L_3$이 $t$의 나머지 시간($t-t_3$)동안 점등된다. 이어 $t$시간 후 $L_1$, $L_2$, $L_3$이 동시에 소등된다.
(6) $L_1$ 점등상태에서 $B_3$을 눌렀다 놓으면 $L_3$이 $t$의 나머지 시간($t-t_4$)동안 점등된다. 이어 $t$시간 후 $L_1$, $L_2$, $L_3$이 동시에 소등된다. 릴레이 내부 결선도는 생략한다.

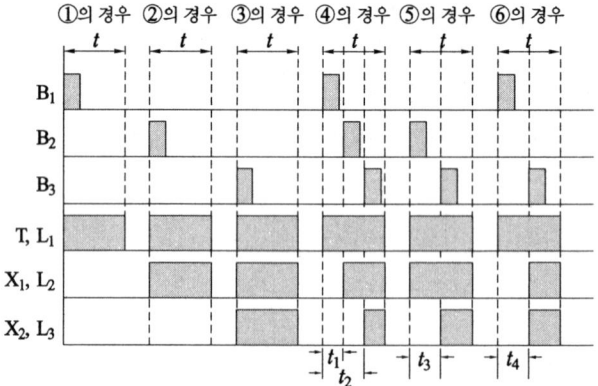

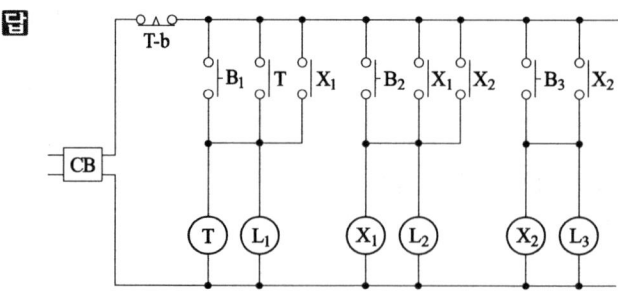

(3)의 조건에서 $B_3$을 주면 $X_2$가 동작하여 전등 $L_3$이 점등하고 $X_2$ 접점으로 $X_1$이 동작하여 $L_2$가 점등하며 또 $X_1$ 접점으로 T가 동작하여 $L_1$이 점등하며 $t$초 후 타이머 접점으로 모두 복구한다.

**11** 다음 동작조건에 가장 적합한 회로를 설계하여 미완성회로를 점선 안에 완성하시오.
(공03)

① S를 OFF해 놓고 전원을 투입한 상태에서 SS를 L쪽으로 전환하면 동작되는 것이 아무 것도 없다. 이때 S를 ON하면 타이머 TOF에 전원이 공급되고 동시에 전등 $L_1$이 즉시 점등된다. 이때 S를 OFF하면 TOF전원이 차단되고 TOF초 후에 $L_1$이 소등된다.

② 전원이 투입한 상태에서 SS를 H쪽으로 전환하면 전등 $L_2$가 즉시 점등된다. 이때 BS를 눌렀다 놓으면 FR과 TON에 전원이 공급되고 동시에 $L_3$이 명멸되고 TON시간 후에 FR과 TON 및 $L_3$에 전원이 차단된다. SS를 L쪽으로 전환하기 전까지는 $L_2$는 계속 점등된다. 각 릴레이 내부결선도 생략한다.

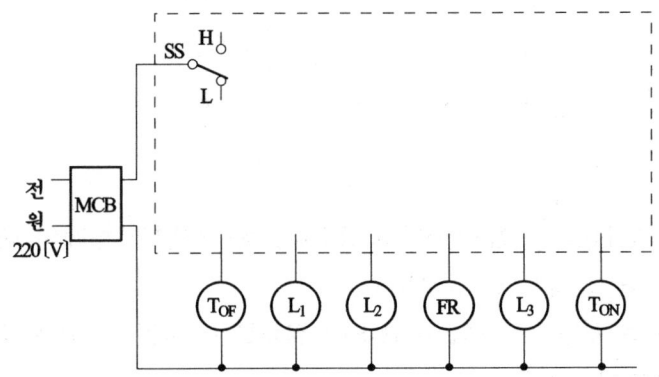

답
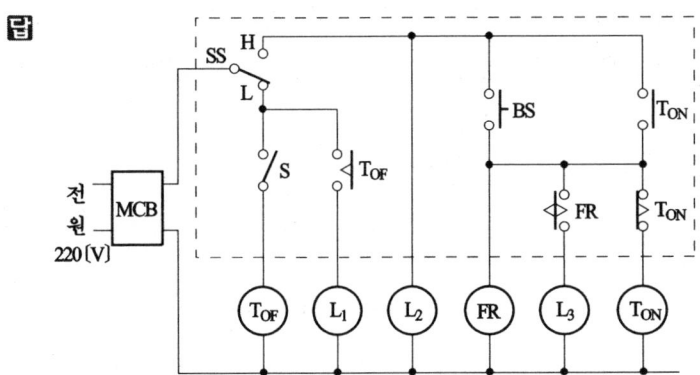

(1)조건은 TOF 회로이고 (2)는 TON 단안정 회로이고 여기에 FR이 동작된다. 단안정 회로는 TON의 복구가 불안정하므로 보조릴레이의 도움이 필요하다.

**12** 가상적인 전기공사 회로의 동작설명을 보고 회로도를 그리시오. (공91)

(1) 버튼 스위치 $PB_1$을 누르면 릴레이 X에 의하여 램프 $R_1$과 부저 BZ가 동시에 작동한다.

(2) $PB_2$를 누르면 $R_2$가 점등하고 X에 의하여 BZ가 동시에 작동한다.

(3) 3로 스위치 $S_{31}$, $S_{32}$에 의하여 램프 $R_3$이 2개소 점멸된다.

(4) $PB_3$을 누르면 $R_4$가 점등한 후 설정시간 후 타이머 T의 동작으로 소등된다.

답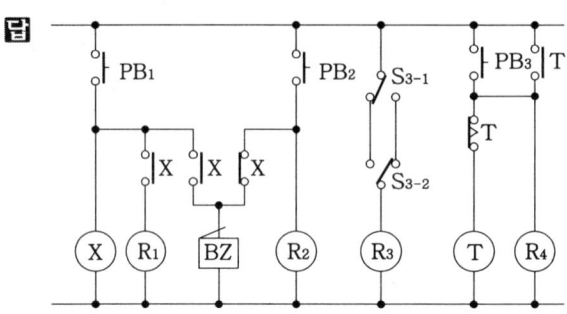

**13** 플리커 릴레이를 사용한 신호회로이다. 동작설명과 릴레이 내부 결선도를 참고하여 동작회로를 그리시오. (공산09)

(1) 배선용 차단기를 투입하고 $S_1$스위치를 on하면 FR이 동작하여 $R_1$ $R_2$가 교대로 점멸한다. (전원은 단상 220V)

(2) 배선용 차단기를 투입하고 $S_{3-1}$, $S_{3-2}$ off시 PB를 누르고 있는 동안 $R_3$ $R_4$가 병렬 점등한다. $S_{3-1}$ on하면 $R_3$이 점등, $S_{3-2}$ on하면 $R_4$가 점등한다.

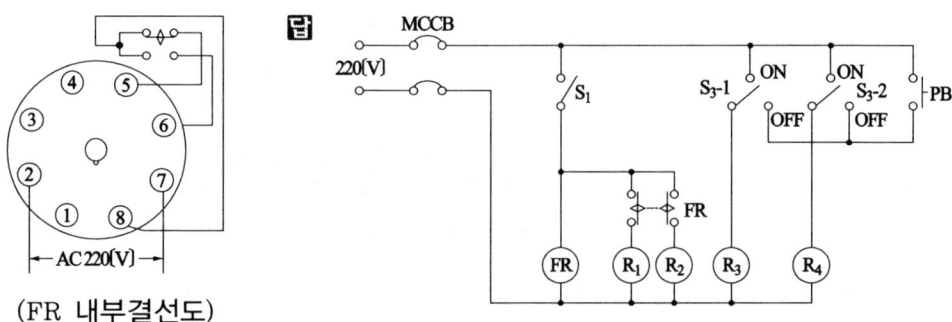

(FR 내부결선도)

**14** 동작설명을 참고하여 제어회로의 점선 내를 완성하시오. (공산94,97,08)
  (1) $S_1$ off 상태에서 $S_{3-1}$을 on하면 $R_1$이 점등되고, $S_{3-2}$를 on하면 $R_2$가 점등된다.
  (2) $S_{3-1}$과 $S_{3-2}$가 off 상태에서 $S_1$ on하면 $R_1$, $R_2$가 병렬 점등된다.
  (3) PB를 누르면 타이머 T가 동작하여 $R_3$이 점등되고 일정시간 후 $R_3$이 소등되고 $R_4$가 점등된다.

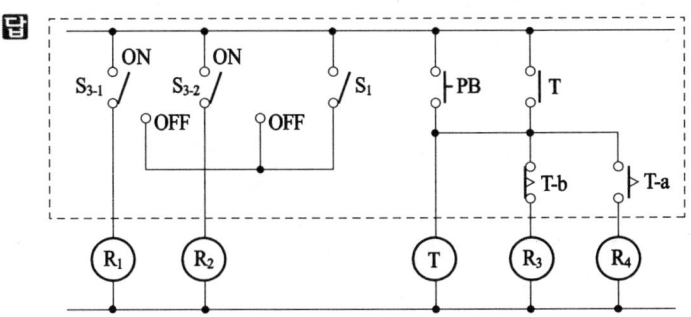

**15** 동작설명을 보고 제어회로를 그리시오. (공91,99,00,01,02,04,05,06)
  (1) 전원을 넣으면 $R_4$가 점등된다. (릴레이 내부결선도 생략)
  (2) $S_1$ off 상태에서 $S_{3-1}$을 on하면 $R_1$이 점등되고, $S_{3-2}$를 on하면 $R_2$가 점등된다.
  (3) $S_{3-1}$과 $S_{3-2}$가 off 상태에서 $S_1$ on하면 $R_1$, $R_2$가 병렬 점등된다.
  (4) PB를 누르면 릴레이 Ry와 타이머 T가 동작하여 $R_3$이 점등되고 $R_4$가 소등되며 일정시간 후 $R_3$이 소등되고 $R_4$가 점등된다.

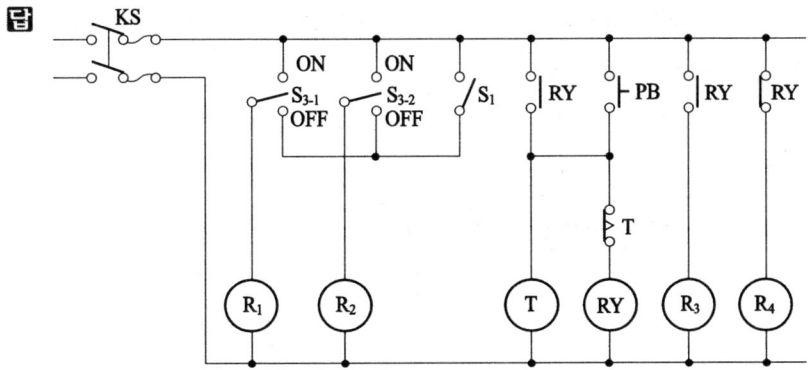

T는 단안정 회로이다.

**16** 동작설명을 보고 제어회로를 그리시오. (공91, 99, 00)

(1) KS를 ON하면 $S_{31}$과 $S_{32}$ off 상태에서 $R_3$과 $R_4$가 직렬 점등된다. 이때 $S_1$ on하면 $R_4$가 소등되며 $R_3$은 계속 점등된다. 다음 $S_{32}$를 on하면 $R_3$과 $R_4$가 병렬 점등된다. (릴레이 내부결선도 생략)

(2) $S_{31}$을 on하면 $R_2$가 점등되고 PB를 on하면 릴레이 Ry와 타이머 T가 동작하여 $R_2$가 소등되고 $R_1$이 점등되며 일정시간 후 $R_1$이 소등되고 $R_2$가 점등된다.

답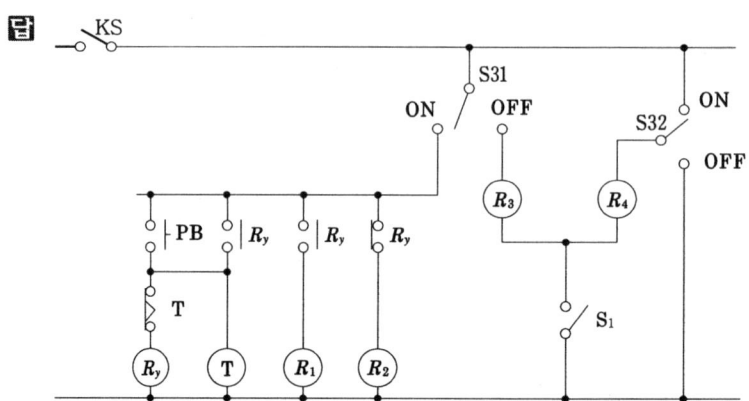

**17** 동작설명을 보고 제어회로를 그리시오. (공91, 99, 00)

(1) KS를 ON하면 $R_4$가 점등된다. (릴레이 내부결선도 생략)

(2) $S_1$ off 상태에서 $S_{3-1}$을 on하면 $R_1$이 점등되고, $S_{3-2}$를 on하면 $R_2$가 점등된다.

(3) $S_{3-1}$과 $S_{3-2}$가 off 상태에서 $S_1$ on하면 $R_1$, $R_2$가 병렬 점등된다.

(4) PB를 누르면 릴레이 Ry와 타이머 T가 동작하여 $R_3$이 점등되고 $R_4$가 소등되며 일정시간 후 $R_3$이 소등된다.

답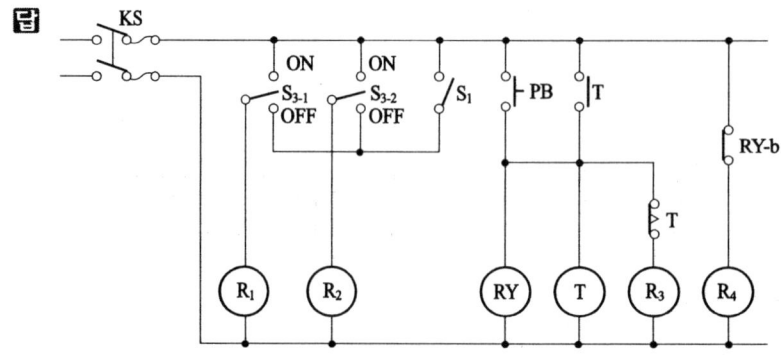

**18** 동작설명을 보고 제어회로를 그리시오. (공91, 99, 00)

(1) S를 ON하면 램프 $R_2$가 점등된다.

(2) $S_{31}$과 $S_{32}$에 의해서 램프 $R_1$을 2개소 점멸이 된다.

(3) 버튼스위치 PB를 on하면 릴레이 Ry와 타이머 T가 동작하여 $R_2$가 소등되고 램프 ($R_3$, $R_4$)가 병렬 점등되며 일정시간 후 ($R_3$, $R_4$)가 소등되고 $R_2$가 점등된다.

답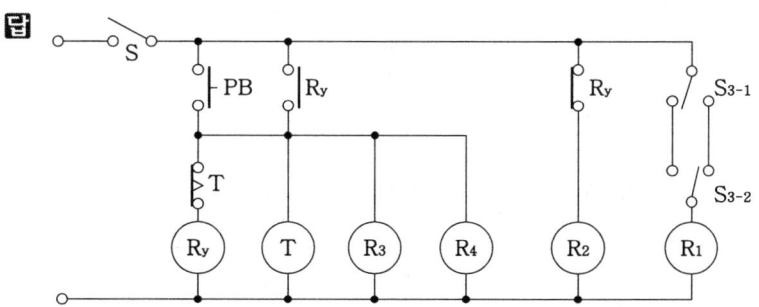

**19** 도면과 동작사항을 참고하여 시퀀스를 그리시오. (공91, 99, 00, 01, 02, 04, 05, 06)

(1) 스위치 S-on 상태에서 $PB_1$ 또는 $PB_2$ 중 하나를 누르면 T가 여자 되어 전등 $R_1$, $R_2$는 직렬 점등되며 부저 B가 운다. t초 후 B가 정지함과 동시에 Ry가 여자되어 전등 $R_1$, $R_2$는 병렬 점등된다.

(2) S-off하면 모두 정지한다. (릴레이 내부 결선도 생략)

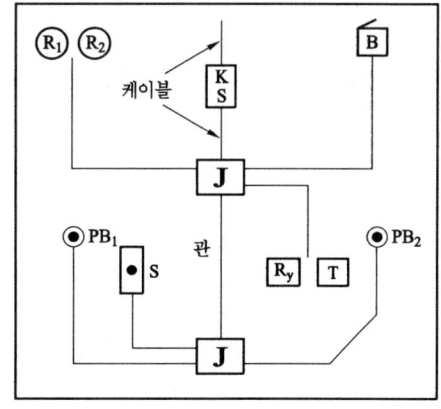

➡ PB는 병렬이다.

답

**20** 옥내배선도면과 동작사항을 참고하여 시퀀스를 완성하시오. (공산00, 02, 06)

(1) 스위치 S-on 상태에서 PB₁을 누르면 릴레이 Ry₁이 동작되고 부저 B가 울리며 이어 전등 R₁, R₂가 직렬로 점등된다. 다음 PB₂를 누르면 릴레이 Ry₂가 동작되고 부저 B가 정지함과 동시에 릴레이 Ry₁이 복구하여 R₁, R₂는 병렬 점등된다.

(2) 스위치 S를 off하면 모든 동작이 정지된다.

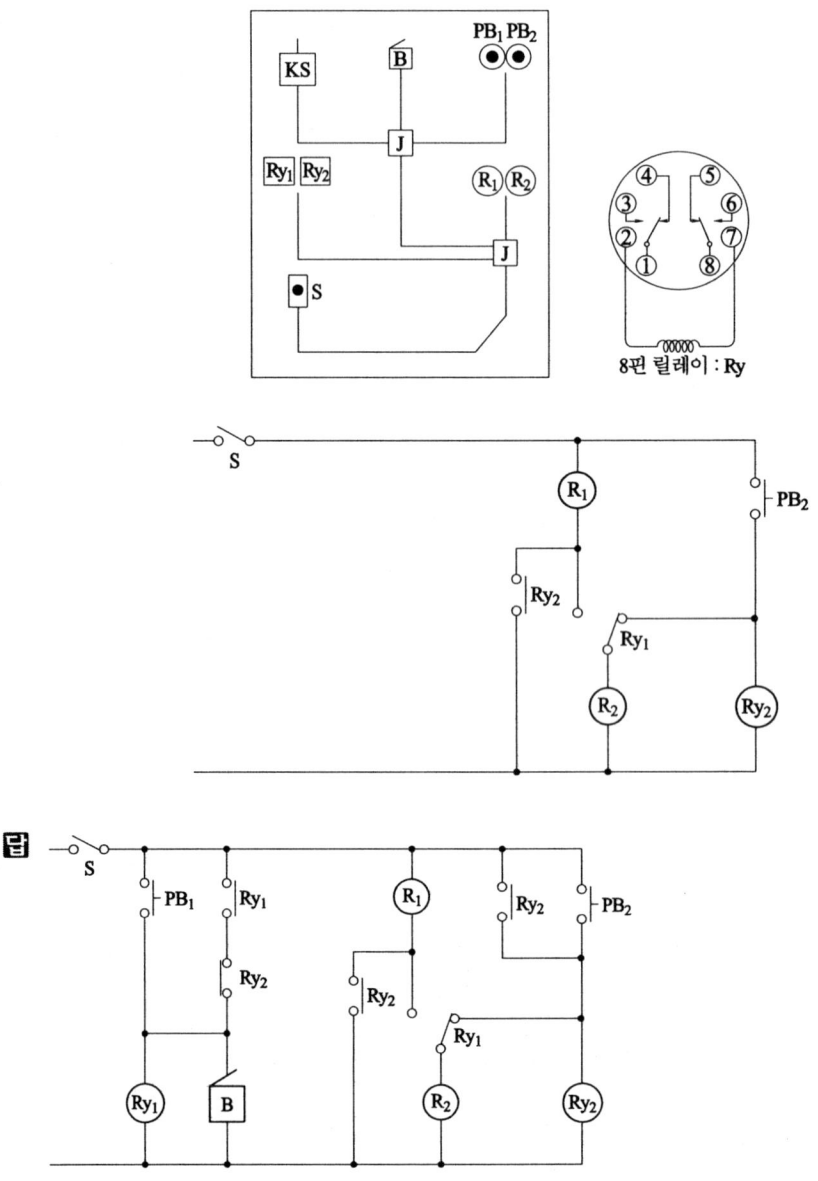

# 4-2. 옥내 배선 회로 과년도 출제 문제

**1** 그림과 같은 배선도의 실제의 전선 접속도를 그리시오 (전산95)

**2** CL램프와 PL램프를 스위치 하나로 동시에 점등시키고자 한다. 다음 미완성 도면을 완성하시오. (전산10)

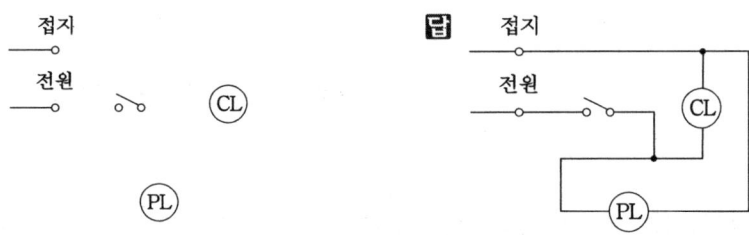

☞ 두 램프가 병렬이면 된다.

**3** 한 개의 전등을 3개소에서 점멸하고자 할 때 소요되는 3로 스위치 수를 쓰고 회로를 그리시오. (공98, 공산00,01,02)

답 4개

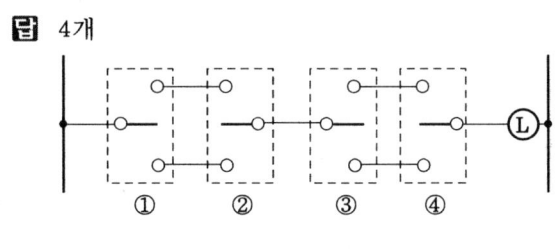

☞ 4로 1개와 3로 2개 사용

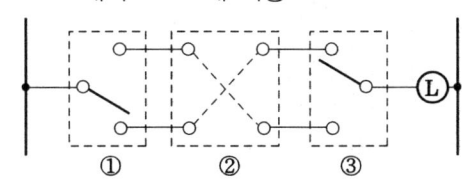

**4** 전등을 4개소에서 점멸하고자 한다. 3로 스위치와 4로 스위치의 개수는? (공07)

**답** 3로×2개, 4로×2개

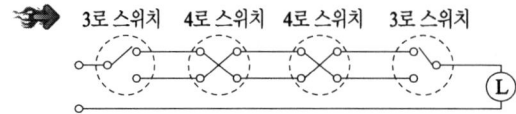

**5** 그림은 전등 1개를 3개소에서 점멸하기 위하여 3로 스위치 2개, 4로 스위치 1개를 사용한 배선도이다. 전선 접속도를 그리시오. (전95, 전산07)

3로 스위치만은 4개 필요(3번 참고)

**6** 그림과 같이 외등 3개를 거실 현관 대문의 3장소에서 각각 점멸할 수 있도록 ①~⑤번에 가닥수를 쓰고, 각 점멸기의 ⑥~⑧에 기호를 그리시오. (전11)

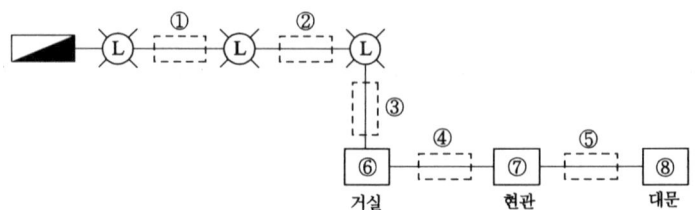

**답** 가닥수 차례로 3, 3, 2, 3, 3
점멸기 차례로 ●₃  ●₄  ●₃

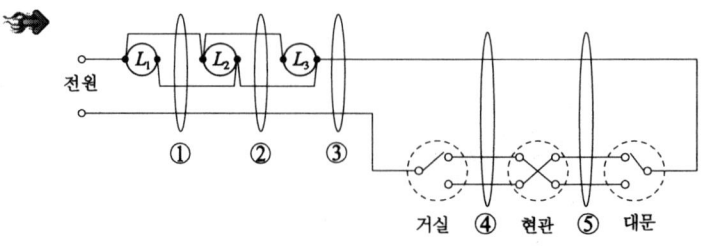

**7** 3로 스위치 4개를 사용한 3개소 점멸의 단선도를 참조하여 복선도를 그리시오. (전산09)

[단선도] 답 [복선도]

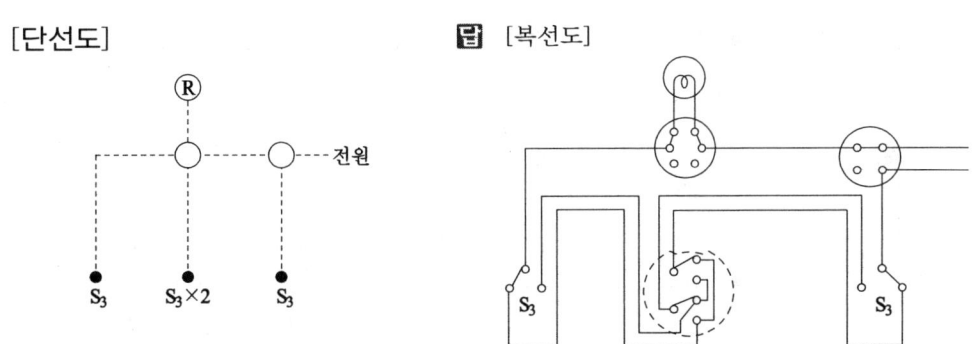

**8** 옥내배선도에서 ①, ②, ③ 부분의 전선 가닥수를 표시하시오. (공산98)

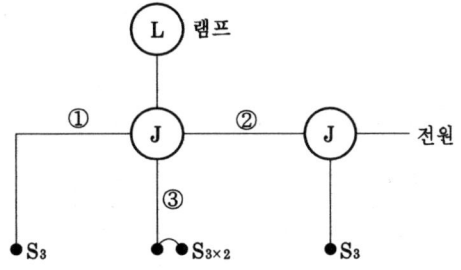

답 ① 3가닥  ② 3가닥  ③ 4가닥

위 문제 답 참조

**9** 그림은 옥내배선도의 일부이다. ㉠, ㉡ 전등은 A 스위치로 ㉢, ㉣ 전등은 B 스위치로 점멸되도록 설계하고자 한다. 각 배선에 필요한 최소 전선 가닥수를 표시하시오. (전89, 97)

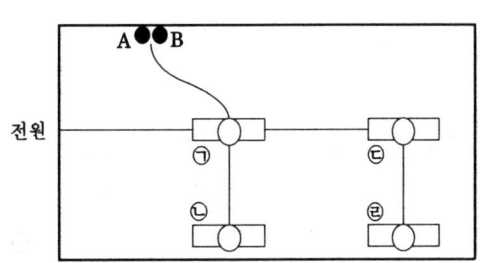

답

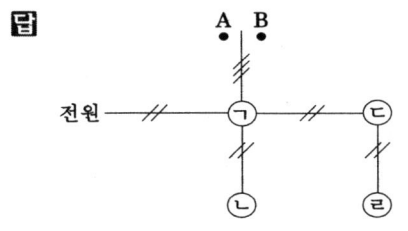

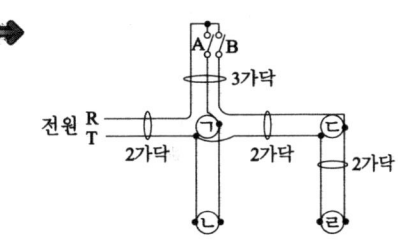

**10** 다음 그림에서 (가), (나) 부분의 전선 수는? (전97,10)

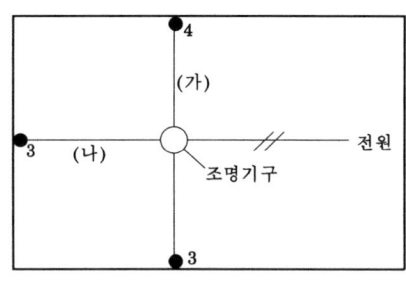
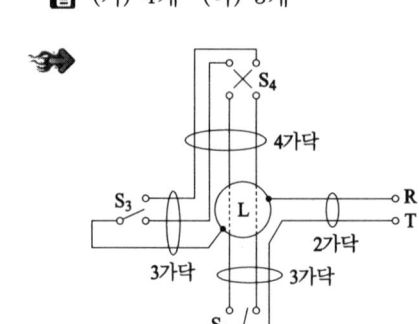

답 (가) 4개 (나) 3개

**11** 그림은 옥내배선도의 일부이다. ①~④에 필요한 최소 전선 가닥수를 표시하시오. (전89,96)

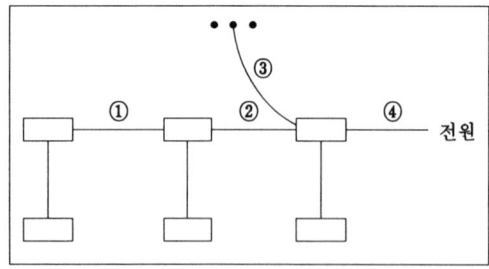
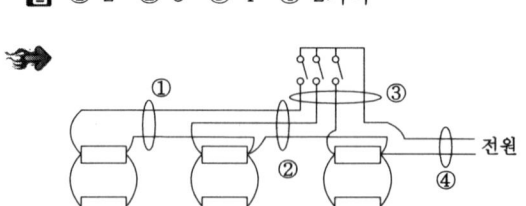

답 ① 2 ② 3 ③ 4 ④ 2가닥

**12** 다음은 복도조명의 배선도이다. 물음에 답하시오. (공산97,99)
(1) ①~④의 최소 배선수는 얼마인지 순서대로 쓰시오. 단, 접지선은 제외한다.
(2) 심벌(▭◯, ────, ●₃, ●₄)의 명칭을 순서대로 쓰시오

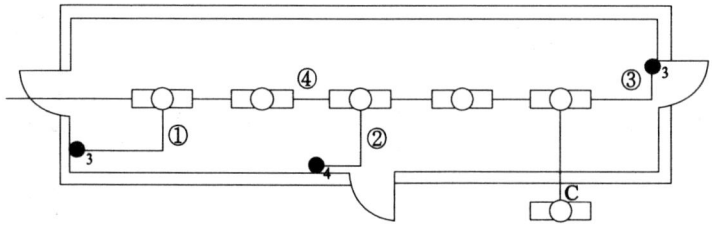

**답** (1) 차례로 3, 4, 3, 4가닥
(2) 형광등, 천장은폐배선, 3로스위치, 4로 스위치

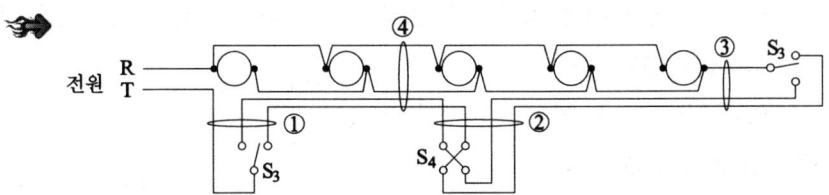

**13** 다음의 옥내조명 배선도를 보고 물음에 답하시오. (공99, 공산99, 05)
(1) 심벌(▭◯▭, ⚬⚬⚬, ─── )의 명칭을 순서대로 쓰시오.
(2) 배선 ①~④의 가닥수를 순서대로 쓰시오. 단, 접지선은 제외한다.

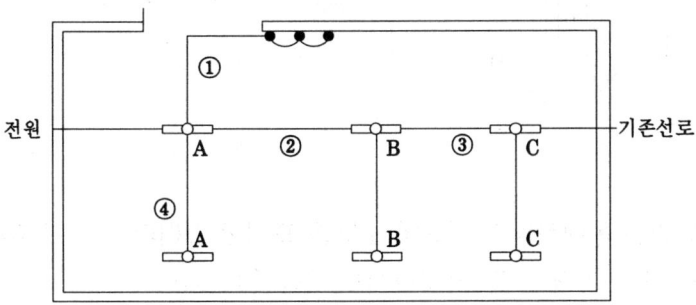

**답** (1) 형광등, 단극 스위치, 천장 은폐선
(2) ① 4가닥  ② 4가닥  ③ 3가닥  ④ 2가닥

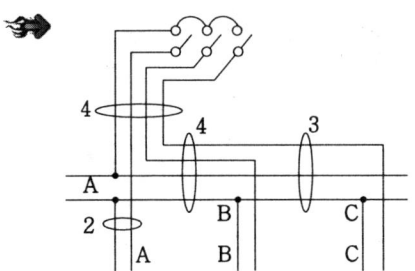

**14** 그림은 사장과 공장장의 출퇴근 표시를 수위실과 비서실에서 스위치로 동시에 조작할 수 있고 작업장과 사무실에 동시에 표시되는 장치를 나타내는 것이다. 그림에서 ①, ②, ③으로 표시되는 전선관에 들어가는 전선의 최소 가닥수는 몇 가닥인지를 표시하고 실체배선도를 그려 표현하시오.
단 접지선은 제외하며 $S_1$, $L_1$은 사장의 출퇴근 스위치 및 표시등, B는 축전지, $S_2$, $L_2$는 공장장의 출퇴근 스위치 및 표시등이다.

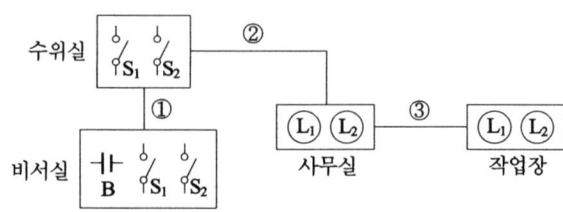

답 ① 4  ② 3  ③ 3가닥

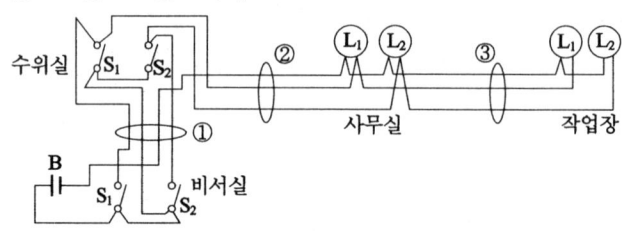

**15** 다음 그림은 옥내전등 배선도의 일부를 표시한 것이다. ①~④까지의 전선 수(접지선을 제외한 최소 가닥수)를 기입하시오. (공산91, 04)

[참고]  ● : 단로 스위치       ●₃ : 3로 스위치
       ○ : 전등기구         A, B : 점멸 기호 표시

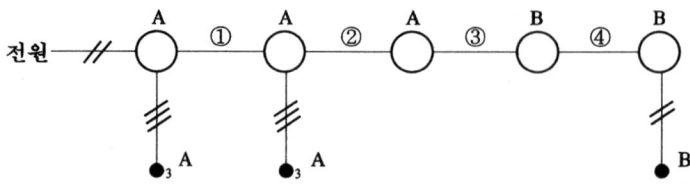

답 ① 5  ② 3  ③ 2  ④ 3

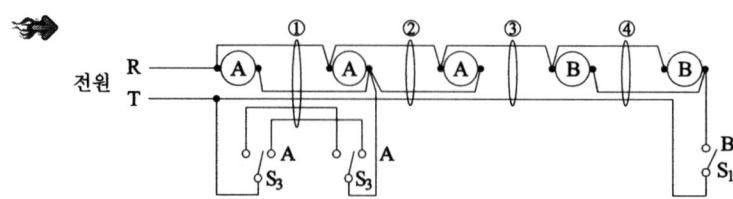

**16** 다음 그림은 옥내전등 배선도의 일부를 표시한 것이다. ①~④까지의 전선 수(접지선을 제외한 최소 가닥수)를 기입하시오. (공90)

[참고] ● : 단로 스위치    ●₃ : 3로 스위치    ○ : 전등 기구
A, B, C : 점멸 기호 표시이다.

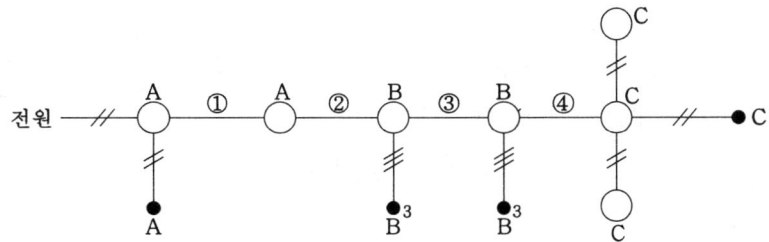

**답** ① 3  ② 2  ③ 5  ④ 2

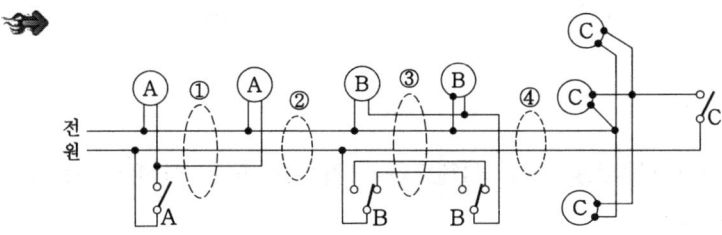

**17** 다음 조건과 옥내 배선도를 보고 실제배선도를 그리시오. (공산06)
(1) 나이프 스위치 KS를 on하면 콘센트 C에 전원이 공급된다.
(2) KS on상태에서 3로 스위치 $S_{3-1}$과 $S_{3-2}$에 의하여 전등 L을 2개소에서 점멸할 수 있다.
(3) 결선은 정크선 박스를 경유하도록 한다. 단, 전원은 단상 2선식 220V로 한다.

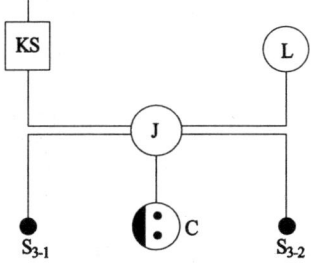

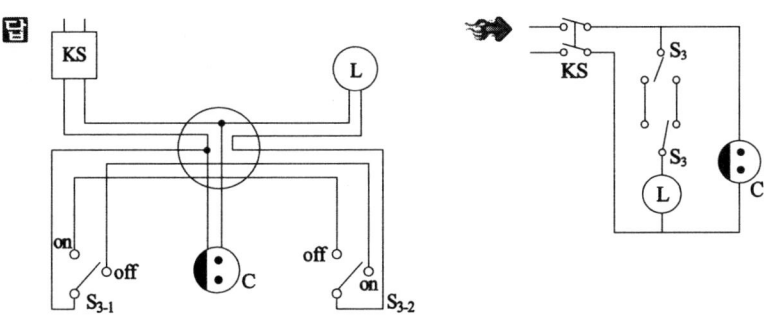

**18** 옥내 배선도, 시퀀스, 동작설명을 보고 실제배선도를 그리시오. (공산99,06)
  (1) 나이프 스위치 KS에 의해서 회로가 개폐된다.
  (2) 스위치 $S_1$을 on하고 스위치 $S_3$을 on하면 램프 $R_1$, $R_2$가 직렬 점등되고 스위치 $S_3$만을 off하면 $R_2$만 점등한다.
  (3) 버튼 스위치 PB를 on하고 있는 동안은 부저 B가 울린다.

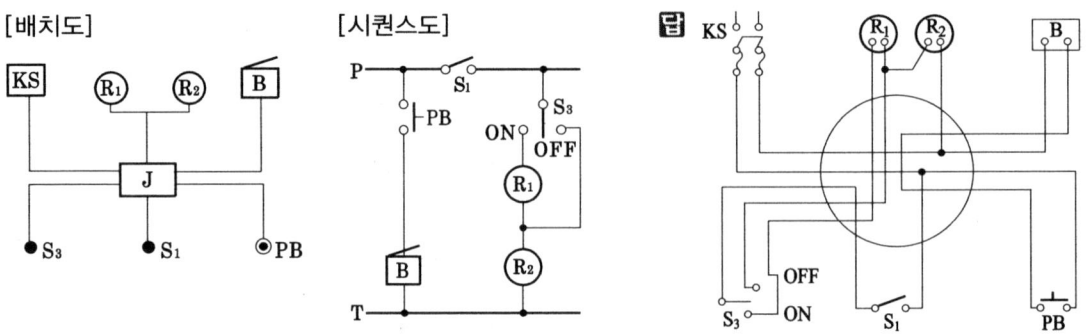

**19** 배치도 및 동작설명과 시퀀스를 보고 실체도를 그리시오. 모든 결선은 정션박스를 경유한다. (공99, 공산04)
  (1) $S_{3-1}$에 의해 $R_1$, $S_{3-2}$에 의해 $R_2$, $S_{3-3}$에 의해 $R_3$이 각각 점등된다.
  (2) $S_{3-1}$, $S_{3-2}$, $S_{3-3}$ off에서 $S_1$에 의해 $R_1$, $R_2$, $R_3$이 점등된다.

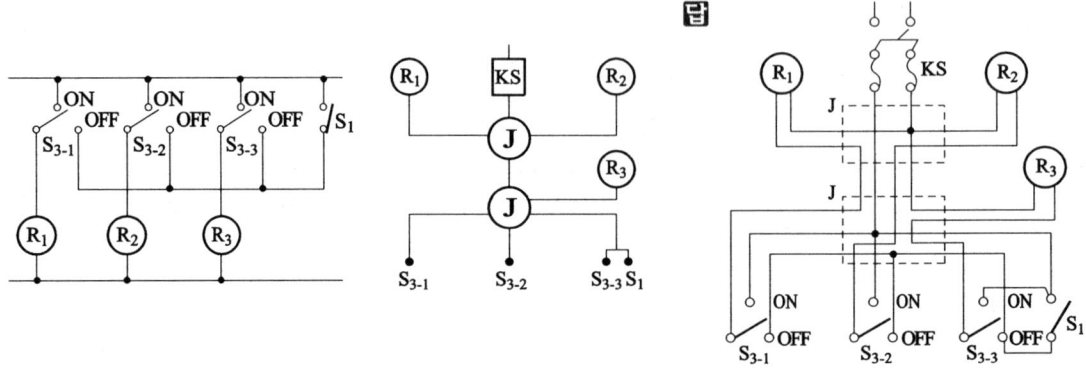

**20** 동작설명과 도면을 읽고 시퀀스를 완성하고 실제 결선도를 그리시오. (공산01)

(1) $S_{3-1}$, $S_{3-2}$, $S_{3-3}$을 off 시키고 $S_1$ on하면 $R_1$, $R_2$, $R_3$이 점등, $S_1$을 off하면 소등된다.

(2) $S_1$을 off 시키고 $S_{3-1}$을 on하면 $R_1$이 점등, $S_{3-2}$를 on하면 $R_2$가 점등, $S_{3-3}$을 on하면 $R_3$이 점등된다. (단 모든 결선은 4각 박스를 경유한다.)

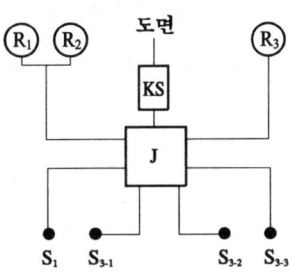

답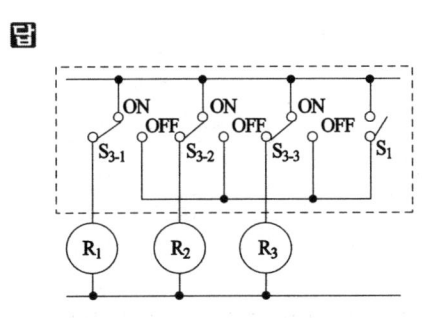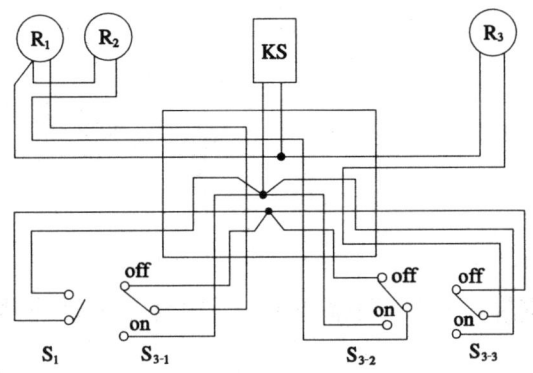

**21** 동작설명과 도면을 읽고 시퀀스와 실제 배선도를 그리시오. (공산00)

(1) 3로 스위치 $S_3$을 on했을 때 덤블러 스위치 $S_1$과 $S_2$에 의하여 해당 전등 $R_1$, $R_2$가 각각 점멸된다.

(2) $S_3$을 off했을 때 버튼 스위치 PB에 의해 $R_3$이 점멸된다.

(3) 콘센트 C는 스위치에 관계없이 전원이 공급된다. (단 모든 결선은 4각 박스를 경유한다.)

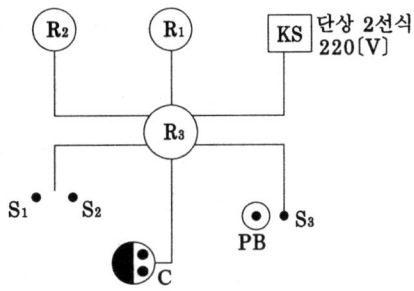

답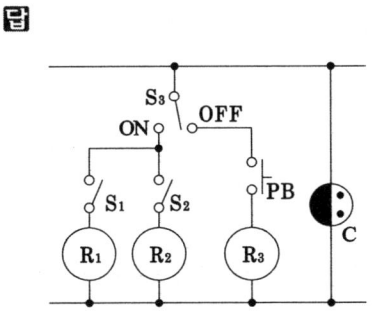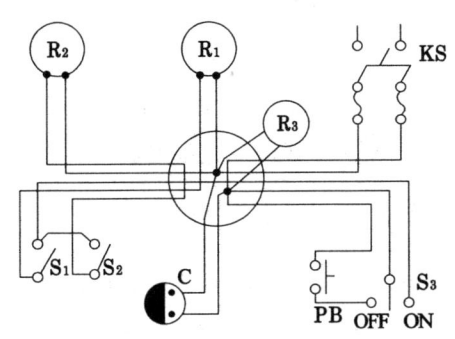

**22** 동작설명과 같이 제어되는 회로도를 그리고, 배치된 기구를 결선하는 결선도 (4각 박스 경유)를 그리시오. (공산03,06,08)

[**동작설명**] 3로 스위치 $S_{3-1}$을 on, $S_{3-2}$를 on하면 $R_1$, $R_2$가 직렬 점등되고, $S_{3-1}$을 off, $S_{3-2}$를 off하면 $R_1$, $R_2$가 병렬 점등한다. 버튼 스위치 PB를 누르고 있는 동안에는 램프 $R_3$과 부저 B가 병렬로 동작한다.

답

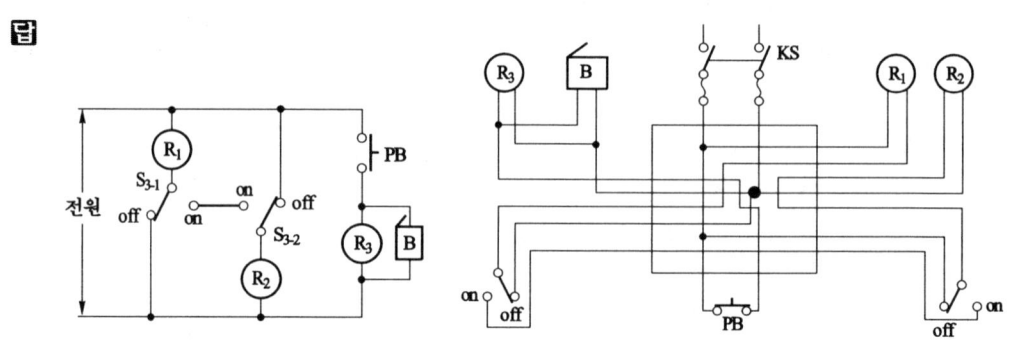

**23** 220V 단상 2선식 주택배선 도면과 동작사항을 보고 물음에 답하시오. (공산03)

① $S_{3-1}$과 $S_{3-2}$에 의하여 $R_1$, $R_2$가 병렬 2개소 점멸한다.
② PB를 누르면 타이머 T가 동작하여 $R_3$이 점등되었다가 T초 후 소등하고 T도 복구한다.

(1) 시퀀스를 작성하시오.
(2) 도면의 A,B,C 전선관에는 각각 최소 몇 가닥이 들어가는가?

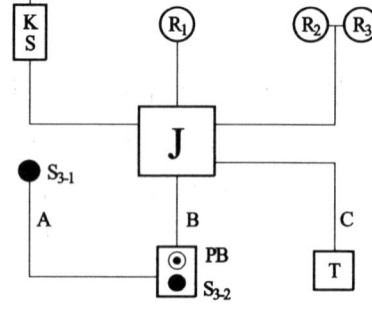

답 (1)

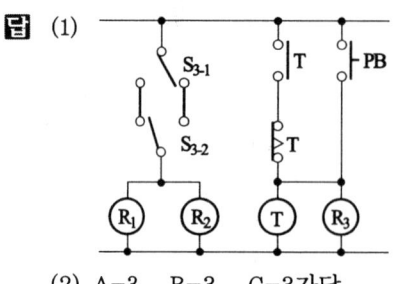

(2) A-3, B-3, C-3가닥

☞ A에는 $S_{3-1}$접속 3가닥 B에는 PB에서 T로 1가닥, $S_{3-2}$에서 $R_1$, $R_2$에 각 1가닥 합 3가닥, C에는 T에서 PB로 1가닥, KS로 2가닥, 합 3가닥

**24** 동작설명을 읽고 물음에 답하시오. (공산93)

**[동작]**

단상 3선식(110/220V, R,T상과 N선)이고, 3P CKS(커버나이프 스위치) ON 상태임.
1) 전등과 전열회로(110V R, N선 사용)
   ① 콘센트 C에는 전원이 직접 걸린다.
   ② 3로 스위치 $S_{3-1}$과 $S_{3-2}$로 전등 $L_1$을 2개소에서 자유롭게 점멸할 수 있다.
2) 타이머회로(110V T, N선 사용)
   ① 단로 스위치 $S_1$을 ON하면 전등 $L_2$와 $L_3$이 직렬 점등한다.
   ② 버튼 스위치 $Pb_1$을 누르면 타이머 T가 여자되고 설정시간 후 $L_2$만 소등된다.
3) 신호회로(220V R, T선 사용)
   ① 버튼 스위치 $Pb_2$를 누르는 순간만 표시등 $PL_1$이 점등하고 릴레이 $X_1$이 동작하여 부저 BZ가 작동한다. $Pb_2$에서 손을 놓으면 $PL_1$, $X_1$, BZ는 복구한다.
   ② 버튼 스위치 $Pb_3$을 누르는 순간만 표시등 $PL_2$가 점등하고 릴레이 $X_2$가 동작하여 부저 BZ가 작동한다. $Pb_3$에서 손을 놓으면 $PL_2$, $X_2$, BZ는 복구한다.
   ③ $X_1$과 $X_2$중 한쪽이 동작하면 한쪽은 동작할 수 없다.

(1) 회로를 답지에 완성하시오. 타이머는 순시접점이 있고, 시한접점은 공통 접속점이 있음
(2) 배치도에 표시된 A부분에 최소 몇 가닥이 들어가는가? 단, 같은 상은 공통으로 사용할 수 있음

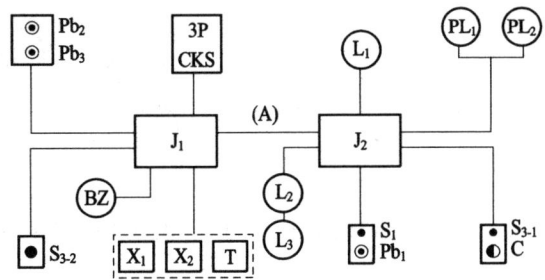

**답** (1) ① 전등 및 전열회로  ② 타이머 회로  ③ 신호회로

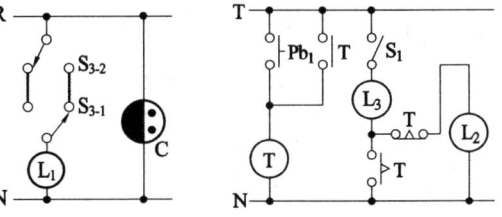
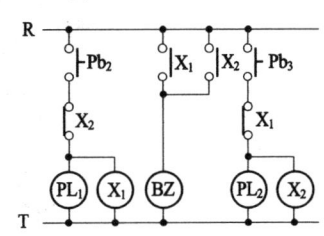

(2) 10가닥

(3)-③은 인터록이다. ①에 4가닥, ②에 4가닥, ③에 2가닥

**25** 도면은 단상 220V 금속관공사로 내선공사를 하려고 한다. 도면과 타임차트를 이해하고 답란에 물음에 답하시오(릴레이 내부결선 생략). (공88,92, 공산91,97,04,12)

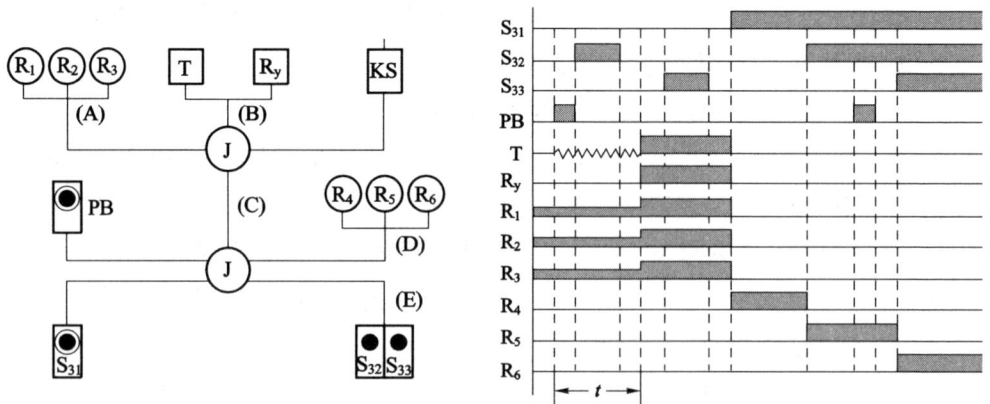

(1) 답란의 미완성 회로를 타임차트와 같이 동작하도록 완성하시오.

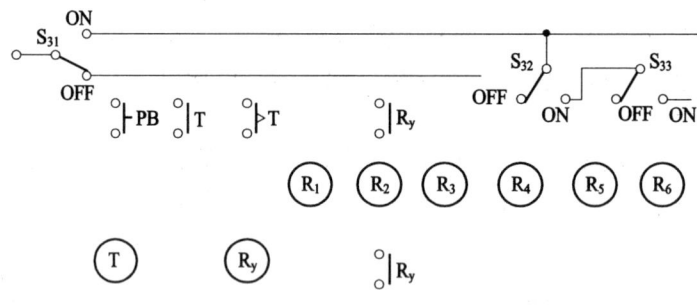

(2) 도면에서 A∼E로 표시된 전선관에 각각 최소 몇 가닥씩 들어가는가?

**답** (1)

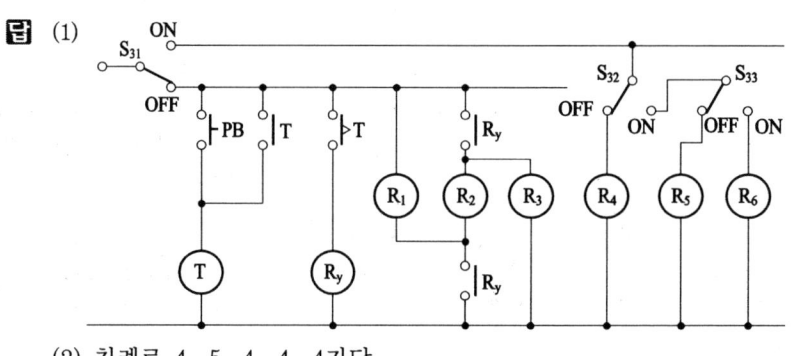

(2) 차례로 4, 5, 4, 4, 4가닥

🔥 $S_{31}$-off시 PB-on하면 T동작 $R_1$-$R_3$ 반 점등, t초 후 Ry동작 $R_1$-$R_3$이 점등
$S_{31}$-on시 $R_4$ 점등, $S_{32}$-on시 $R_4$ 소등 $R_5$ 점등, $S_{33}$-on시 $R_5$ 소등, $R_6$ 점등

**26** 도면은 단상 220V 금속관공사(내선공사)를 하려고 한다. 도면과 타임차트를 이해하고 답란에 물음에 답하시오. (공산91)

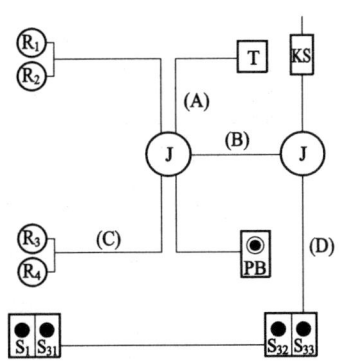
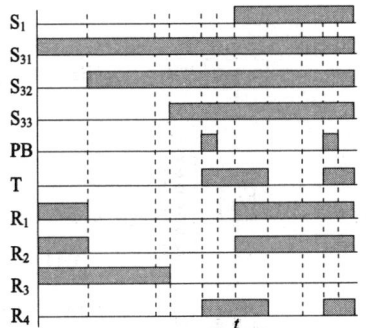

(1) 답란의 미완성 회로를 타임차트와 같이 동작하도록 완성하시오.
(2) 도면에서 (A)~(D)로 표시된 전선관에 각각 최소 몇 가닥씩 들어가는가?

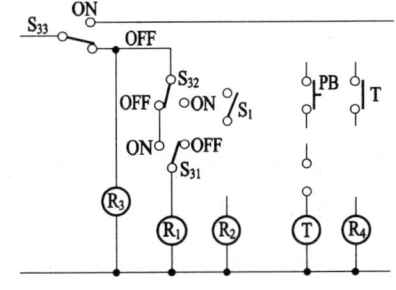

**답** (1)

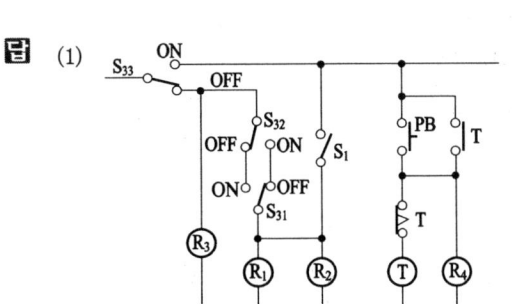

(2) 차례로 3, 4, 3, 4가닥

$R_1$ : $S_{33}$ off – $S_{32}$ off – $S_{31}$ on

**27** 그림은 단상 220V 타이머와 릴레이 회로이다. 배치도와 같이 공사를 할 때 도면에 표시된 전선관 (A), (B), (C), (D), (E)에 최소 몇 가닥의 전선이 들어가는가? (공92)

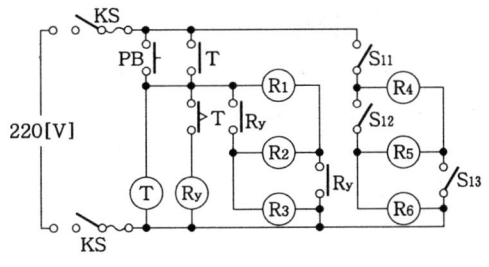
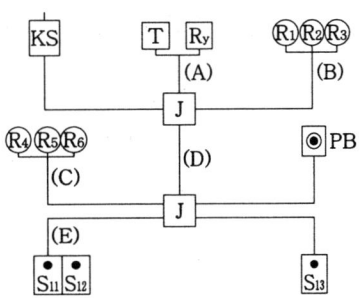

**답** 차례로 5, 4, 4, 3, 3가닥

**28** 그림은 3상 220V 전동기 운전회로이다. 배치도와 같이 공사를 할 때 도면에 표시된 전선관 ㉮, ㉯, ㉰에 최소 몇 가닥의 전선이 들어가는가? (공92, 97)

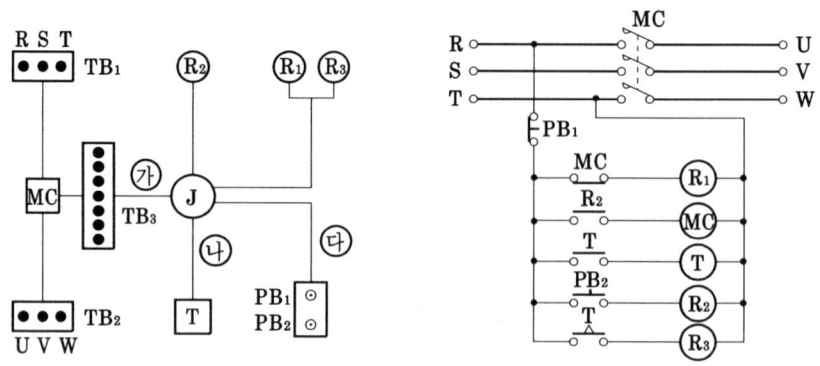

**답** 차례로 5, 3, 3가닥

**29** 그림은 전동기를 정·역 운전할 수 있는 자동·수동회로이다. 배치도에 표시된 (A)부분의 전선관 속에 최소 몇 가닥의 전선이 들어가는가? 접지선은 제외한다. (공88, 92)

**답** 10가닥

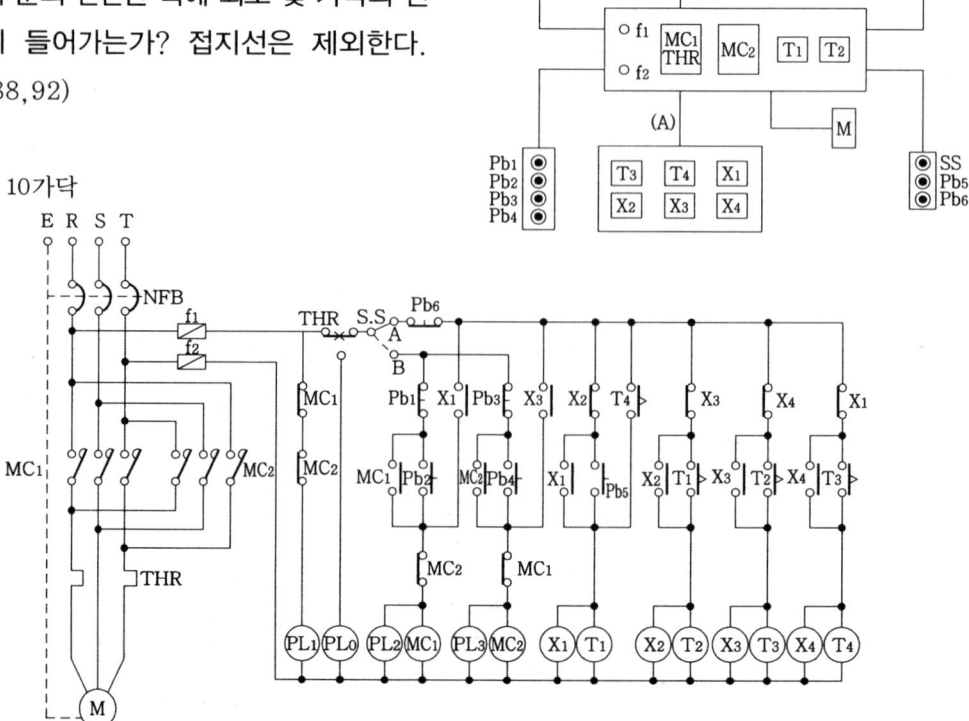

**30** 다음은 Y-Δ 기동회로에 관한 동작설명이다. 동작설명과 배치도를 이해하고 주어진 답안지에 회로내의 점선부를 완성하고 배치도에 표시된 (A)부분의 전선관 속에 들어가야 할 최소 가닥수를 ( )에 쓰시오(접지선 제외). (공산89,93,98)

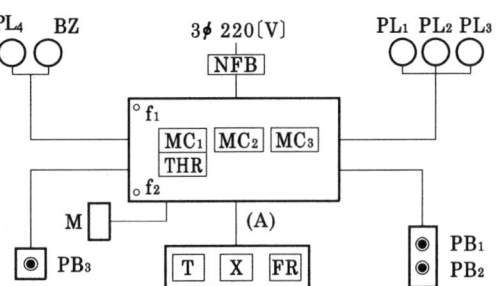

**답** 7가닥

그림에서 사선 수

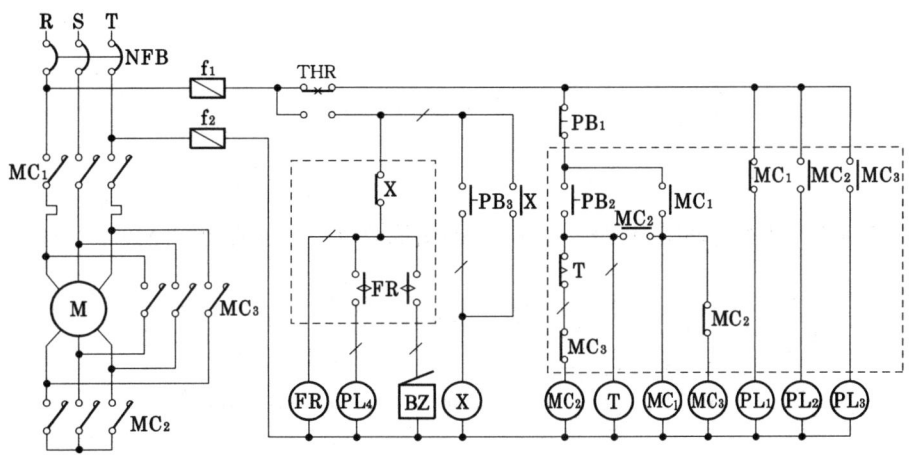

**31** 다음 회로는 전동기의 Y-Δ 기동회로이다. 회로도를 보고 배치도에 표시된 (A)부분의 전선관 속에는 접지선을 제외하고 최소 몇 가닥의 전선이 들어가야 되는지 답안지 ( )에 답하시오. (공93,97,05)

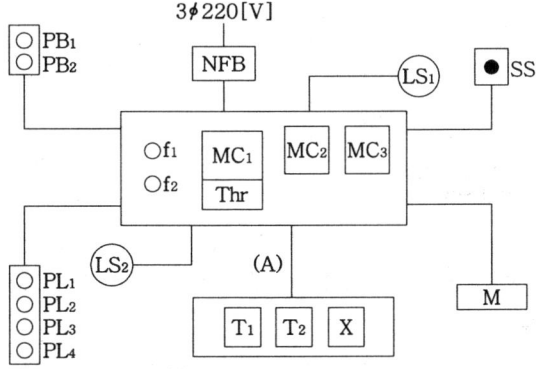

**답** 8가닥

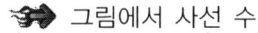

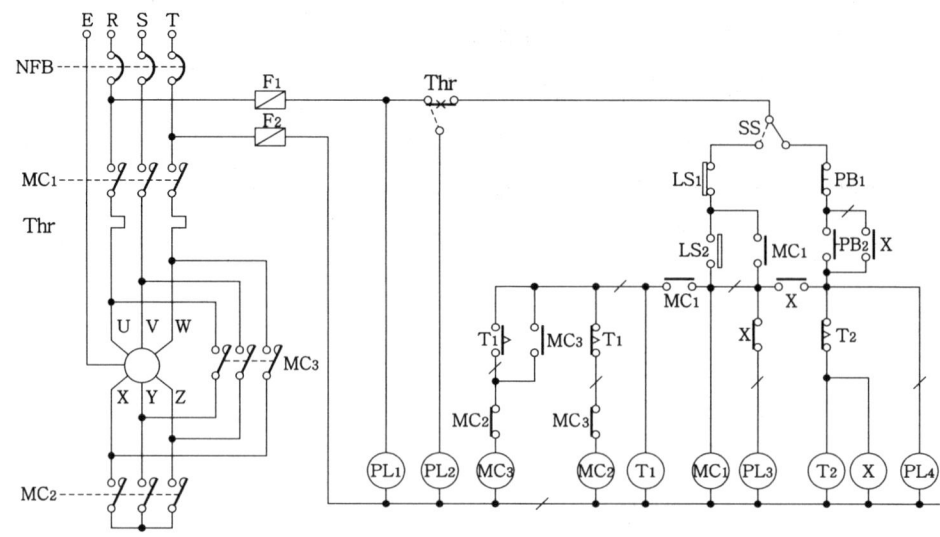

**32** 회로는 에스컬레이터 자·수동 운전회로이다. 물음에 답하시오. (공92)

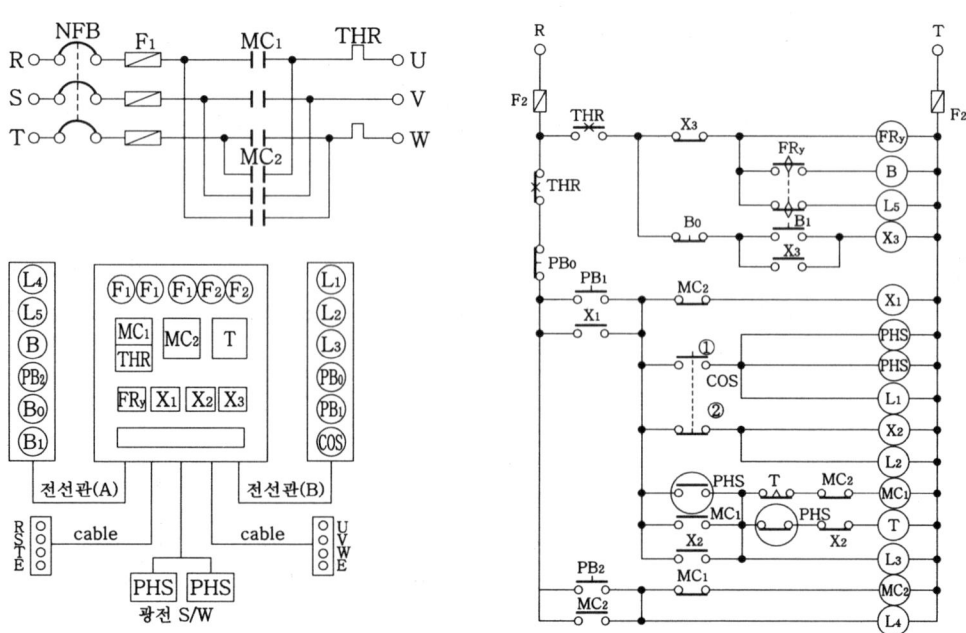

(1) COS를 어느 위치로 하였을 때 수동 및 자동운전인가? 도면에 표시된 ①, ②로 답하시오.

(2) 답란에 COS를 자동으로 놓고 타임차트와 같이 스위치가 작동할 때 타임차트를 완성하시오 단 설정시간은 a점과 b점에서 끝나는 것으로 한다.

(3) 에스컬레이터가 상향운전 중에 비상사태가 발생하여 하향운전 하여야 할 때 조작방법을 간단히 쓰시오.
(4) 선로의 과전류로 인하여 열동 계전기 Thr이 작동할 때 동작사항을 답란의 타임차트에 완성하시오. 단, 훌리커 릴레이 FRY의 설정시간 3초, 휴지시간 1초로 한다.
(5) 그림에 표시된 전선관 A, B에 들어가는 전선수(접지선 제외)는 최소 몇 가닥인가?

**답** (1) 수동 ②, 자동 ①
(3) $PB_0$를 눌러 전동기를 정지시킨 후 $PB_2$를 눌러 하향 운전한다.
(5) A : 8, B : 7가닥

(2)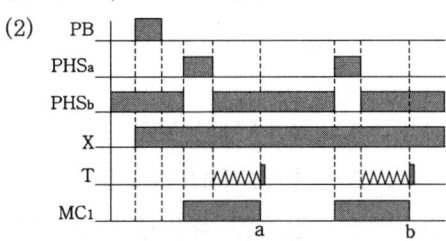

(4)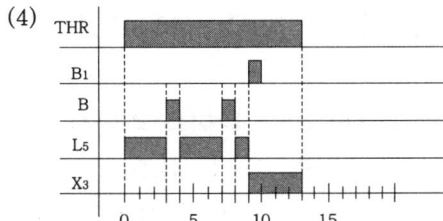

**33** 그림은 병원 배선도의 일부이다. 그림과 동작설명을 참고하여 물음에 답하시오. (전94, 01)
① 나이프 스위치 KS가 투입된 상태에서 환자가 간호원을 호출하고자 할 때 누름 단추 $N_1$ 및 $N_2$를 누르면 간호원실의 해당번호의 부저 $Bz_1$, $Bz_2$ 및 신호등 $L_1$, $L_2$(110[V]용)가 동작한다. 이 때 해당번호의 $PB_1$, $PB_2$를 누르면 동작이 정지된다.
② 간호원이 $S_{3-1}$을 조작하면 신호등 PL(110[V]용)이 점등되고 간호원이 환자실에 도착하여 $S_{3-2}$를 조작하면 PL이 소등된다.
③ 텀블러 스위치 $S_1$, $S_2$에 의해 해당번호의 형광등(220[V]용)이 점등한다.

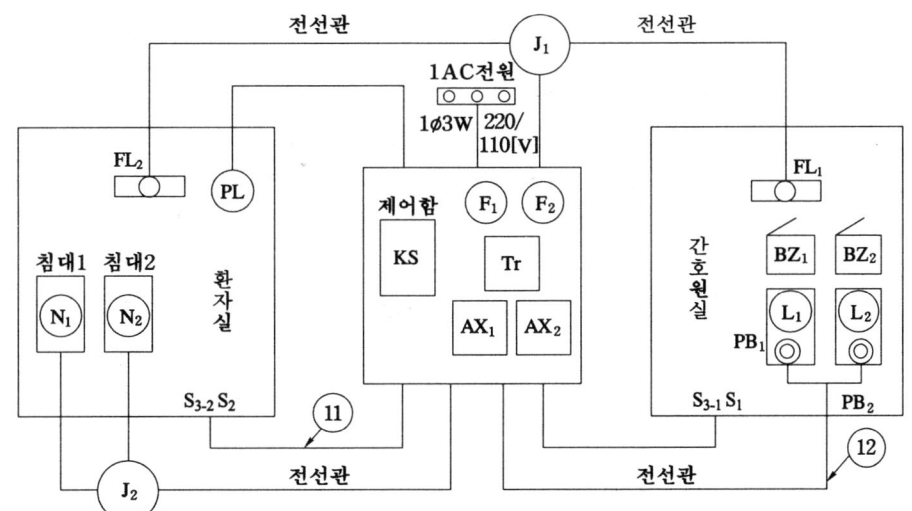

## 260 4장 전기 설비 회로

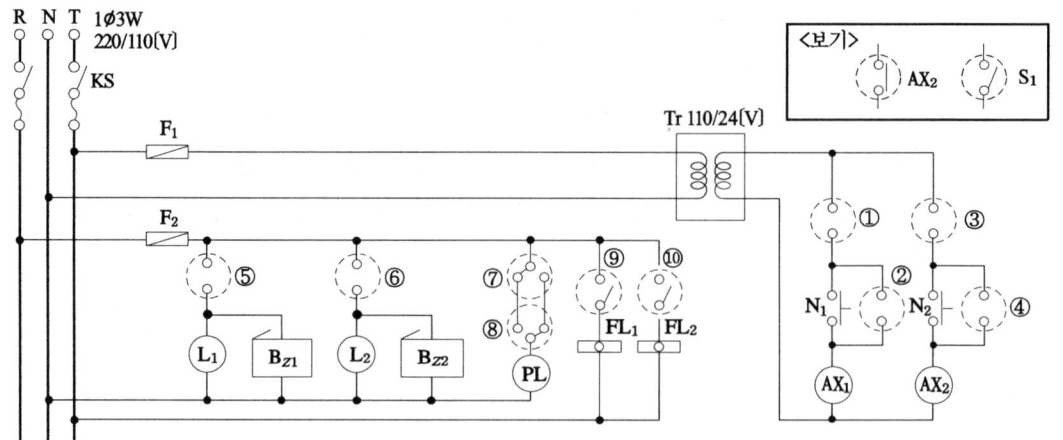

[범례] KS : 나이프 스위치　　AX₁, AX₂ : 다접점 보조 계전기(AC 24V)
　　　F₁, F₂ : 퓨즈　　　　　Tr : 소형 변압기(110/24V)
　　　FL₁, FL₂ : 형광등(220V)　N₁, N₂ : 간호원 호출용 누름 단추(탁상형)
　　　J₁, J₂ : 정크션 박스　　PB₁, PB₂ : OFF용 푸시버튼 스위치

(1) 결선도의 점선 원으로 표시된 ①~⑥의 KSC 규정에 의한 전기용 심벌을 보기와 같은 방법으로 완전한 동작이 되도록 하시오.
(2) 결선도의 점선원으로 표시된 ⑦~⑩의 스위치 기호를 보기와 같은 방법으로 표시하시오. (단 3로 스위치는 2개 중 어떤 것이든지 1개씩만 기재하면 된다.)
(3) 배치도의 ⑪, ⑫의 전선관에 들어갈 수 있는 전선은 각각 최소 몇 가닥인가?

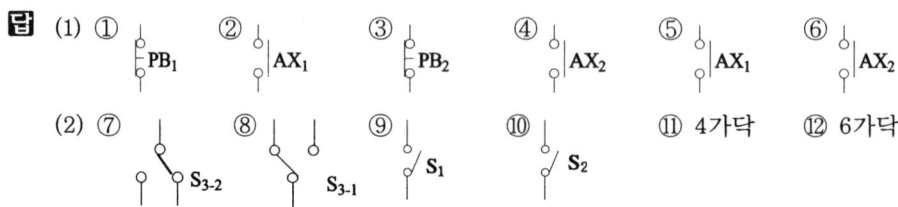

답 (1) ① PB₁　② AX₁　③ PB₂　④ AX₂　⑤ AX₁　⑥ AX₂
(2) ⑦ S₃₋₂　⑧ S₃₋₁　⑨ S₁　⑩ S₂　⑪ 4가닥　⑫ 6가닥

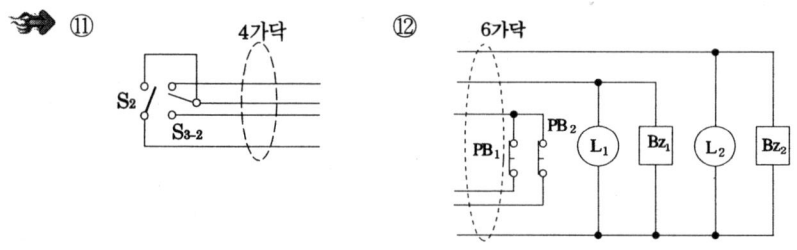

**34** 다음에 제시한 배관배치도와 동작설명을 읽고 시퀀스를 작성하고 실제 배관 배치도에 배선을 그려 넣으시오. (공산01, 02)

(1) 배선은 전선관 안쪽으로 배선하고 전선접속은 Junction Box 안으로 하고 시퀀스 및 실체도 작성시 전선이 접속되는 부분은 반드시 접속점을 표시하시오.
(2) Junction Box에서 접속점을 필요이상 만들지 마시오.
(3) 전원을 투입하고 3로스위치 $S_3$을 자동(A)으로 전환하면 전등 Ln이 밤이 되면 조광 스위치(Sun Switch S)에 의하여 자동으로 점등되고 동시에 전등 Lp는 점멸한다.
(4) 전원이 투입된 상태에서 3로스위치 $S_3$을 수동(M)으로 전환하면 전등 Ln이 점등되 고 동시에 전등 Lp는 점멸한다.

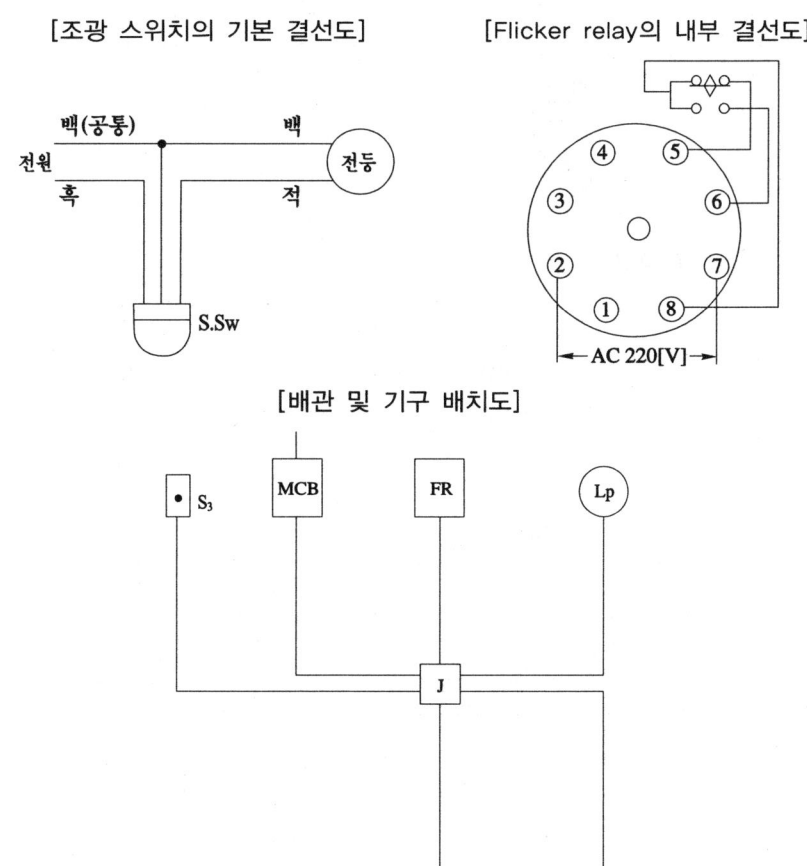

**답** (1) 시퀀스도

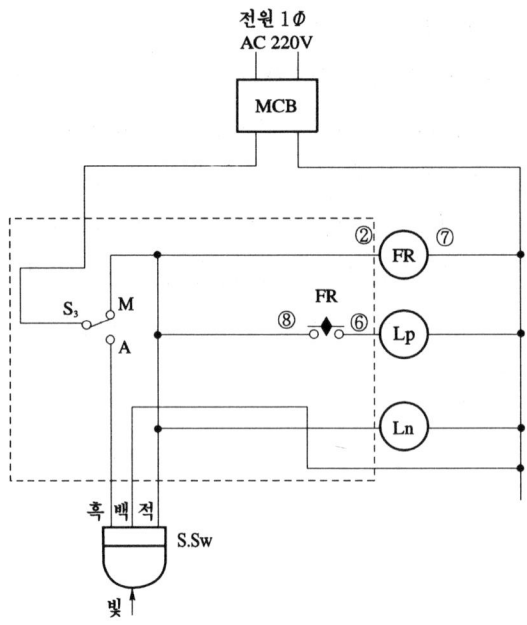

(2) 실체 배선도

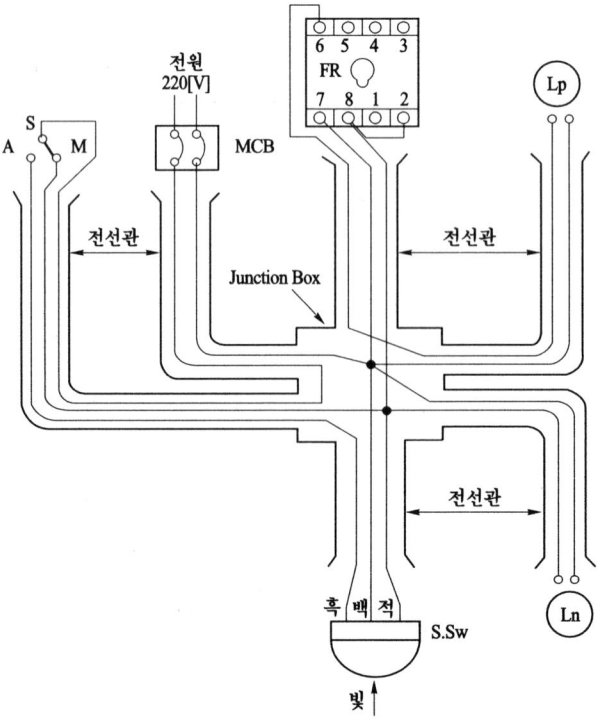

## 시퀀스 & 문제

**인　쇄** / 2017년 2월 23일
**발　행** / 2017년 2월 28일

| 판 권 |
| 소 유 |

**편저자** / 윤 대 용
**펴낸이** / 정 창 희
**펴낸곳** / 동일출판사
**주　소** / 서울시 강서구 곰달래로31길 7 (2층)
**전　화** / 02) 2608-8250
**팩　스** / 02) 2608-8265
**등록번호** / 제109-90-92166호

이 책의 어느 부분도 동일출판사 발행인의 승인문서 없이 사진 복사 및 정보
재생 시스템을 비롯한 다른 수단을 통해 복사 및 재생하여 이용할 수 없습니다.

ISBN 978-89-381-0861-6-93560
**값 / 15,000원**